研究所、甄試、高考、特考

電子電路題庫大全（下）

（結合補習界及院校教學精華的著作）

賀升　蔡曜光　編著

賀序

　　電子學是一門繁重的科目，如果沒有一套研讀的技巧，往往是讀後忘前，本人累積補界經驗，將本書歸納分類成題型及考型，並將歷屆研究所、高考、特考題目依題型考型分類。如此，有助同學在研讀時加深印象，熟悉題解技巧。並能在考試時，遇到題目，立即判知是屬何種題型下的考型，且知解題技巧。

　　本人深知同學在研讀電子學時的困擾：教科書內容繁雜，難以吞嚥。坊間考試叢書，雖然有許多優良著作，但依然分章分節，且將二技、甄試插大、普考等，全包含在內，造成同學無法掌握出題的方向。其實不同等級的考試，自然有不同的出題方向，及解題技巧。混雜一起，不但不能使自己功力加深，反而遇題難以下筆。本人深知以出題方向而言，二技、插大、甄試、普考是屬於同一類型。而高考、高等特考、研究所又是屬於另一類型。因此本書方向正確。再則，同學看題解時，往往不知此式如何得來？爲何如此解題？也就是說題解交待不清，反而增加同學的困惑。本人站在同學的立場，加以深思，如何編著方能有助同學自習？因此本書有以下的重大的特色：

　　1.應考方向正確——不混雜不同等級的考試內容
　　2.題型考型清晰——即出題教授的出題方向
　　3.題解井然有序——以建立邏輯思考能力
　　4.理論精簡扼要——去蕪存菁方便理解
　　5.英文題有簡譯——增加應考的臨場感

本人才疏學淺，疏漏之處在所難免。尚祈各界先進不吝指正，不勝感激（板橋郵政13之60號信箱，e－mail：ykt@kimo.com.tw）

誌謝

謝謝揚智文化公司於出版此書時大力協助。

謝謝母親黃麗燕女士、姊姊蔡念勳女士，以及愛妻謝馥蔓女士與女兒蔡沅芳、蔡妮芳小姐的鼓勵，本書方能完成。並謝謝所有關心我的朋友，及我深愛的家人。

賀升　謹誌

蔡序

　　對理工科的同學而言，電子學是一門令人又喜又恨的科目。因為只要下功夫把電子學學好，幾乎在高考、研究所、博、碩士班的考試中，皆能無往不利。但面對電子學如此龐大的科目中，為了應考死背公式，死記解法，背了後面忘了前面，真是苦不堪言。因此有許多同學面臨升學考試的抉擇中，總是會因對電子學沒信心，而升起「我是不是該轉系？」唉！其實各位同學在理工科系的領域中已數載，早已奠下相關領域的基本基礎，而今只為了怕考電子學，卻升起另起爐灶，值得嗎？實在可惜！因此下定決心，把電子學學好，乃是應考電子學的首要條件。想想！還有哪幾種科目，可以讓您在高考、碩士班乃至博士班，一魚多吃，無往不利？

　　一般而言，許多同學習慣把電子學各章節視為獨立的，所以總覺得每一章有好多的公式要背。事實上電子學是一連貫的觀念，唯有建立好連貫的觀念，才能呼前應後。因此想考高分的條件，就是：

連貫的觀念 + 重點認識 + 解題技巧 = 金榜題名

電子學連貫觀念的流程：

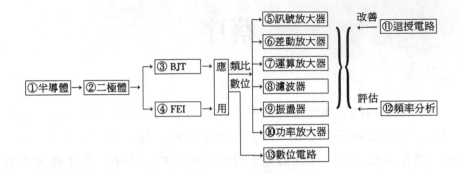

　　本書有助同學建立解題的邏輯思考模式。例如：BJT 放大器的題型，其邏輯思考方式如下：

一、直流分析

　　1.判斷 BJT 的工作→求 I_B，I_C，I_E

　　　(1)若在主動區，則

　　　　①包含 V_{BE}的迴路，求出 I_B

　　　　②再求出 $I_C = \beta I_B$，$I_E = (1 + \beta) I_E$

　　　(2)若在飽和區，則

　　　　①包含 V_{BE}的迴路，求出 I_B

　　　　②包含 V_{CE}的迴路，求出 I_C

　　　　③$I_E = I_C + I_B$

　　2.求參數

$$r_\pi = \frac{V_T}{I_B}，r_e = \frac{V_T}{I_E}，r_o = \frac{V_A}{I_C}$$

二、小訊號分析

　　1.繪出小訊號等效模型

　　2.代入參數（r_π，r_e，r_o 等）

3.分析電路（依題求解）

　　如此的邏輯思考模式，幾乎可解所有 BJT AMP 的題目。所以同學在研讀此書時，記得要多注意，每一題題解所註明的題型及解題步驟，方能功力大增。

　　預祝各位同學金榜題名！

蔡曜光　謹誌

目　錄

CH16　BJT 數位邏輯電路（BJT：Digital Logic Circuit）

CH17　FET 數位邏輯電路
（ FET：Digital Logic Circuit ）

CH13 濾波器（Filter）

§13-1〔題型七十四〕：被動性濾波器

考型209 被動性一階濾波器

一、低通濾波器

1. 電路：

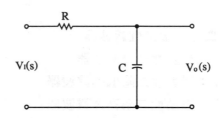

2. 振幅響應圖：

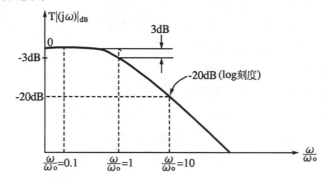

3. 相位響應圖：

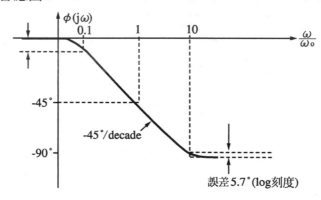

4.低通濾波器轉移函數的標準式：

(1)$T(S) = \dfrac{K\omega_0}{S + \omega_0} = \dfrac{K}{1 + \dfrac{S}{\omega_0}}$ ……與高頻響應的標準式相同。

(2)$T(j\omega) = \dfrac{K}{1 + j\dfrac{\omega}{\omega_0}}$

(3)$T(jf) = \dfrac{K}{1 + j\dfrac{f}{f_0}}$

二、高通濾波器

1.電路：

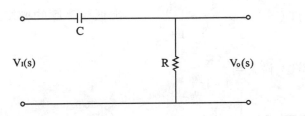

2.振幅響應圖：

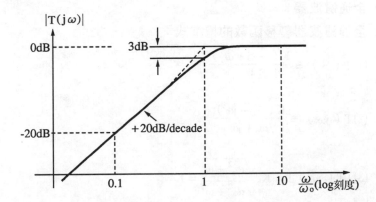

3.相位響應圖：

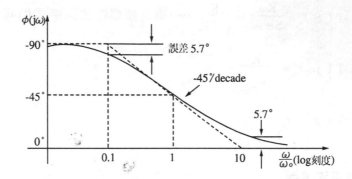

4.高通濾波器轉移函數的標準式：

(1)$T（S）= \dfrac{KS}{S + \omega_o} = \dfrac{K}{1 + \dfrac{\omega_o}{S}}$ ……與低頻響應的標準式相同

(2)$T（j\omega）= \dfrac{K}{1 - j\dfrac{\omega}{\omega_o}}$

(3)$T（jf）= \dfrac{K}{1 - j\dfrac{f_o}{f}}$

三、全通濾波器

1.全通濾波器轉移函數的標準式：

(1)$T（S）= \dfrac{K（-S + \omega_o）}{S + \omega_o}$

(2)$T（j\omega）= \dfrac{K（\omega_o - j\omega）}{\omega_o + j\omega}$

(3)$|T（j\omega）| = K\dfrac{\sqrt{\omega_o{}^2 + \omega^2}}{\sqrt{\omega_o{}^2 + \omega^2}} = K$

(4)$\angle T（j\omega）= -2\tan^{-1}\dfrac{\omega}{\omega_o}$

2.由振幅及相位響應知，全通濾波器，無濾波功能，但能當移相器
（ phase – shifter ）。

考型210 被動性二階低通濾波器

一、二階濾波器轉移濾波器之標準型式

$$T（S）= \frac{n_2S^2 + n_1S + n_o}{S^2 + S\dfrac{\omega_o}{Q} + \omega_o^2}$$

其中 n_0，n_1，n_2是代表零點的位置及濾波器的形式：

1.當 $n_2 = n_1 = 0$時，此時為低通濾波器的轉移函數標準式。

2.當 $n_1 = n_0 = 0$時，此時為高通濾波器的轉移函數標準式。

3.當 $n_2 = n_0 = 0$時，此時為帶通濾波器的轉移函數標準式。

4.當 $n_1 = 0$時，此時為帶拒濾波器的轉移函數標準式。

5.全通濾波器的標準式：

$$T（S）= n_2 \frac{S^2 - S（\dfrac{\omega_o}{Q}）+ \omega_o^2}{S^2 + S（\dfrac{\omega_o}{Q}）+ \omega_o^2}$$

其中

$$\begin{cases} \omega_o：諧振頻率（ Resonant\ Frequency ） \\ \quad\ 在帶通濾波器中，\omega_o 又稱為中央頻率。 \\ Q：品質因素（ Quarity\ factor ） \end{cases}$$

二、二階濾波器的極點的求法

1.令 $T（S）= \infty$，即 $T（S）$ 的分母為零。

2.取特性方程：

$$S_P^2 + S_P \frac{\omega_o}{Q} + \omega_o = 0$$

$$\Rightarrow S_P = \frac{-\dfrac{\omega_o}{Q} \pm \sqrt{\left(\dfrac{\omega_o}{Q}\right)^2 - 4\omega_o^2}}{2}$$

$$= -\frac{\omega_o}{2Q} \pm j\frac{\omega_o}{2Q}\sqrt{4Q^2 - 1}$$

三、品質因數的影響

1. $Q < 0.5$：二極點在負實軸上。

2. $Q = 0.5$：二極點重合（$-\dfrac{\omega_o}{2Q}$）

3. $Q > 0.5$：二極點為共軛複數。

4. $Q < \dfrac{1}{\sqrt{2}}$：平坦。

5. $Q = \dfrac{1}{\sqrt{2}}$：轉移函數之振幅具有最大平坦響應。

6. $Q > \dfrac{1}{\sqrt{2}}$：轉移函數之振幅響應具有峰值。

7. $Q = \infty$：為振盪器，二極點於 $j\omega$ 軸上。

8. 在座標軸上，ω_o 代表與原點的距離，Q 代表距虛軸的距離。

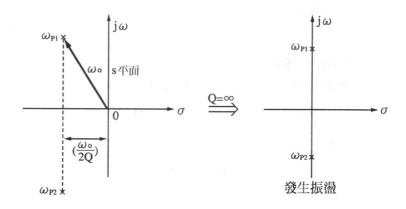

發生振盪

四、極點位置對響應的影響

1. 取特性方程式

$$S^2 + S\frac{\omega_o}{Q} + \omega_o^2 = 0$$

令為

$$S^2 + 2\alpha\omega_o S + \omega_o^2 = 0$$

所以

(1) $Q = \dfrac{1}{2\alpha}$

(2) α：阻尼比（damping ratio）

2. 推導公式

$$p(s) = s^2 + 2\alpha\omega_o s + \omega_o^2 = 0$$

$$s = \frac{-2\alpha \pm \sqrt{(2\alpha)^2 - 4\omega_o^2}}{2} = -\alpha \pm \sqrt{\alpha^2 - \omega_o^2}$$

令 $s_1 = -\alpha + \sqrt{\alpha^2 - \omega_o^2}$，$s_2 = -\alpha - \sqrt{\alpha^2 - \omega_o^2}$，$s_1$ 和 s_2 稱為電路的自然頻率（natural frequency）。或諧振頻率。

(1) **穩定響應**（stable response）：

若 s_1 和 s_2 位於複數平面不包含虛軸的左半平面，則對於零輸入響應，稱為穩定響應。其情形有三：

① **過阻尼響應**（overdamped response）：

若 $\alpha > \omega_o > 0$，則 s_1 和 s_2 為負實數

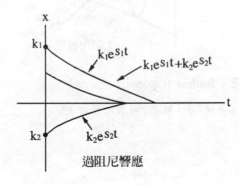

過阻尼響應

②臨界阻尼響應（ criticaldamped response ）：

若 $\alpha = \omega_o > 0$，則 $s_1 = s_2 = -\alpha$ 為負實數重根

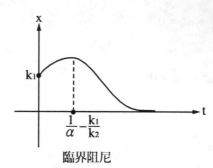

臨界阻尼

③欠阻尼響應（ underdamped response ）：

若 $\omega_o > \alpha > 0$，則 $s = -\alpha \pm \sqrt{\alpha^2 - \omega_o^2} = -\alpha \pm j\sqrt{\omega_o^2 - \alpha^2}$

$$= -\alpha \pm j\omega_d$$

其中 $\omega_d = \sqrt{\omega_o^2 - \alpha^2}$，$s_1 = -\alpha + j\omega_d$，$s_2 = -\alpha - j\omega_d$

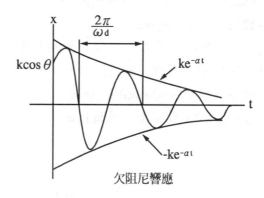

欠阻尼響應

(2)無損耗響應（ lossless response ）：

若 $\alpha = 0$，$\omega_o > 0$，則 $s_1 = j\omega_o$，$s_2 = -j\omega_o$

(3)**不穩定響應**（ unstable response ）：

若 s_1 和 s_2 有一個以上位於複數平面的右半平面，則對於零輸入響應稱為不穩定響應。

其情形有三：

①**不穩定節點響應**（ unstable node response ）：

若 $\alpha < \omega_o < 0$，則 s_1 和 s_2 為正實數

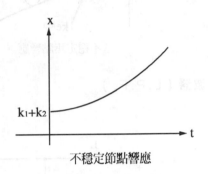

不穩定節點響應

②**鞍部點響應**（ saddle point response ）：

若 $\alpha > 0$，$\omega_o^2 < 0$，則 s_1 為正實數，s_2 為負實數

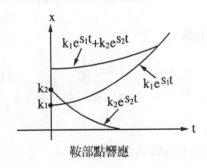

鞍部點響應

③**不穩定焦點響應**（ unstable focus response ）：

若 $\alpha < 0$ 且 $\alpha^2 < \omega_o^2$，則 $s_1 = -\alpha + j\omega_d$，$s_2 = -\alpha - j\omega_d$

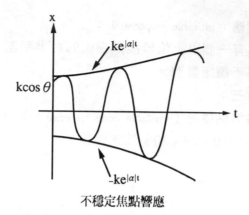

不穩定焦點響應

五、低通濾波器（L.P.F.）

1.電路

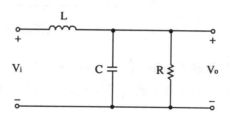

2.求轉移函數

$$T(S) = \frac{V_o(S)}{V_I(S)} = \frac{R /\!/ \frac{1}{SC}}{SL + R /\!/ \frac{1}{SC}} = \frac{\frac{1}{LC}}{S^2 + S\frac{1}{RC} + \frac{1}{LC}} = \frac{n_2 S^2 + n_1 S + n_0}{S^2 + S\frac{\omega_o}{Q} + \omega_o^2}$$

故知

(1) $n_2 = n_1 = 0$ 為低通濾波器

(2) $\omega_o = \frac{1}{\sqrt{LC}}$, $n_o = \frac{1}{LC} = \omega_o^2$

(3) $Q = \omega_o RC = R\sqrt{\frac{L}{C}}$

3.求振幅響應

(1) $|T(j\omega)| = \dfrac{\omega_o^2}{\sqrt{(\omega_o - \omega)^2 + (\dfrac{\omega \omega_o}{Q})^2}}$

(2)振幅響應圖

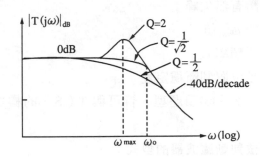

① $Q = \dfrac{1}{\sqrt{2}}$：最大平滑

② $Q < \dfrac{1}{\sqrt{2}}$：無尖峰出現

③ $Q > \dfrac{1}{\sqrt{2}}$：有尖峰出現

④求尖峰（ω_{max}）的頻率

　$\dfrac{d}{d\omega}|T(j\omega)| = 0 \Rightarrow \omega_{max} = \omega_o \sqrt{1 - \dfrac{1}{2Q^2}}$

⑤ $\omega_o \Rightarrow$ 轉折頻率（不一定為3分貝，由 Q 決定），當電路為一階電路，則為3分貝低頻。

二階比一階好，因為：ⓐ斜率較大，濾波效果好。

　　　　　　　　　　ⓑ Q 可改變。可改變濾波特性。

⑥若 ω_o 即為3分貝頻率，需符合在 $\omega_o = \omega_{3dB}$ 時

　$\boxed{Q = \dfrac{1}{\sqrt{2}}}$ 這個條件

4. **題型出法**

　　(1)判斷濾波器的型式

　　(2)求品質因數 Q

　　　　①求 Q 值

　　　　②判斷有無尖峰

　　　　③尖峰 ω_{max} 值

　　(3)求轉折頻率 ω_o

　　(4)以極點位置判斷穩定性

其中(1)、(2)、(3)項題型，皆可與 T（S）的標準式比較，即可求解。

5. **以觀察法判斷濾波器的型式：**

　　(1)代換電路中的 $C \rightarrow X_c = \frac{1}{SC}$，$R \rightarrow R$，$L \rightarrow X_L = SL$

　　(2)將 S = 0，代入電路觀察，若有 V_o 輸出，則為低通濾波器

　　(3)將 S = ∞，代入電路觀察，若有 V_o 輸出，則為高通濾波器

　　(4)若輸出部為 LC 並聯，則為帶通濾波器

　　(5)若輸入部串聯有 LC 並聯電路，則為帶拒濾波器

　　例：

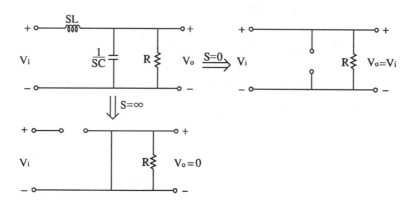

故知此為低通濾波器。

考型211 被動性二階高通濾波器

一、電路

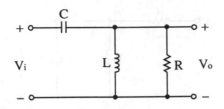

二、轉移函數的標準式

$$T(S) = \frac{n_2 S^2}{S^2 + S\left(\dfrac{\omega_o}{Q}\right) + \omega_o^2} = \frac{SL/\!/R}{\dfrac{1}{SC} + SL/\!/R} = \frac{S^2}{S^2 + S\dfrac{1}{RC} + \dfrac{1}{LC}}$$

三、振幅響應圖

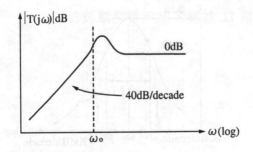

四、觀察法

1. $S = \infty \rightarrow$ C 短路，L 斷路，有 V_o 輸出。

2. $S = 0 \rightarrow$ C 斷路，L 短路，無 V_o 輸出。

3. 所以為高通濾波器

考型212 被動性二階帶通濾波器

一、電路

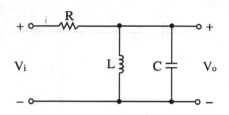

二、轉移函數的標準式

$$T(S) = \frac{n_1 S}{S^2 + S\left(\frac{\omega_o}{Q}\right) + \omega_o^2} = \frac{SL // \frac{1}{SC}}{R + SL // \frac{1}{SC}} = \frac{S\frac{1}{RC}}{S^2 + S\frac{1}{RC} + \frac{1}{LC}}$$

三、振幅響應圖

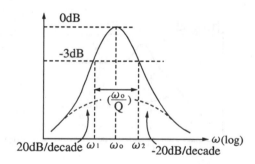

1. ω_o 稱為中央頻率。

2. 3dB 頻寬為 $BW = \omega_2 - \omega_1 = \frac{\omega_o}{Q}$

3. 故知 $Q \uparrow \Rightarrow BW \downarrow \Rightarrow$ 靈敏度 $\uparrow$

4. $\omega_o = \frac{1}{\sqrt{LC}}$

四、觀察法

    1.$S = 0 \Rightarrow C$ 斷路，L 短路，所以 V_o 無輸出。

    2.$S = \infty \Rightarrow C$ 短路，L 斷路，所以 V_o 無輸出。

    3.只有在中頻，LC 電路才有較大的阻抗此時有 V_o 輸出。

    4.故爲帶通濾波器。

考型213　被動性二階帶拒濾波器

一、低通型帶拒濾波器

    1.電路

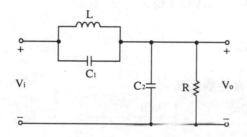

    2.轉移函數

$$T(S) = \frac{n_2 S^2 + n_o}{S^2 + S\left(\dfrac{\omega_o}{Q}\right) + \omega_o^2} = \frac{\dfrac{1}{SC_2} /\!/ R}{\left(SL /\!/ \dfrac{1}{SC_1}\right) + \left(\dfrac{1}{SC_2} /\!/ R\right)}$$

$$= \frac{\dfrac{C_1}{C_1 + C_2}\left(S^2 + \dfrac{1}{LC_1}\right)}{S^2 + S\dfrac{1}{R(C_1 + C_2)} + \dfrac{1}{L(C_1 + C_2)}}$$

3.振幅響應圖（$\omega_o \ll \omega_n$）

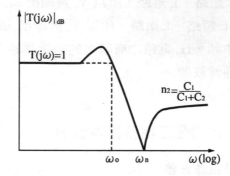

$$\begin{cases} \omega_o = \dfrac{1}{\sqrt{LC}} = \dfrac{1}{\sqrt{L\left(C_1 + C_2\right)}} \\[3mm] \omega_n = \dfrac{1}{\sqrt{LC_1}} \end{cases}$$

4.T 及 n_2 的直接觀察法

　⑴當 S = 0時

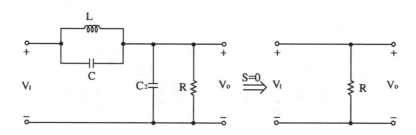

$$\therefore \left| T\left(S\right) \right| = \left| \frac{V_o\left(S\right)}{V_I\left(S\right)} \right| = 1$$

(2)當 S→ ∞ 時

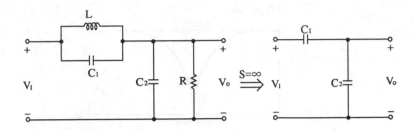

①此時因 $X_C = \dfrac{1}{SC}$ 值極小（近似短路），所以 R 已無效用

②$T（S） = \dfrac{V_o（S）}{V_s（S）} = \dfrac{\dfrac{1}{SC_2}}{\dfrac{1}{SC_1} + \dfrac{1}{SC_2}} = \dfrac{C_1}{C_1 + C_2}$

即 $n_2 = \dfrac{C_1}{C_1 + C_2}$

二、正規型帶拒濾波器

1.電路

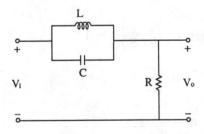

2.轉移函數

$$T（S） = \frac{n_2 S^2 + n_o}{S^2 + S\left(\dfrac{\omega_o}{Q}\right) + \omega_o^2} = \frac{R}{\left(SL /\!/ \dfrac{1}{SC}\right) + R} = \frac{S^2 + \dfrac{1}{LC}}{S^2 + S\dfrac{1}{RC} + \dfrac{1}{LC}}$$

3.振幅響應圖（$\omega_o = \omega_n$）

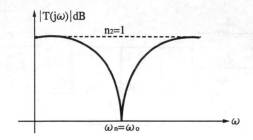

$$\omega_o = \omega_n = \frac{1}{\sqrt{LC}}$$

4.T 及 n_2 的直接觀察法

(1)當 S = 0

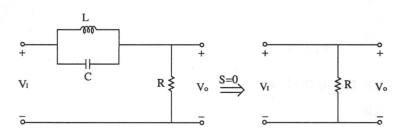

$$\therefore \left| T(j\omega) \right| = \left| \frac{V_o(S)}{V_I(S)} \right| = 1$$

(2)當 S → ∞

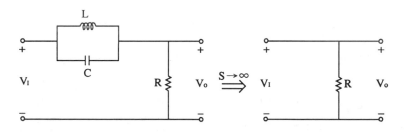

$$\therefore T(S) = \frac{V_o(S)}{V_I(S)} = 1 = n_2$$

三、高通型帶拒濾波器（$\omega_o \gg \omega_n$）

1.電路

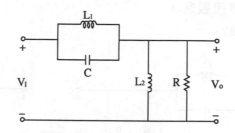

2.轉移函數

$$T(S) = \frac{n_2 S^2 + n_o}{S^2 + S\left(\frac{\omega_o}{Q}\right) + \omega_o^2} = \frac{SL_2 /\!/ R}{\left(SL_1 /\!/ \frac{1}{SC}\right) + \left(SL_2 /\!/ R\right)}$$

$$= \frac{S^2 + \frac{1}{L_1 C}}{S^2 + S\frac{1}{RC} + \frac{1}{(L_1 /\!/ L_2) C}}$$

3.振幅響應圖（$\omega_o \gg \omega_n$）

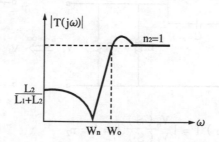

$$\begin{cases} \omega_o = \dfrac{1}{\sqrt{LC}} = \dfrac{1}{\sqrt{(L_1 /\!/ L_2)\,C}} \\[4mm] \omega_n = \dfrac{1}{\sqrt{L_1 C}} \end{cases}$$

4.T 及 n_2 的直接觀察法

(1)當 S = 0時

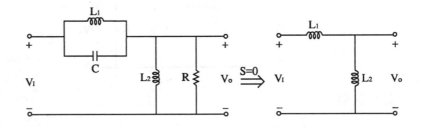

此時電感 L 的感抗值極小（近似短路），所以 R 無作用。

$$\therefore |T(j\omega)| = \left| \frac{V_o(S)}{V_I(S)} \right| = \frac{SL_2}{SL_1 + SL_2} = \frac{L_2}{L_1 + L_2}$$

(2)當 S→ ∞ 時

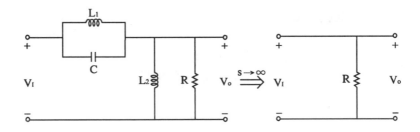

$$\therefore |T(j\omega)| = \left| \frac{V_o(S)}{V_I(S)} \right| = 1 = n_2$$

四、結論

$$T(S) = \frac{n_2 S^2 + n_0}{S^2 + S\frac{\omega_0}{Q} + \omega_0^2} = \frac{n_2\left(S^2 + \frac{n_0}{n_2}\right)}{S^2 + S\frac{\omega_0}{Q} + \omega_0^2}$$

令 $\omega_0^2 = \frac{n_0}{n_2} \Rightarrow T(S) = \frac{n_2(S^2 + \omega)^2}{S^2 + S\frac{\omega_0}{Q} + \omega_0^2} = \frac{n_2(\omega^2 - \omega_0)^2}{(\omega_0^2 - \omega^2) + j\frac{\omega\omega_0}{Q}}$

(1) $\omega = \omega_0$，$T(S) = 0$，$T(\omega)\Big|_{dB} = -\infty$

(2) $\omega \gg \omega_0$，$T(S) = \dfrac{n_2 S^2}{S^2 + S\frac{\omega_0}{Q} + \omega_0^2}$ ……高通型

(3) $\omega \ll \omega_0$，$T(S) = \dfrac{n_0}{S^2 + S\frac{\omega_0}{Q} + \omega_0^2}$ ……低通型

(4) $\omega_0 > \omega_n$，則 ω_0 為 HP 型部份之轉折頻率。

(5) $\omega_0 < \omega_n$，則 ω_0 為 LP 型部份之轉折頻率。

考型214 被動性二階全通濾波器

一、電路

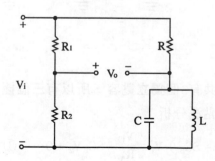

二、轉移函數的標準式

$$T(S) = \frac{S^2 - S(\frac{\omega_o}{Q}) + \omega_o^2}{S^2 + S(\frac{\omega_o}{Q}) + \omega_o^2} = 1 - \frac{2S(\frac{\omega_o}{Q})}{S^2 + S(\frac{\omega_o}{Q}) + \omega_o^2}$$

$\therefore |T(S)| = 1 - 2|$帶通 BPF$|$

即

1.全通濾波器的增益 = 1－2倍的帶通增益

2.當 Q 值極大時，全通濾波器變為帶通濾波器

歷屆試題

1.The circuit shown is a filter. Answer the following questions：

(1)How many poles and zeros in this filter？

(2)Construct the characteristic function of V_0 / V_i, where the characteristic function is the denominator of V_0 / V_i. （**題型：被動性濾波器**）

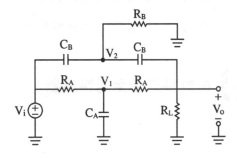

【 交大控制所 】

解☞：

⑴此電路共有3個獨立電容，所以有三個極點及零點。

⑵ 1.用節點法分析

$$(\frac{1}{R_A} + SC_B) V_i - \frac{V_1}{R_A} - SC_B V_2 = 0 \cdots\cdots ①$$

$$\left(\frac{1}{R_A} + \frac{1}{R_A} + SC_A\right) V_1 = \frac{V_i}{R_A} + \frac{V_0}{R_A} \quad\cdots\cdots\cdots\cdots② $$

$$\left(SC_s + SC_B + \frac{1}{R_B}\right) V_2 = SC_B V_i + SC_B V_0 \quad\cdots\cdots\cdots③$$

$$\left(SC_B + \frac{1}{R_A} + \frac{1}{R_L}\right) V_0 = SC_B V_2 + \frac{V_1}{R_A} \quad\cdots\cdots\cdots④$$

2.解聯立方程式①~④得（頗煩的）

$$T(S) = \frac{V_0}{V_i} = \frac{a_3 S^3 + a_2 S^2 + a_1 S + a_0}{b_3 S^3 + b_2 S^2 + b_1 S + b_0}$$

3.其中

$a_0 = R_L$

$a_1 = 2C_2 R_B R_L$

$a_2 = C_B^2 R_L R_A R_B$

$a_3 = C_B^2 C_A R_L R_A^2 R_B$

$b_0 = R_A + R_L$

$b_1 = R_A C_A (R_L + R_A) + R_L C_B (2R_B + R_A) + 2R_A R_B C_B$

$b_2 = R_A C_B (R_A R_L C_A + R_B R_L C_B + 2R_B R_L C_A + 2R_A R_B C_A)$

$b_3 = C_B^2 C_A R_L R_A^2 R_B$

2.What is meant by an all – pass network？ Of what use is such a network？

（題型：基本觀念）

解☞：

1.以二階全通濾波器爲例

$$H(S) = n_2 \frac{S^2 - S\left(\frac{\omega_0}{Q}\right) + \omega_0^2}{S^2 + S\left(\frac{\omega_0}{Q}\right) + \omega_0^2}$$

2.此振幅響應爲常數，與頻率無關。通常是作爲相移器。

3.試用 R、L、C 元件設計一個全通式濾波器
  (1)利用一階 LP 型濾波器設計。
  (2)利用二階 BP 型濾波器設計。（**題型：被動性濾波器**）

【 清大電機所 】

解 ☞ ：

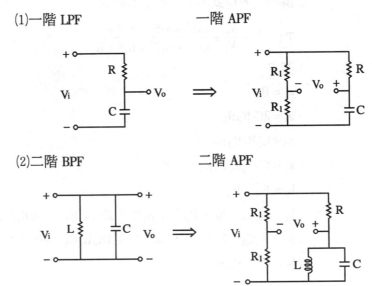

(1)一階 LPF　　　　　　　一階 APF

(2)二階 BPF　　　　　　　二階 APF

4.(1)求圖中之網路函數 $\dfrac{V_o(S)}{V_i(S)}$ 。

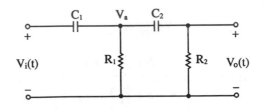

(2)若輸入信號為 $V_i(t) = V\cos(\omega_0 t)$，且 $R_1 = R_2 = R$，$C_1 = C_2 =$

C，試利用相量法求 $V_o(t)$ 。（**題型：被動性濾波器**）

【工技電子所】

解☞：

(1)用節點法

$$\left(SC_1 + \frac{1}{R_1} + SC_2\right)V_a - SC_2V_o = SC_1V_i \quad \cdots\cdots ①$$

$$-SC_2V_a + \left(SC_2 + \frac{1}{R_2}\right)V_o = 0 \quad \cdots\cdots\cdots\cdots ②$$

解聯立方程式①②，得

$$T(S) = \frac{V_o(S)}{V_i(S)} = \frac{S^2C_1C_2R_1R_2}{S^2C_1C_2R_1R_2 + S(C_1R_1 + C_2R_2 + C_2R_1) + 1}$$

(2) $V_i(t) = V\cos\omega_0 t \rightarrow V_i = V\angle 0°$

∵ $C_1 = C_2 = C$，$R_1 = R_2 = R$，由(1)答知

$$\frac{V_o}{V_i} = \frac{-\omega^2C^2R^2}{(1 - \omega^2C^2R^2) + j\omega 3RC}$$

$$\therefore V_o = \frac{-\omega^2C^2R^2 V\angle 0°}{(1 - \omega^2C^2R^2) + j\omega 3RC}$$

$$= \frac{\omega^2C^2R^2}{\sqrt{(1 - \omega^2C^2R^2)^2 + (3\omega RC)^2}} \left\lfloor 180° - \tan^{-1}\frac{3\omega RC}{1 - \omega^2C^2R^2}\right.$$

故 $V_o(t) = \dfrac{\omega_0^2C^2R^2}{\sqrt{(1 - \omega^2C^2R^2)^2 + (3\omega_0 RC)^2}}\cos(\omega_0 t + 180° - \tan^{-1}\dfrac{3\omega_0 RC}{1 - \omega_0^2C^2R^2})$

5.(1)Find the transfer function T（S）of a third－order all－pole low－pass filter whose poles are at a radial distance of 1rad／sec from the origin and whose complex poles are at 30° angles from the jω－axis. The dc gain is u-nity.

(2)Also, find the attenuation（unit in dB）at $\omega = 3\text{rad}/\sec$.（題型：被動性濾波器）

【工技電機所】

解☞：

(1)由題意知

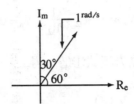

$\therefore \dfrac{\omega_0}{2Q} = (\ 1\ )(\ \cos60° \ ) = \dfrac{1}{2}$

$\therefore Q = 1$

又 $T(\ O\ ) = 1$

故 $T(\ S\ ) = \dfrac{1}{(\ S+1\ )(\ S^2 + S + 1\ )}$

(2) $T(\ j\omega\ ) = \dfrac{1}{(\ j\omega + 1\ )(\ -\omega^2 + j\omega + 1\ )} = \dfrac{1}{(\ 1 + j3\ )(\ -8 + j3\ )}$

$\therefore |T(\ j\omega\ )| = \dfrac{1}{\sqrt{1^2 + 3^2} \cdot \sqrt{(\ -8\ )^2 + 3^2}} = 0.037$

故 $|T(\ j\omega\ )|_{dB} = 20\log0.037 = -28.64\text{dB}$

---

6. Write the transfer of a second – order notch filter as shown in Figure for which the dc gain is unity, the pole frequency is $10\text{rad}/\text{s}$, the pole Q is 0.5, and the transmission zero is at $100\text{rad}/\text{s}$.（題型：被動性濾波器）

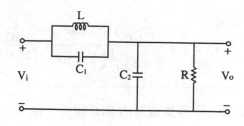

$$C_1 + C_2 = C$$

$$\text{Notch}：\omega_n = \frac{1}{\sqrt{LC_1}}$$

解☞：

$$T(S) = \frac{V_o(S)}{V_I(S)} = \frac{R /\!/ \dfrac{1}{SC^2}}{(S_L /\!/ \dfrac{1}{SC_1}) + R /\!/ \dfrac{1}{SC_2}} = \frac{\dfrac{R}{1 + SC_2R}}{\dfrac{SL}{1 + S^2LC_1} + \dfrac{R}{1 + SC_2R}}$$

$$= \frac{R(1 + S^2LC_1)}{SL(1 + SC_2R) + R(1 + S^2LC_1)} = \frac{R + S^2RLC_1}{S^2LR(C_1 + C_2) + SL + R}$$

$$= \frac{S^2(\dfrac{C_1}{C_1 + C_2}) + \dfrac{1}{L(C_1 + C_2)}}{S^2 + S\dfrac{1}{R(C_1 + C_2)} + \dfrac{1}{L(C_1 + C_2)}} = \frac{n_2S^2 + \omega_n^2}{S^2 + S\dfrac{\omega_0}{Q} + \omega_0^2}$$

故知

$$n_2 = \frac{C_1}{C_1 + C_2}$$

$$\left. \begin{array}{l} \omega_0 = \dfrac{1}{\sqrt{L(C_1 + C_2)}} = 10 \\[4mm] \omega_n = \dfrac{1}{\sqrt{LC_1}} = 100 \end{array} \right\} \quad \therefore \frac{C_1}{C_1 + C_2} = \frac{1}{100} = n_2$$

$$\therefore T(S) = \frac{(\frac{1}{100})S^2 + 100^2}{S^2 + S(\frac{10}{0.5}) + 10^2} = \frac{(\frac{1}{100})S^2 + 100^2}{S^2 + 20S + 100}$$

---

7. 試設計一帶通濾波器由 RLC 組成，當 $R = 10k\Omega$ 時求 L 及 C，$\omega_o = 10^4 rad／s$，$BW = 10^3 rad／s$。（**題型：被動性濾波器**）

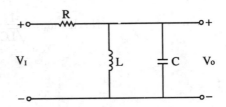

解☞：

$$\therefore T(S) = \frac{SL // \frac{1}{SC}}{R + SL // \frac{1}{SC}} = \frac{\frac{1}{RC}S}{S^2 + \frac{1}{RC}S + \frac{1}{LC}} = \frac{n_1 S}{S^2 + S\frac{\omega_o}{Q} + \omega_0^2}$$

$$\therefore \omega_o = \frac{1}{\sqrt{LC}} = 10^4 \cdots\cdots①$$

又帶通濾波器 $BW = \frac{\omega_o}{Q}$，即

$$10^3 = \frac{\omega_o}{Q} = \frac{1}{RC} = \frac{1}{(10K)C}$$

$$\therefore C = 0.1\mu F$$

故由①知　　$L = 0.1H$

§13-2〔題型七十五〕：調諧放大器

考型215 調諧放大器

一、調諧放大器可分為 RLC 串聯諧振與 RLC 並聯諧振如圖指示：

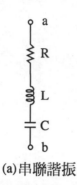

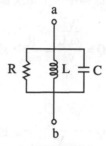

(a)串聯諧振   (b)並聯諧振

1.不論串聯或並聯諧振其諧振頻率均為

$$\boxed{\omega_o = \frac{1}{\sqrt{LC}}}$$

2.串並聯的品質因數，則不同：

(1)**並聯時** $Q = \dfrac{R}{X_L}$ $(= \dfrac{R}{\omega_o L})$

$\qquad\qquad\quad = \dfrac{R}{X_C}$ $(= \omega_o RC)$

(2)**串聯時** $Q = \dfrac{X_L}{R}$ $(= \dfrac{\omega_o L}{R})$

$\qquad\qquad\quad = \dfrac{X_C}{R}$ $(= \dfrac{1}{\omega_o RC})$

(3)**Q 值的意義：**

$Q = (\dfrac{L \text{ 或 } C \text{ 最大儲存能量}}{\text{平均消耗功率}})$

①在串聯中：（電流值相同）

$$\therefore Q = \frac{I^2 \omega_o L}{I^2 R} = \frac{\omega_o L}{R} \text{，或}$$

$$Q = \frac{I^2 \dfrac{1}{\omega_o C}}{I^2 R} = \frac{1}{\omega_o RC}$$

②在並聯中：（電壓值相同）

$$\therefore Q = \frac{\dfrac{V^2}{\omega_o L}}{\dfrac{V^2}{R}} = \frac{R}{\omega_o L} \text{，或}$$

$$Q = \frac{V^2 \Big/ \dfrac{1}{\omega_o C}}{\dfrac{V^2}{R}} = \omega_o RC$$

3.頻寬 BW：$BW = \dfrac{\omega_o}{Q}$（rad/sec）

二、小信號調諧放大器之應用

1.電路

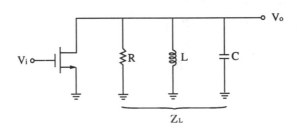

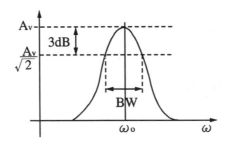

2.電路分析

$$Z_L = \cfrac{1}{\cfrac{1}{R_L} + \cfrac{1}{SL} + SC} = \cfrac{S \diagup C}{S^2 + S\left(\cfrac{1}{R_L C}\right) + \cfrac{1}{LC}}$$

$$A_v\,(\,S\,) = \frac{V_o}{V_i} = -g_m Z_L = -\left(\frac{g_m}{C}\right)\left(\cfrac{S}{S^2 + S\left(\cfrac{1}{R_L C}\right) + \cfrac{1}{LC}}\right) = T\,(\,S\,)$$

由上式可知此調諧放大器為帶通濾波器

(1)$\omega_o = \cfrac{1}{\sqrt{LC}}$

(2)$Q = \omega_o RC$

(3)$BW = \cfrac{\omega_o}{Q_o} = \cfrac{1}{RC}$

(4)中頻增益 $A_v = -g_m R_L$

(5)$T\,(\,S\,) = \cfrac{n_1 S}{S^2 + S\left(\cfrac{\omega_o}{Q}\right) + \omega_o^2}$

由上圖知

$|T\,(\,j\omega_o\,)\,| = |A_v|$

$\therefore |T\,(\,j\omega_o\,)| = \left|\cfrac{j\omega_o n_1}{j\omega_o\left(\cfrac{\omega_o}{Q}\right)}\right| = \cfrac{n_1}{\cfrac{\omega_o}{Q}} = \cfrac{n_1}{BW} = A_v$

$\therefore n_1 = (\,A_v\,)\,(\,BW\,)$

歷屆試題

8. Write down the transfer function of the following RLC circuits. (impedance transfer function).

Polt the Bode chart. (題型：基本觀念)

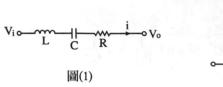

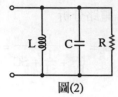

圖(1)

圖(2)

【交大光電所】

解☞：

1.圖(1)：

$$Z(S) = \frac{S^2LC + SCR + 1}{SC} \cdots\cdots ①$$

$$\therefore Z(j\omega) = \frac{(-\omega^2LC + 1) + j\omega CR}{j\omega C} = \frac{\omega CR + j(1 - \omega^2LC)}{\omega C} \cdots\cdots ②$$

由①式知，此時具有2個零點，1個極點

$$\omega_{Z_{1,2}} = \frac{RC \pm \sqrt{R^2C^2 - 4LC}}{2LC} ， \omega_p = 0$$

波德圖：

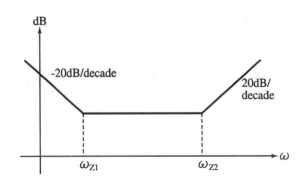

由②式知，當 $\omega = \dfrac{1}{\sqrt{LC}}$ 時，$Z = R$

2.圖(2)：

$$Z\ (\ S\ )\ =\ SL\ /\!/\ \frac{1}{SC}\ /\!/\ R = \frac{SLR}{S^2LCR + SL + R}$$

① $\omega_{P_1},_{P_2} = \dfrac{L \pm \sqrt{L^2 - 4LCR^2}}{2LCR}$ ， $\omega_Z = 0$

② $\omega_Z = 0$

③ 當 $\omega = \dfrac{1}{\sqrt{LC}}$ 時，$Z = R$

波德圖：

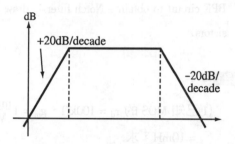

9.(1)(a)$H\ (\ S\ ) = \dfrac{V_o\ (\ S\ )}{V_I\ (\ S\ )} = ?$

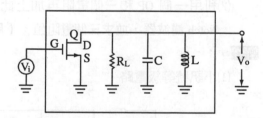

$Q：r_d = 100k\Omega$ ， $g_m = 1mA / V$

$R_L = 100k\Omega$ ， $C = 1\mu F$ ， $L = 10mH$

(b)Please find

$\omega_0 = ?$ ， $BW = ?$ ， $|H\ (\ j\omega_0\ )\ | = ?$ ， $Q = ?$

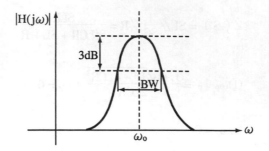

(2)Now give you one OP AMP and three resistors, please modify the above BPF circuit to obtain a Notch filter： draw circuit and give the values of resistors.

【清大電機所】

解① ☞ ：

(1)已知 MOS 的 $r_d = 100k\Omega$，$g_m = 1\dfrac{mA}{V}$，$R_L = 100K\Omega$，$C = 1\mu F$，$L = 10mH$，求

①$H (S) = \dfrac{V_o (S)}{V_i (S)}$ 。

②ω_o，BW，$|H (j\omega_o) |$，Q 值。

(2)利用一個 OP 和三個電阻再加上此 BPF 電路，試設計一個 Notch 濾波器，並求三個電阻值。（題型：調諧放大器）

解② ☞ ：

(1)小訊號等級電路

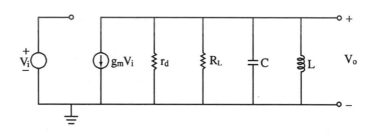

$$① \therefore H(S) = \frac{V_o(S)}{V_i(S)} = -g_m(r_d // R_L // \frac{1}{SC} // SL)$$

$$= \frac{-\frac{g_m}{C}s}{S^2 + S\frac{1}{C}(\frac{1}{r_d} + \frac{1}{R_L}) + \frac{1}{LC}} = \frac{n_1 S}{S^2 + S(\frac{\omega_o}{Q}) + \omega_0^2}$$

$$② \therefore \omega_o = \sqrt{\frac{1}{LC}} = \sqrt{\frac{1}{(10m)(1\mu)}} = 10^4 \text{rad} / \sec$$

$$BW = \frac{\omega_o}{Q} = \frac{1}{C}(\frac{1}{r_d} + \frac{1}{R_L}) = \frac{1}{1\mu}[\frac{1}{100K} + \frac{1}{100K}] = 20 \text{rad} / \sec$$

$$|H(j\omega_o)| = |-g_m(r_d // R_L)| = |-(1m)(100k // 100k)|$$
$$= 50$$

$$Q = \frac{\omega_o}{BW} = \frac{10^4}{20} = 500$$

(2)帶拒濾波器：

$$T(S) = \frac{n_2(s^2 + \omega_n^2)}{s^2 + s(\frac{\omega_o}{Q}) + \omega_o^2}$$

電路設計如下

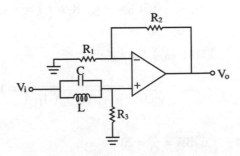

$$\therefore T(S) = \frac{V_o(S)}{V_i(S)} = (1 + \frac{R_2}{R_1})[\frac{R_3}{R_3 + \frac{1}{SC} // SL}]$$

$$= \frac{\left(1 + \frac{R_2}{R_1}\right)\left[S^2 + \frac{1}{LC}\right]}{S^2 + S\left(\frac{1}{R_3C}\right) + \frac{1}{LC}}$$

10.如下圖所示電路中，電晶體參數值 Q：$r_o = 100k\Omega$，$g_m = 1mA／V$，R_L $= 100k\Omega$，$C = 1\mu F$，$L = 10mH$：

(1)　試求：$H(S) = \dfrac{V_o(S)}{V_i(S)}$

(2)　試求：ω_o，BW，$|H(j\omega_o)|$，Q（題型：調諧放大器）

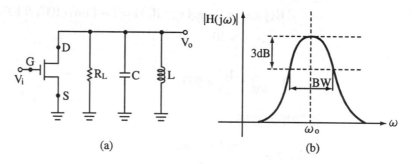

(a)　　　　　　　　　　　　　　(b)

解☞：

　1.FET 的中頻增益

　　$A_M = -g_m R'_D = -g_m(R_L // r_o) = -(1m)(100k // 100k)$

　　　　$= -50$

　2.$|H(j\omega_o)| = A_M$

　　①$\omega_o = \dfrac{1}{\sqrt{LC}} = \dfrac{1}{\sqrt{(10m)(1\mu)}} = 10^4$

　　②$BW = \dfrac{\omega_o}{Q} = 20$

　　③$Q = \omega_o R_D{}'C = \omega_o C(R_L // r_o) = 500$

　　④此為帶通濾波器，所以

$$H(S) = \frac{n_1 S}{S^2 + S\left(\dfrac{\omega_o}{Q}\right) + \omega_o^2}$$

$$\therefore |H(j\omega_o)| = -50 , \text{即}$$

$$\left| \frac{jn_1\omega_o}{-\omega_o^2 + j\omega_o\left(\dfrac{\omega_o}{Q}\right) + \omega_o^2} \right| = \left| \frac{j10^4 n_1}{(j10^4)(20)} \right| = \frac{n_1}{20} = -50$$

$$\left(\text{即} A_M = \frac{n_1}{\dfrac{\omega_o}{Q}} = \frac{n_1}{BW} \right)$$

$$\therefore n_1 = -1000$$

故

$$H(S) = \frac{n_1 S}{S^2 + S\left(\dfrac{\omega_o}{Q}\right) + \omega_o^2} = \frac{-1000S}{S^2 + 20S + 10^8}$$

§13-3〔題型七十六〕：主動性 RC 濾波器

考型216　主動性一階 RC 濾波器（SAB）

一、基本觀念

1.電感 L 不易 IC 化。所以被動性濾波器，逐漸被時代淘汰。

2.主動性濾波器，是利用運算放大器來完成。

　(1)用 OPA 組成 GIC（一般阻抗轉換器）替代電感 L。

　(2)用一個 OPA 與 RC 網路組成濾波器，稱為「單一放大器濾波器」

（SAB）

⑶用二個 OPA 組成的濾波器，稱爲「**雙二次電路濾波器**」

⑷主動性 RC 濾波器，是將 RC 網路的極點，由負實軸上經 OPA 移至共軛複數上。因此具有較佳的濾波效應。

⑸若要組成高階濾波器，可用巴特沃斯（Butter Worth）的規格化原理完成。

⑹**主動濾波器的優點：**

　①體積小

　②重量輕

　③消耗功率低

　④無雜散磁場

　⑤輸入阻抗高

　⑥輸出阻抗低

⑺實際的濾波器頻率響應

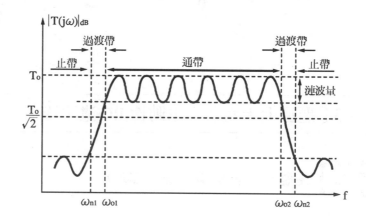

　①ω_{o1}，ω_{o2}：截止頻率

　②ω_{n1}，ω_{n2}：止帶頻率

二、低通濾波器（積分器）

1.基本電路

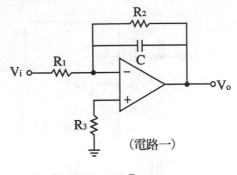

（電路一）

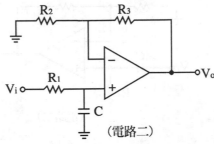

（電路二）

2.振幅響應圖

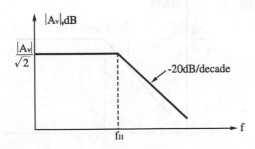

3.截止頻率與低頻增益

	電路（一）	電路（二）
截止頻率	$\dfrac{1}{2\pi R_2 C}$	$\dfrac{1}{2\pi R_1 C}$
低頻增益	$-\dfrac{R_2}{R_1}$	$1+\dfrac{R_3}{R_2}$

三、高通濾波器（微分器）

1.基本電路

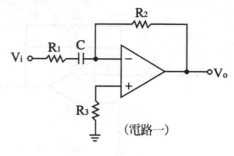

（電路一）

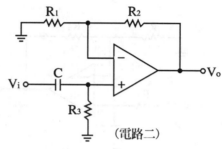

（電路二）

2.振幅響應圖

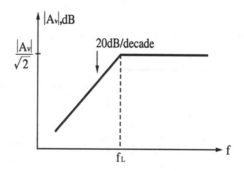

3.截止頻率與高頻增益

	電路（一）	電路（二）
截止頻率	$\dfrac{1}{2\pi R_1 C}$	$\dfrac{1}{2\pi R_3 C}$
高頻增益	$-\dfrac{R_2}{R_1}$	$1 + \dfrac{R}{R}$

四、以高、低通濾波器，形成帶通與帶拒濾波器

(a)以低通串接高通形成帶通

(b)以低通並接高通形成帶通

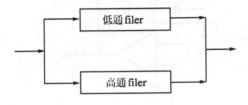

五、全通濾波器

1.基本電路

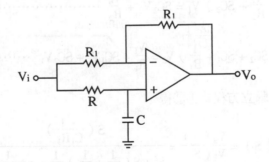

2.轉移函數

$$T（S）= \frac{1 - SRC}{1 + SRC}$$

(1) $|T（j\omega）| = 1$

(2) $\angle T（j\omega） = \angle - 2\tan^{-1}\omega RC$

六、其他形式的主動性一階 RC 濾波器

〔例〕

1.求轉移函數 T（S）

2.是何種型式的濾波器？

3.求自然頻率 ω_o 及品質因數 Q

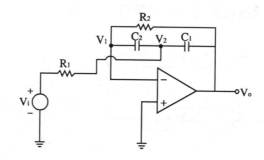

解：

1.用節點分析法（分析 V_1 及 V_2 點）

$$\left(\frac{1}{R_2} + SC_2\right) V_1 = SC_2 V_2 + \frac{V_o}{R_2} \quad\cdots\cdots\cdots\cdots\cdots①$$

$$\left(SC_2 + SC_1 + \frac{1}{R_1}\right) V_2 = \frac{V_I}{R_1} + SC_1 V_o + SC_2 V_1 \quad\cdots\cdots②$$

2.解聯立方程式①②得

$$T(S) = \frac{V_o(S)}{V_I(S)} = \frac{S\left(\frac{-1}{C_1 R_1}\right)}{S^2 + S\left(\frac{1}{C_2} + \frac{1}{C_1}\right)\frac{1}{R_2} + \frac{1}{C_1 C_2 R_1 R_2}}$$

3.與轉移函數標準式比較

$$T(S) = \frac{n_2 S^2 + n_1 S + n_o}{S^2 + \frac{\omega_o}{Q}S + \omega_o^2}$$

所以

(1)$n_2 = n_o = 0$，故為帶通濾波器

(2)$\omega_o = \dfrac{1}{\sqrt{C_1 C_2 R_1 R_2}}$

(3)$\because \dfrac{\omega_o}{Q} = \left(\dfrac{1}{C_1} + \dfrac{1}{C_2} \right) \dfrac{1}{R_2}$

$\therefore Q = \dfrac{1}{C_1 + C_2} \sqrt{\dfrac{C_1 C_2 R_2}{R_1}}$

(4)3分貝頻寬

$BW = \dfrac{\omega_o}{Q} = \left(\dfrac{1}{C_1} + \dfrac{1}{C_2} \right) \dfrac{1}{R_2}$

4.討論

單一放大器濾波器（SAB）的自然頻率 ω_o，具有調整性。以本例而言，調整 R_1 即可調變 ω_o

考型217　主動性二階 RC 濾波器

一、低通濾波器（積分器）

1.基本電路

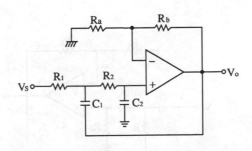

2.振幅響應圖

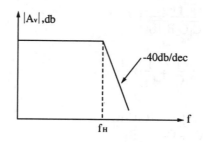

3.低頻增益

$$A_v = 1 + \frac{R_b}{R_a}$$

4.截止頻率

$$f_H = \frac{1}{2\pi \sqrt{R_1 R_2 C_1 C_2}}$$

若 $R_1 = R_2 = R$，$C_1 = C_2 = C$
則

$$f_H = \frac{1}{2\pi RC}$$（與一階濾波器相同）

二、高通濾波器（微分器）

1.基本電路

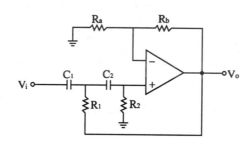

2.振幅響應圖

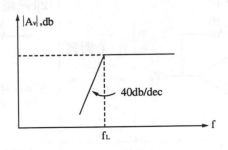

3.高頻增益

$$A_v = 1 + \frac{R_b}{R_a}$$

4.截止頻率

$$f_L = \frac{1}{2\pi \sqrt{R_1 R_2 C_1 C_2}}$$

若 $R_1 = R_2 = R$，$C_1 = C_2 = C$，則

$$f_L = \frac{1}{2\pi RC} \text{（與一階濾波器相同）}$$

5.二階濾波器比一階濾波器，具有更陡的斜率，所以當濾波器，具有較
  佳的濾波效果

考型218　巴特沃斯（Butter Worth）濾波器

一、**觀念**：設計高階濾波器時，可用巴特沃斯的規格化原理，設計出所需
  之高階濾波器

二、巴特沃斯濾波器的基本結構，規格化如下：

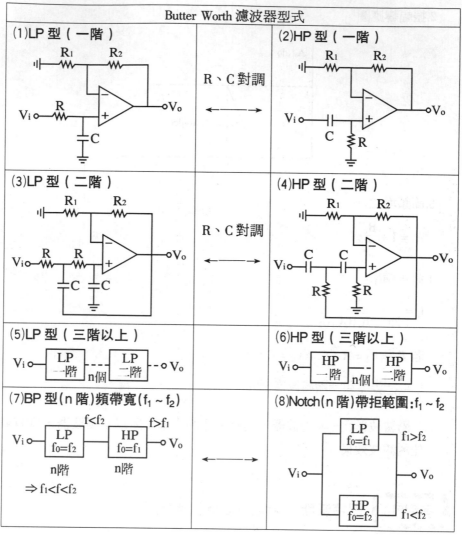

Butter Worth 濾波器型式		
(1)LP 型（一階）	R、C 對調 ⟵⟶	(2)HP 型（一階）
(3)LP 型（二階）	R、C 對調 ⟵⟶	(4)HP 型（二階）
(5)LP 型（三階以上）		(6)HP 型（三階以上）
(7)BP 型(n 階)頻帶寬($f_1 \sim f_2$)	⟵⟶	(8)Notch(n 階)帶拒範圍:$f_1 \sim f_2$

三、巴特沃斯對特性方程式，規格化如下：

　　1.一階：（$S + 1$）

　　2.二階：（$S + 1.414S + 1$）

　　3.三階：（$S + 1$）（$S^2 + S + 1$）

　　4.四階：（$S^2 + 0.765S + 1$）（$S^2 + 1.848S + 1$）

5.五階：$(S + 1) (S^2 + 0.618S + 1) (S^2 + 1.618S + 1)$

四、參數匹配的規定

1.一階時→A_{vo}由整個濾波器中頻增益決定。

$$\omega_o = \frac{1}{RC} \text{，} A_{VD} = 1 + \frac{R'_1}{R_1}$$

2.二階時$\Rightarrow$S 項係數滿足$3 - A_{vo} = \frac{1}{Q}$

例：設計一個4階（ Butter Worth ）(1)LP(2)HP 型濾波器，且轉折頻率 $f_o = 5kHz$。

解：

1.設計4階低通濾波器，需用2個基本的低通濾波器串接而成

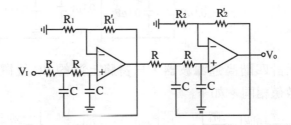

2.設計元件參數，須符合巴特沃斯的特性方程式規格

四階：$(S^2 + 0.765S + 1) (S^2 + 1.848S + 1)$

(1)題目要求 $f_o = 5KHz$，

$$\because f_o = \frac{1}{2\pi RC}$$

$\therefore$令 $C = 0.1\mu F$，則 $R = 0.32k\Omega$

(2)設計二階基本濾波器，S 項係數需滿足$3 - A_{vo} = \frac{1}{Q}$

①第一個濾波器：

$$\therefore 3 - A_{01} = 0.765$$

故 $A_{01} = 1 + \frac{R'}{R_1} = 3 - 0.765 = 2.235$

∴令 $R_1 = 10k\Omega$，則 $R' = 12.35k\Omega$

②第二個濾波器

∵ $3 - A_{02} = 1.848$

∴ $A_{02} = 1 + \dfrac{R'_2}{R_2} = 3 - 1.848 = 1.152$

令 $R_2 = 10k\Omega$，則 $R'_2 = 1.52k\Omega$

(3)完成設計四階低通濾波器

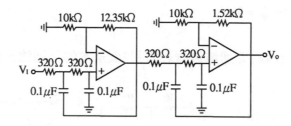

3.設計四階高通濾波器，只需將上述的 RC 位置互換，而元件參數值相同。如下

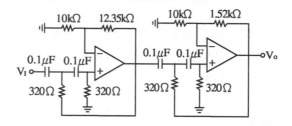

 考型219 Sallen – Key 濾波器及 VCVS 濾波器

一、Sallen – Key 濾波器

此型的 OPA 為電壓隨耦器，所以電壓增益 $A_v = 1$

1.低通濾波器

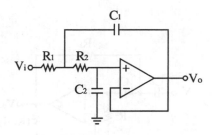

2.高通濾波器

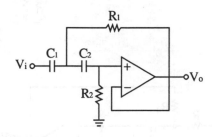

3.帶通濾波器

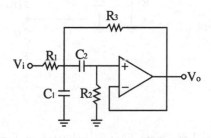

二、VCVS 濾波器

此型為 Sallen – Key 濾波器的改良，其中 OPA 的 $A_v > 1$

1.低通濾波器

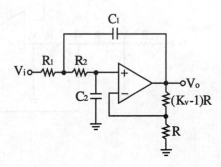

2.高通濾波器

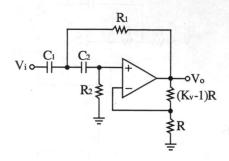

3.帶通濾波器

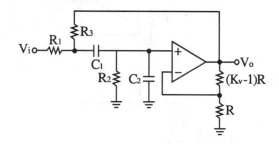

歷屆試題

11. A third – order low – pass filter is indicated in Fig. Find V_o / V_s. （題
型：主動性 RC 濾波器）

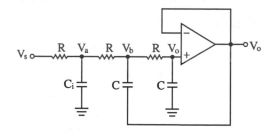

【台大電機所】

☞：用節點分析法

$$(\frac{1}{R} + SC_1) V_a - \frac{V_b}{R} = \frac{V_s}{R} \quad \cdots\cdots\cdots\cdots \text{①}$$

$$- \frac{V_a}{R} + (\frac{1}{R} + \frac{1}{R} + SC) V_b = \frac{V_o}{R} + SCV_o \quad \cdots\cdots \text{②}$$

$$- \frac{V_b}{R} + (\frac{1}{R} + SC) V_o \quad \cdots\cdots\cdots\cdots\cdots\cdots \text{③}$$

解聯立方程式①，②，③得

$$\frac{V_o (S)}{V_s (S)} = \frac{1}{S^3C^2C_1R^3 + 2S^2CR^2 (C + C_1) + SR (3C + C_1) + 1}$$

---

12. Give an ideal OP Amp shown in Fig. as follows：

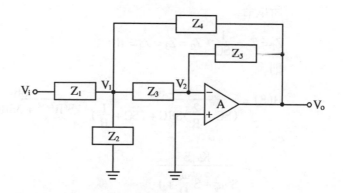

(1) Find the transfer function $H (S) = \frac{V_o (S)}{V_i (S)}$

(2) how that $H (S) = \frac{k\omega_o S}{s^2\omega_o^2 + (\frac{\omega_o}{Q}) s + 1}$, where the Z's is replaced by R or

C, and find k, ω_o, Q. 〔題型：主動性濾波器〕

【清大電機所】

解☞：用節點分析法

$(1)\ 1.\begin{cases} (\dfrac{1}{Z_1}+\dfrac{1}{Z_2}+\dfrac{1}{Z_3}+\dfrac{1}{Z_4})\,V_1 - \dfrac{V_2}{Z_3} = \dfrac{V_o}{Z_4}\cdots\cdots\textcircled{1} \\[4mm] -\dfrac{V_1}{Z_3} + (\dfrac{1}{Z_3}+\dfrac{1}{Z_5})\,V_2 = \dfrac{V_o}{Z_5}\cdots\cdots\cdots\cdots\textcircled{2} \\[4mm] V_2 = 0\cdots\cdots\cdots\cdots\cdots\cdots\cdots\cdots\cdots\cdots\cdots\textcircled{3} \end{cases}$

2.解聯立方程式①，②，③得

$$H(S) = \frac{V_o(S)}{V_i(S)} = \frac{-\dfrac{1}{Z_1}}{(\dfrac{1}{Z_1}+\dfrac{1}{Z_2}+\dfrac{1}{Z_4})(\dfrac{Z_3}{Z_5}) + (\dfrac{1}{Z_4}+\dfrac{1}{Z_5})}$$

(2) ∵由題知

$$H(S) = \frac{K\omega_o S}{S^2\omega_o^2 + (\dfrac{\omega_o}{Q})S + 1}$$

所以令

$Z_1 = Z_5 = \dfrac{1}{SC}$ ， $Z_2 = Z_3 = Z_4 = R$ ，

則

$$H(S) = \frac{-SC}{(SC + \dfrac{2}{R})SRC + (SC + \dfrac{1}{R})} = \frac{-SRC}{S^2R^2C^2 + 3SRC + 1}$$

$$= \frac{K\omega_o S}{S^2\omega_o^2 + S\dfrac{\omega_o}{Q} + 1}$$

$$\therefore \omega_o = RC \text{ , } Q = \frac{1}{3} \text{ , } K = -1$$

---

13. For the circuit shown,

(1) Derive its transfer function. What kind of filter is it？

(2) Find the dc gain and the 3－dB frequency.

(3)Design the values of resistors and capacitor so as to obtain an input resis-tance of 2kΩ, a dc gain of 40 dB, and a 3 – dB frequency of 4kHz. What's the unity – gain bandwidth f_T ?（題型：主動性一階 RC 濾波器）

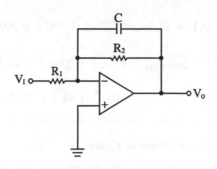

簡譯

求(1)轉移函數及濾波器型式

　(2)直流增益及3dB 頻率

　(3)當輸入電阻為2kΩ，直流增益為40dB、3dB 頻率為4KHz，設計電阻及電容值。並求單位增益頻帶寬 f_T

解☞ ：

(1)$T (S) = \dfrac{V_o (S)}{V_i (S)} = - \dfrac{R_2 // \dfrac{1}{SC}}{R_1} = - \dfrac{\dfrac{R_2}{R_1}}{1 + SR_2C}$

此為一階低通濾波器

(2)∵ $T (S) = \dfrac{A_{VO}}{1 + \dfrac{S}{\omega_{3dB}}} = \dfrac{- \dfrac{R_2}{R_1}}{1 + SR_2C}$

∴ $A_{VO} = - \dfrac{R_2}{R_1}$

$\omega_{3dB} = \dfrac{1}{R_2C} \rightarrow f_{3dB} = \dfrac{\omega_{3dB}}{2\pi} = \dfrac{1}{2\pi R_2C}$

$(3)①R_1 = R_{in} = 2k\Omega$

$②40dB = 20\log|A_{vo}| \rightarrow A_{vo} = 100$

$\therefore |A_{AO}| = |-\dfrac{R_2}{R_1}|$

$\therefore R_2 = R_1 A_{VO} = (2K)(100) = 200K\Omega$

$③C = \dfrac{1}{2\pi R_2 f_{3dB}} = \dfrac{1}{(2\pi)(200k)(4k)} = 0.2nF$

$④f_T = A_{VO}f_{3dB} = (100)(4k) = 400KHz$

---

14. For the circuit shown in Figure,

(1) Derive the expression for the transfer function $V_o(S)/V_i(S)$. Indicate the type of filtering function realized and the ω_o, Q.

(2) Obtain a band-pass filter with the same ω_o and Q as in (1) out of this circuit by rearranging the connections. Draw the new circuit.

(3) For the original circuit, find the value of K at which the circuit can sustain oscillations and find the oscillation frequency.

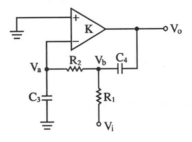

【 清大電機所 】

簡譯

(1)求 $\dfrac{V_o(S)}{V_i(S)}$，濾波器型式、ω_o 和 Q 值。

(2)利用原圖電路重新設計一個具有相同的 Q，ω_o 值的 BP 型濾波器。

(3)利用原圖電路求持續振盪的 K 值與振盪頻率

解☞：

(1)用節點法

$$V_a = -\frac{V_o}{K} \quad\cdots\cdots\cdots\cdots\cdots\cdots\cdots\cdots\cdots ①$$

$$\left(SC_3 + \frac{1}{R_2} \right) V_a = \frac{V_b}{R_2} \quad\cdots\cdots\cdots\cdots\cdots ②$$

$$\left(\frac{1}{R_2} + \frac{1}{R_1} + SC_4 \right) V_b - \frac{V_a}{R_2} = SC_4 V_o + \frac{V_i}{R_1} \cdots\cdots\cdots\cdots\cdots\cdots\cdots\cdots\cdots\cdots$$

$$\cdots\cdots\cdots\cdots\cdots\cdots\cdots\cdots\cdots ③$$

解聯立方程式①，②，③得

$$T(S) = \frac{V_o(S)}{V_i(S)} = \frac{-K}{S^2 R_1 R_2 C_3 C_4 + S[R_1 C_3 + R_2 C_3 + (1+K)R_1 C_4] + 1}$$

$$= \frac{\dfrac{-K}{R_1 R_2 C_3 C_4}}{S^2 + S\left[\dfrac{1}{R_2 C_4} + \dfrac{1}{R_1 C_4} + \dfrac{1+K}{R_2 C_3} \right] + \dfrac{1}{R_1 R_2 C_3 C_4}}$$

$$= \frac{n_o}{S^2 + S\left(\dfrac{\omega_o}{Q} \right) + \omega_o^2}$$

①此為低通濾波器

$$②\omega_o = \frac{1}{\sqrt{R_1 R_2 C_3 C_4}}$$

$$③Q = \frac{1}{\sqrt{R_1 R_2 C_3 C_4}} \left[\frac{1}{R_2 C_4} + \frac{1}{R_1 C_4} + \frac{1+K}{R_2 C_3} \right]^{-1}$$

(2)利用互補轉換方法，得

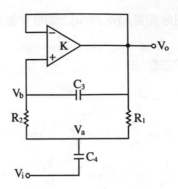

(3)以迴路增益快速法，求解

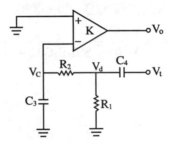

用節點法分析

$$V_C = -\frac{V_o}{K} \quad\cdots\cdots\cdots\cdots\cdots\cdots\cdots ①$$

$$\left(SC_3 + \frac{1}{R_2} \right) V_c - \frac{V_d}{R_2} = 0 \quad\cdots\cdots\cdots\cdots ②$$

$$\left(\frac{1}{R_1} + \frac{1}{R_2} + SC_4 \right) V_d - \frac{V_c}{R_2} = SC_4 V_t \quad\cdots\cdots ③$$

解聯立方程式①，②，③，得

$$L(S) = \beta(S) A = \frac{-SKR_1C_4}{S^2R_1R_2C_3C_4 + S(R_1C_3 + R_2C_3 + R_1C_4) + 1}$$

$$L(j\omega) = \frac{\omega KR_1C_4}{-\omega(R_1C_3 + R_2C_3 + R_1C_4) + j(1 - \omega^2R_1R_2C_3C_4)}$$

$$= \frac{C}{a+jb}$$

①求振盪頻率時，令 jb = 0

$$\therefore \omega_o = \frac{1}{\sqrt{R_1 R_2 C_3 C_4}}$$

②求振盪條件，令 $\frac{c}{a} = 1$

$$\therefore k = -\frac{R_1 C_3 + R_2 C_3 + R_1 C_4}{R_1 C_4}$$

---

15. For the circuit as shown below is an active filter. Assume that the OPAMP is an ideal amplifier.

(1) Derive $V_o(S) / V_i(S)$.

(2) If $R_1 = 0.5R_2$ and $C_1 = 2C_2$ and $R_1 = 10k\Omega$，$C_2 = 1\mu F$, calculate the cutoff frequency of this filter.（題型：主動性 RC 濾波器）

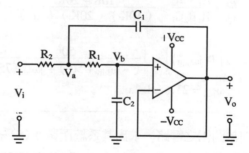

【清大電機所】

解☞：

(1) 用節點法

$$(\frac{1}{R_1} + \frac{1}{R_2} + SC_1) V_a - \frac{V_b}{R_1} = SC_1 V_o + \frac{V_i}{R_2} \cdots\cdots ①$$

$$(\frac{1}{R_1} + SC_2) V_b - \frac{V_a}{R_1} = 0 \cdots\cdots\cdots\cdots\cdots\cdots ②$$

$$V_b = V_o \cdots\cdots\cdots\cdots\cdots\cdots\cdots\cdots\cdots\cdots\cdots ③$$

解聯立方程式得

$$T(S) = \frac{V_o(S)}{V_i(S)} = \frac{1}{S^2 R_1 R_2 C_1 C_2 + S C_2 (R_1 + R_2) + 1}$$

$$= \frac{\dfrac{1}{R_1 R_2 C_1 C_2}}{S^2 + S\left(\dfrac{R_1 + R_2}{R_1 R_2 C_1}\right) + \dfrac{1}{R_1 R_2 C_1 C_2}} \cdots\cdots ④$$

$$(2)\; T(S) = \frac{n_o}{S^2 + S\left(\dfrac{\omega_o}{Q}\right) + \omega_o^2} \cdots\cdots\cdots\cdots\cdots\cdots ⑤$$

由④及⑤式比較，知

$$\omega_o = \frac{1}{\sqrt{R_1 R_2 C_1 C_2}} = \frac{1}{\sqrt{(10K)(20K)(1\mu)(2\mu)}} = 50 \text{rad} / \text{s}$$

$$\frac{\omega_o}{Q} = \frac{R_1 + R_2}{R_1 R_2 C_1} = \frac{10K + 20K}{(10K)(20K)(2\mu)} = 75 \text{rad} / \text{s}$$

$$\therefore \left| T(j\omega_{3dB}) \right| = \left| \frac{50^2}{(-\omega_{3dB}^2 + 50^2) + j\omega_{3dB}(75)} \right| = \frac{1}{\sqrt{2}}$$

$$\therefore \omega_{3dB} = 23.6 \text{rad} / \text{s}$$

---

16. (1)對於圖(1)之電路，求出其系統函數 $T(S) = V_o(S) / V_i(S)$

(2)在複數頻率平面（ $\sigma - j\omega$ ），繪出該電路之極點（ pole ）及零點（ zero ）位置圖

(3)繪出 $|T|$ dB 及相位角 ϕ 與頻率 ω 之函數圖

(4)此電路是一種什麼樣之濾波器？

(5)求出圖(2)之系統函數 $T(S) = V_o(S) / V_i(S)$ ，圖(2)之功能與圖(1)有何異同？（ **題型：主動性 RC 濾波器** ）

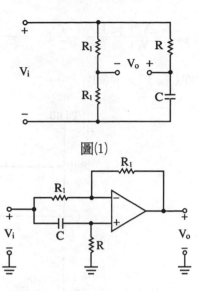

圖(1)

圖(2)　A 爲理想之 OP AMP

【交大光電所】

解☞：

$$(1) V_o = V_{0+} - V_{0-} = V_i \left[\frac{\frac{1}{SC}}{R + \frac{1}{SC}} - \frac{1}{2} \right] = \frac{1 - SRC}{2(1 + SRC)} V_i$$

$$\therefore \frac{V_o(S)}{V_i(S)} = -\frac{1}{2} \left(\frac{S - \frac{1}{RC}}{S + \frac{1}{RC}} \right) = -\frac{1}{2} \left(\frac{S - \omega_o}{S + \omega_o} \right)$$

(2)

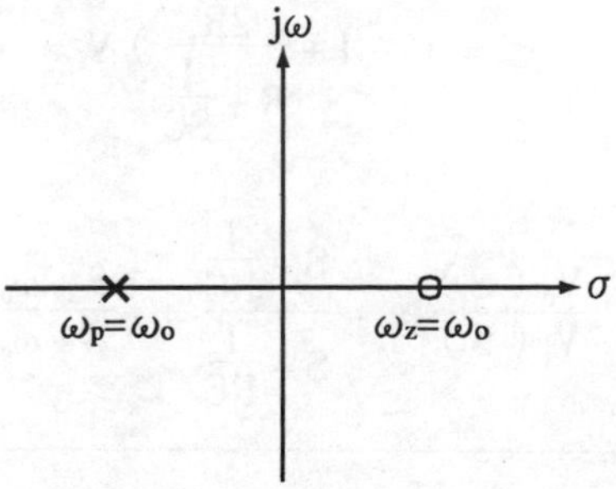

(3)$T(j\omega) = \dfrac{V_o(j\omega)}{V_i(j\omega)} = -\dfrac{1}{2}\left(\dfrac{-\omega_o + j\omega}{\omega_o + j\omega}\right)$

$\therefore |T(j\omega)| = -6dB$

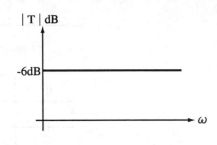

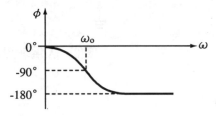

(4)全通濾波器。

(5)圖(2)

$\because |V_o| = -\dfrac{R_1}{R_1}V_i + \left(1 + \dfrac{R_1}{R_1}\right)\left(\dfrac{R}{R + \dfrac{1}{SC}}\right)V_i$

$= \left(-1 + \dfrac{2R}{R + \dfrac{1}{SC}}\right)V_i = -\left(\dfrac{S - \dfrac{1}{RC}}{S + \dfrac{1}{RC}}\right)V_i$

$\therefore \dfrac{V_o(S)}{V_i(S)} = -\dfrac{S - \dfrac{1}{RC}}{S + \dfrac{1}{RC}} = -\dfrac{S - \omega_o}{S + \omega_o}$

17. Consider the circuit below and answer the following questions：

(1) Solve $A(S) = \dfrac{V_o(S)}{V_i(S)}$

(2) What kind of filter is for $A(S)$（low－pass, high－pass, band－pass, band－rejection, or all－pass）？

(3) Let $A(S) = \dfrac{b(S)}{a(S)}$, where both $a(S)$ and $b(S)$ are polynomial functions of s. Choose $C_1 = C_2 = C$, $R_1 = R_2 = R_3 = R$, and let $a(S) = 0.01s^2 + 20s + 2 \times 10^4$. Then $C = ?$ and $R = ?$（題型：主動性 RC 濾波器）

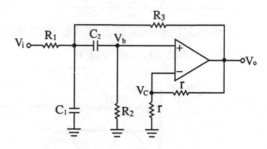

【交大控制所】

解☞：

(1) 用節點分析法

$$\left(\frac{1}{R_1} + \frac{1}{R_3} + SC_1 + SC_2 \right) V_a - SC_2 V_b = \frac{V_i}{R_1} + \frac{V_o}{R_3} \cdots\cdots ①$$

$$\left(\frac{1}{R_2} + SC_2 \right) V_b = SC_2 V_a \cdots\cdots ②$$

$$\left(\frac{1}{r} + \frac{1}{r} \right) V_C = \frac{V_o}{r} \cdots\cdots ③$$

$$V_b = V_c \cdots\cdots ④$$

解聯立方程式①～④得

$$A(S) = \frac{V_o}{V_i} = \frac{2SR_2R_3C_2}{S^2R_1R_2R_3C_1C_2 + S(R_1R_3C_1 + R_1R_3C_2 + R_2R_3C_2 - R_1R_2(2)) + (R_1 + R_3))}$$

(2)帶通濾波器

(3)當 $C_1 = C_2 = C$，$R_1 = R_2 = R_3 = R$，

$$A(S) = \frac{b(S)}{a(S)} = \frac{S2R^2C}{S^2C^2R^3 + S2R^2C + 2R} = \frac{S2R^2C}{0.01S^2 + 20S + 2 \times 10^4}$$

$\Rightarrow C^2R^3 = 0.01$，$2R^2C = 20$，$2R = 2 \times 10^4$

$\therefore C = 0.1\mu F$

$R = 10k\Omega$

18.下圖為一典型之巴特沃斯濾波器之振幅響應圖，其中 ω_p 為帶通帶頻率？（題型：Chebychev 濾波器）

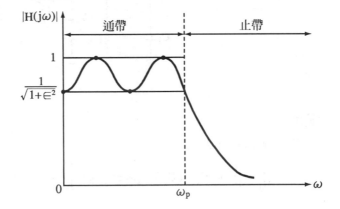

【 中央電機所 】

解☞：此圖應是 Chebychev 濾性器的振幅響應。

19.Fig. shows the circuit of an active filter.

(1)Determine the V_o / V_i.

(2)Determine the ω_o.（題型：主動性 RC 濾波器）

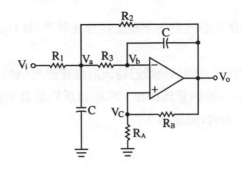

解☞：

(1)用節點分析法

$$(\frac{1}{R_1} + \frac{1}{R_2} + \frac{1}{R_3} + SC) V_a - \frac{V_b}{R_3} = \frac{V_i}{R_1} + \frac{V_o}{R_2} \cdots\cdots ①$$

$$- \frac{V_a}{R_3} + (\frac{1}{R_3} + SC) V_b = SCV_o \cdots\cdots ②$$

$$(\frac{1}{R_A} + \frac{1}{R_B}) V_c = \frac{V_o}{R_B} \cdots\cdots ③$$

$$V_b = V_c \cdots\cdots ④$$

解聯立方程式①，②，③，④得

$$T(S) = \frac{V_o(S)}{V_i(S)} = \frac{- (1 + \frac{R_A}{R_B}) R_2}{S^2 R_1 R_2 R_3 C^2 + SC(R_1 R_2 + R_2 R_3 + R_1 R_3 - R_1 R_2 \frac{R_A}{R_B}) + (R_1 - R_2 \frac{R_A}{R_B})}$$

(2)令 $T (S) = \dfrac{n_o}{S^2 + S (\frac{\omega_o}{Q}) + \omega_o^2}$

$T (S)$ 兩式比較得 $\omega_o = \sqrt{\dfrac{R_1 R_B - R_2 R_A}{R_1 R_2 R_3 C^2 R_B}}$

20.巴特沃斯濾波器的正規化轉移函數爲 $|H(j\omega)| = \dfrac{1}{\sqrt{1 + (\frac{\omega}{\omega_p})^{2N}}}$,

若欲設計一個低通型巴特沃斯濾波器的規格：3dB 頻寬爲100Hz，在350Hz 時衰減量爲60dB，求巴特沃斯濾波器所需的階數。（題型：**Butterworth 濾波器**）

解☞：

由題意知：$f_p = 100Hz$，$f_s = 350Hz$，$A_{v, max} = 3dB$，$A_{v, min} = 60dB$

$\therefore \epsilon = \sqrt{10^{(A_{v,max}/10)} - 1} = \sqrt{10^{0.3} - 1} = 0.9976$

故

$|H(j\omega_s)| = -20\log|\dfrac{1}{\sqrt{1 + \epsilon(\frac{f_s}{f_p})^{2N}}}|$

討論：

①若 $N = 5$，則$|H(j\omega_s)| = 54dB$

②若 $N = 6$，則$|H(j\omega_s)| = 65dB \rangle A_{min}$

故知所需的階數至少6階

21.(1)Find the transfer function of the active – RC filter shown in Fig.

(2)Sketch its frequency – response characteristics and determine what type of this filter is.（題型：**主動性 RC 濾波器**）

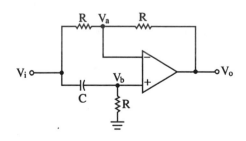

簡譯

(1)求圖中主動性 RC 濾性器的轉移函數

(2)繪出頻率響應的特性,並問濾波器型式。

解☞:

(1)用節點分析法

$$\left(\frac{1}{R}+\frac{1}{R}\right)V_a = \frac{V_i}{R}+\frac{V_o}{R}\cdots\cdots①$$

$$\left(SC+\frac{1}{R}\right)V_b = SCV_i\cdots\cdots②$$

$$V_a = V_b\cdots\cdots③$$

解聯立方程式①,②,③得

$$T(S)=\frac{V_o(S)}{V_i(S)}=\frac{S-\frac{1}{RC}}{S+\frac{1}{RC}}$$

(2)①頻率響應圖如下:

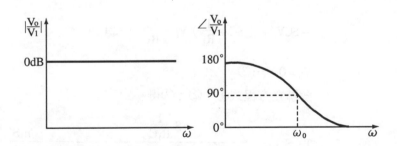

②此濾波器為一階全通型。

---

22. Design a second – order Multiple – feedback band – pass RC active filter shown in Fig. with midband voltage gain = 50, center frequency = 160Hz and 3 – dB bandwidth = 16Hz, Choose capacitance C = 0.1μF. (題型:主動性

RC 濾波器）

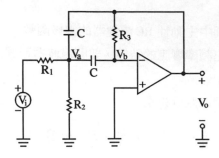

簡譯

設計一個二階帶通濾波器如圖，而規格為：中頻電壓增益為50，中心頻率為160Hz，3 - dB 頻寬為16Hz，C = 0.1μF。

解☞：

用節點分析法

$(\frac{1}{R_1} + \frac{1}{R_2} + SC + SC) V_a - SCV_b = \frac{V_i}{R_1} + SCV_o$……①

$- SCV_a + (SC + \frac{1}{R_3}) V_b = \frac{V_o}{R_3}$……②

$V_b = 0$……③

解聯立方程式①，②，③得

$$T(S) = \frac{- S \frac{1}{R_1 C}}{S^2 + S \frac{2}{R_3 C} + \frac{1}{C^2 R_3}(\frac{1}{R_1} + \frac{1}{R_2})} = \frac{n_1 S}{S^2 + S(\frac{\omega_o}{Q}) + \omega_o^2}$$

(1) $\because$ BW $= \frac{\omega_o}{Q} = \frac{f_o}{2\pi Q} = \frac{2}{2\pi R_3 C} = 16$Hz

$\therefore R_3 = \frac{1}{16\pi C} = \frac{1}{(16)(\pi)(0.1\mu)} = 199K\Omega$

(2)中心頻率增益

$$A = \frac{V_o}{V_s} = \frac{n_1 Q}{\omega_o} = -\left(\frac{1}{R_1 C}\right)\left(\frac{R_3 C}{2}\right) = -\frac{R_3}{2R_1} = -50$$

$$\therefore R_1 = \frac{R_3}{(2)(-50)} = \frac{199K}{100} = 1.99K\Omega$$

(3)$f_o = \dfrac{\omega_o}{2\pi} = \dfrac{1}{2\pi}\sqrt{\dfrac{1}{C^2 R_3}\left(\dfrac{1}{R_1} + \dfrac{1}{R_2}\right)}$

$$= \frac{1}{2\pi}\sqrt{\frac{1}{(0.1\mu)^2(199K)}\left(\frac{1}{1.99K} + \frac{1}{R_2}\right)}$$

$$= 160$$

故 $R_2 = 663\Omega$

23.試求運算放大器電路之系統函數，$\dfrac{V_o(S)}{V_i(S)}$，並說明此電路為何種濾波器及其3dB 截止頻率。（**題型：主動性 RC 濾波器**）

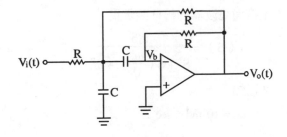

【工技電子所】

解☞：用節點分析法

$$\left(\frac{1}{R} + \frac{1}{R} + SC + SC\right)V_a - SCV_b = \frac{V_i}{R} + \frac{V_o}{R}\cdots\cdots①$$

$$-SCV_a + \left(SC + \frac{1}{R}\right)V_b = \frac{V_o}{R}\cdots\cdots②$$

$V_b = 0 \cdots\cdots ③$

解聯立方程式①，②，③得

$(1)\dfrac{V_o\ (\ S\ )}{V_i\ (\ S\ )} = \dfrac{-\ SCR}{3SCR + 2} = \dfrac{-\dfrac{1}{3}}{1 + \dfrac{2}{3SCR}}$

(2)令$\dfrac{V_o\ (\ S\ )}{V_i\ (\ S\ )} = \dfrac{A_o}{1 + \dfrac{\omega_{3dB}}{S}}$

∴此為高通濾波器

$\omega_{3dB} = \dfrac{2}{3CR}$

24.試決定一二階帶通濾波器的轉換函數，使中央頻率為10^4rad／sec，3dB 頻寬為10^3 = rad／sec，中央頻率的增益為10。

（題型：被動性二階濾波器）

解☞：

1.帶通濾波器的轉移函數為

$$T\ (\ S\ ) = \dfrac{n_1 S}{S^2 + S\ (\ \dfrac{\omega_o}{Q}\ )\ + \omega_o^2}$$

2.已知

$\omega_o = 10^4$rad／sec

$BW = \dfrac{\omega_o}{Q} = 10^3$rad／sec

$A_M = \dfrac{n_1}{BW}$

∴$n_1 = A_m BW = (\ 10\ )\ (\ 10^3\ )\ = 10^4$

3.∴$T\ (\ S\ ) = \dfrac{10^4 S}{S^2 + 10^3 S + 10^8}$

25.如下圖之濾波器，截止頻率為1KHz，已知 $R_2 = 2R_1$，試求各電阻之值。（題型：主動性二階濾波器）

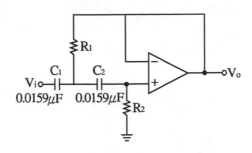

解☞：

題目的條件 $f_L = 1KHz$，$R_2 = 2R_1$ 且知 $C_1 = C_2 = C = 0.0159\mu F$

$$\therefore f_L = \frac{1}{2\pi \sqrt{R_1 R_2 C_1 C_2}} = \frac{1}{2\sqrt{2}\pi R_1 C} = 1KHz$$

$$\therefore R_1 = \frac{1}{2\sqrt{2}\pi f_L C} = \frac{1}{(2\sqrt{2}\pi)(1K)(0.0159\mu)} = 7.07k\Omega$$

故 $R_2 = 2R_1 = 14.14k\Omega$

26.下圖為帶通濾波器，$R_1 = 10k\Omega$，中頻增益大小為50，截止頻率為200Hz 及5KHz，求 R_2，C_1 及 C_2。（題型：主動性二階 RC 濾波器）

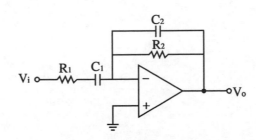

解☞ :

1. $\because \left| A_M \right| = \left| -\dfrac{R_2}{R_1} \right| = 50 = \dfrac{R_2}{10K}$

   $\therefore R_2 = 500k\Omega$

2. 又 $f_L = \dfrac{\omega_L}{2\pi} = \dfrac{1}{2\pi R_1 C_1}$

   $\therefore C_1 = \dfrac{1}{2\pi R_1 f_L} = \dfrac{1}{(2\pi)(10K)(200)} = 0.0796\mu F$

3. $f_H = \dfrac{\omega_H}{2\pi} = \dfrac{1}{2\pi R_2 C_2}$

   $\therefore C_2 = \dfrac{1}{2\pi R_2 f_H} = \dfrac{1}{(2\pi)(500K)(5K)} = 63.7 PF$

4. 說明（觀察法）

   (1)當 $S = 0 \Rightarrow C_1$ 為斷路，無輸出

   　當 $S = \infty \Rightarrow C_1$ 為短路，有短路

   　故知 $R_1 C_1$ 為高通電路，即有 f_L 存在

   (2)當 $S = 0 \Rightarrow C_2$ 為斷路，有輸出

   　當 $S = \infty \Rightarrow C_2$ 為短路，$V_o = 0$

   　故知 $R_2 C_2$ 為低通電路，即有 f_H 存在。

§13 – 4〔題型七十七〕：
雙二次電路濾波器（Tow – Thomas）

考型220 雙二次電路濾波器

一、基本結構

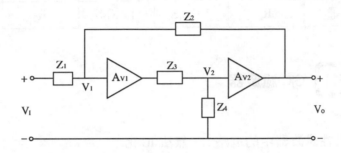

二、轉移函數 T（S）

1. 用節點分析法，分析電路

$$V_1 \left(\frac{1}{Z_1} + \frac{1}{Z_2} \right) = \frac{V_I}{Z_1} + \frac{V_o}{Z_2} \cdots \cdots ①$$

$$V_2 \left(\frac{1}{Z_3} + \frac{1}{Z_4} \right) = \frac{A_{V_1} V_1}{Z_3} + \frac{V_2}{Z_4} \cdots \cdots ②$$

$$A_{V_2} = \frac{V_o}{V_2} \cdots \cdots ③$$

2. 解聯立方程式①②③得

$$T（S） = \frac{V_o（S）}{V_I（S）} = \frac{A_{V1} A_{V2} Z_2 Z_4}{（Z_1 + Z_2）（Z_3 + Z_4） - A_{V1} A_{V2} Z_1 Z_4}$$

3. 與二階濾波器的轉移函數標準式比較

$$T(S) = \frac{n_2 S^2 + n_1 S + n_0}{S^2 + S\left(\frac{\omega_0}{Q}\right) + \omega_0^2}$$

可經設計得不同型式的濾波器,如下

型式	Z_1	Z_2	Z_3	Z_4
低通	R_1	$1/C_1 S$	R_2	$1/C_2 S$
高通	$1/C_1 S$	R_1	$1/C_2 S$	R_2
帶通	R_1	$1/C_1 S$	$1/C_2 S$	R_2

考型221 GIC 濾波器

一、觀念

1. 被動性濾波器中的電感 L,無法 IC 化。

2. 一般阻抗轉換器(GIC)可替代電感。如圖

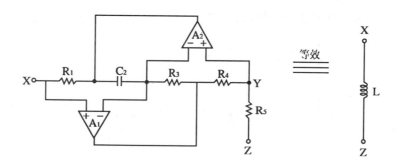

$$L = \frac{C_2 R_1 R_3 R_5}{R_4}$$

二、帶通濾波器

1.被動性帶通濾波器

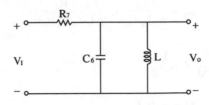

$$T(S) = \frac{V_o(S)}{V_I(S)} = \frac{\frac{1}{SC_6} /\!/ SL}{R_7 + \frac{1}{SC_6} /\!/ SL}$$

2.帶通 GIC 濾波器

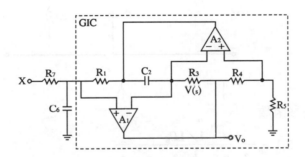

(1)$T(S) = \dfrac{V_o(S)}{V_I(S)} = \dfrac{\frac{1}{SC_6} /\!/ SL}{R_7 + \frac{1}{SC_6} /\!/ SL}$

(2)將 $L = \dfrac{C_2 R_1 R_3 R_5}{R_4}$ 代入上式，得

$$T(S) = \frac{n_1 S}{S^2 + S(\frac{\omega_o}{Q}) + \omega_o^2} = \frac{(\frac{1}{C_6 R_7})S}{S^2 + S(\frac{1}{C_6 R_7}) + \frac{1}{C_6 L}}$$

3.結論
(1)BP 型

(2)中心頻率：$\omega_o = \sqrt{\dfrac{1}{L_{in}C_6}} = \sqrt{\dfrac{R_4}{C_2C_6R_1R_3R_5}}$

(3)頻帶寬：$\dfrac{\omega_o}{Q} = \dfrac{1}{R_7C_6}$

(4)品質因數：$Q = \omega_o R_7 C_6$

三、低通 GIC 濾波器

1.等效電路

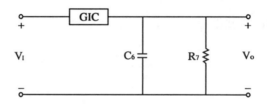

2.結論
(1)轉移函數

$$T(S) = \dfrac{1/LC_6}{S^2 + S\left[\dfrac{1}{R_7C_6}\right] + 1/LC_6}$$

(2)$\omega_o = \dfrac{1}{\sqrt{LC_6}} = \sqrt{\dfrac{R_4}{R_1R_3R_5C_2C_6}}$

(3)$Q = \omega_o R_7 C_6$

四、高通 GIC 濾波器

1.等效電路

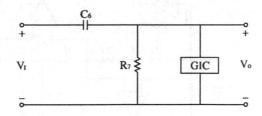

2.結論

(1)轉移函數

$$T(S) = \frac{S^2}{S^2 + S\left[\dfrac{1}{C_6 R_7}\right] + \dfrac{1}{LC_6}}$$

(2)$\omega_o = \dfrac{1}{\sqrt{LC_6}} = \sqrt{\dfrac{R_4}{R_1 R_3 R_5 C_2 C_6}}$

(3)$Q = \omega_o R_7 C_6$

五、具增益的 GIC 濾波器

(1)二階 GIC 高通濾波器

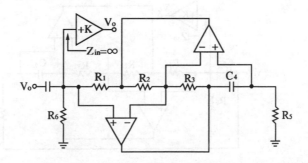

(2)二階 GIC 低通濾波器

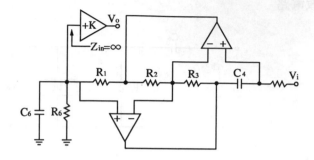

(3)GIC 帶通濾波器

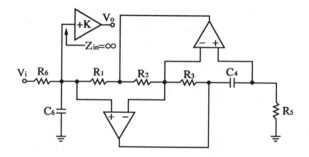

(4)GIC 帶拒濾波器

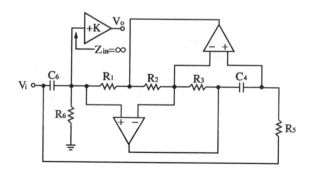

(5)GIC 全通濾波器

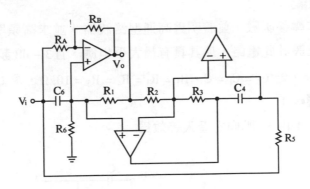

歷屆試題

27. Derive the transfer function of the circuit（as shown） and show that the circuit realizes a high – pass filter. What is the high frequency gain of the circuit？ Design the circuit for a maximally flat response with $3\,\mathrm{dB}$ frequency of $10^4\,\mathrm{rad}/\mathrm{s}$. Select $C_2 = C_7 = C$, $R_1 = R_3 = R_4 = R_5 = 10\,\mathrm{K}\Omega$. Find the values of C and R_6.（Assume ideal op amp. Hint：for a maximally flat response $Q = 1/\sqrt{2}$ and $\omega_{3\mathrm{dB}} = \omega_o$）（**題型：GIC 濾波器**）

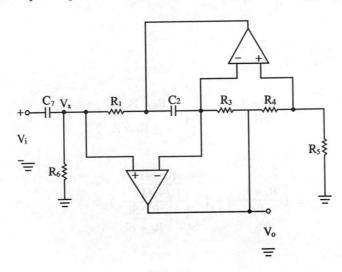

簡譯

求轉移函數,並證明為高通型濾波器。並求高頻增益。

及設計此電路,使其具有最大平坦應,且 3 – dB 頻率為 10^4 rad／sec,若 $C_2 = C_1 = C$,$R_1 = R_3 = R_4 = R_5 = 10k\Omega$,求 C 與 R_b 值。

解☞:

1. 由 V_x 點向右看入等效為

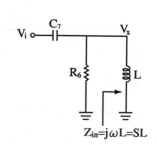

$$Z_{in}=j\omega L=SL$$

其中 $Z_{in} = \dfrac{Z_1 Z_3 Z_5}{Z_2 Z_4} = j\omega\,\dfrac{R_1 R_3 R_5}{R_4}C_2 = SL$

$$L = \dfrac{R_1 R_3 R_5}{R_4}C_2$$

2. $\dfrac{V_o}{V_i} = \dfrac{V_o}{V_x}\cdot\dfrac{V_x}{V_i}$

$$= \left(\dfrac{R_4 + R_5}{R_5}\right)\cdot\left(\dfrac{R_6 /\!/ R_{in}}{\dfrac{1}{SC_7} + (R_6 /\!/ Z_{in})}\right)$$

$$= \left(\dfrac{R_4 + R_5}{R_5}\right)\cdot\left(\dfrac{\dfrac{R_6\cdot SL}{R_6 + SL}}{\dfrac{1}{SC_7} + \dfrac{R_6\cdot SL}{R_6 + SL}}\right)$$

$$= \left(\frac{R_4 + R_5}{R_5} \right) \cdot \left(\frac{S^2 \frac{R_1 R_3 R_5 C_7 C_2}{R_4}}{S^2 \frac{R_1 R_3 R_5 C_2 C_7}{R4} + S \cdot \frac{R_1 R_3 R_5 C_2}{R_4 R_6} + 1} \right)$$

$$= \left(\frac{R_4 + R_5}{R_5} \right) \cdot \left[\frac{S^2}{S^2 + S \left(\frac{1}{R_6 C_7} \right) + \left(\frac{R_4}{R_1 R_3 R_5 C_7 C_2} \right)} \right]$$

$$= \frac{n_2 S^2}{S^2 + S \left(\frac{\omega_o}{Q} \right) + \omega_o^2}$$

3.所以此為高通型濾波器

4.高頻增益 $A = \dfrac{R_4 + R_5}{R_5}$

5. $C_2 = C_7 = C$，$R_1 = R_3 = R_4 = R_5 = 10k\Omega$

$$\therefore \frac{V_o}{V_i} = \frac{2S^2}{S^2 + S \cdot \left(\frac{1}{R_6 C} \right) + \frac{1}{(10k)^2 \cdot C^2}} = \frac{n_2 S^2}{S^2 + S \left(\frac{\omega_o}{Q} \right) + \omega_o^2}$$

$$\therefore \omega_o = \frac{1}{(10k)(C)} = 10^4$$

故 $C = \dfrac{1}{10k \times 10^4} = 10^{-8} F = 0.01 \mu F$

6. $\because \dfrac{\omega_o}{Q} = \dfrac{10^4}{\frac{1}{\sqrt{2}}} = \sqrt{2} \times 10^4 = \dfrac{1}{R_6 \times 0.01 \mu}$

$$\therefore R_6 = 10\sqrt{2} k\Omega$$

28. For the filter circuit shown below, derive its transfer function and indicate the filter type.

Assuming that all op amps are ideal ones.（題型：GIC濾波器）

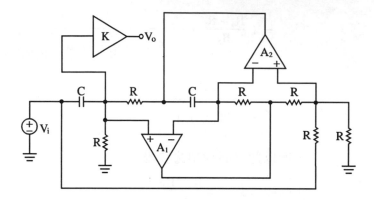

解☞：

1. 此題應用重疊法解題，較為簡便。原電路可化為：

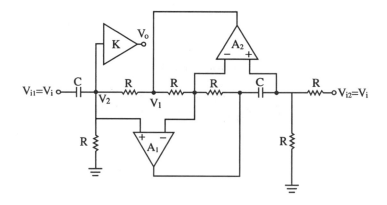

2.考慮 V_{i1}，令 $V_{i2} = 0$，則電路為

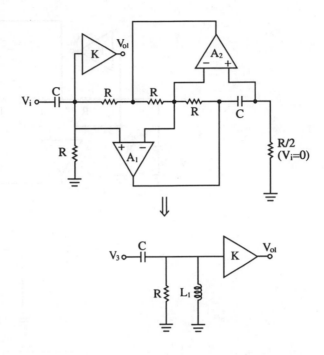

其中

$$L_1 = \frac{R \cdot R \cdot \frac{1}{2}R}{R \cdot \frac{1}{C}} = \frac{1}{2}R^2C$$

$$\therefore A_{V_{i1}} = \frac{V_{O1}}{V_i} = K\left[\frac{R/\!/SL_1}{\frac{1}{SC} + R/\!/SL_1}\right] = K\left[\frac{\frac{RSL_1}{R + SL_1}}{\frac{1}{SC} + \frac{RSL_1}{R + SL_1}}\right]$$

$$= K\left[\frac{S^2RCL_1}{R + SL_1 + S^2RCL_1}\right] = K\left[\frac{S^2}{S^2 + S\left(\frac{1}{RC}\right) + \frac{1}{CL_1}}\right]$$

$$= K\left[\frac{S^2}{S^2 + S\left(\frac{1}{RC}\right) + \frac{2}{R^2C^2}}\right]$$

3.考慮 $V_{i2} = 0$，則電路為

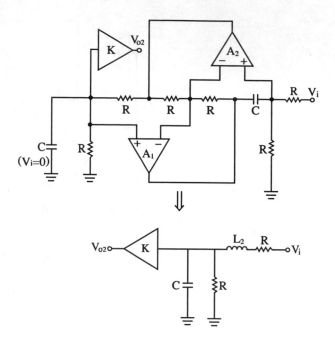

其中

$$L_2 = \frac{R \cdot R \cdot R}{R \cdot \dfrac{1}{C}} = R^2 C$$

$$\therefore A_{V_2} = K \left[\frac{R // \dfrac{1}{SC}}{R + SL_2 + R // \dfrac{1}{SC}} \right] = K \left[\frac{\dfrac{1}{R^2 C^2}}{S^2 + S \left(\dfrac{1}{RC} \right) + \dfrac{2}{R^2 C^2}} \right]$$

4.故

$$V_o = A_{V1} V_i + A_{V2} V_i = V_i \left(A_{V_1} + A_{V_2} \right)$$

$$\therefore T(S) = \frac{V_o(S)}{V_i(S)} = A_{V_1} + A_{V_2} = K \left[\frac{S^2 + \dfrac{1}{R^2 C^2}}{S^2 + S \left(\dfrac{1}{RC} \right) + \dfrac{2}{R^2 C^2}} \right]$$

$$= \frac{K(S^2 + \omega_n^2)}{S^2 + S\left(\frac{\omega_o}{Q}\right) + \omega_o^2}$$

其中

$$\begin{cases} \omega_n' = \dfrac{1}{RC} \\[2mm] \omega_o = \dfrac{\sqrt{2}}{RC} \\[2mm] Q = \omega_o RC = \sqrt{2} \end{cases}$$

$\because \omega_o > \omega_n$

$\therefore$ 此為二階通帶拒（BS）濾波器

---

29. In the following active – RC filter, the resistances R_1 and R_2 can be negative.

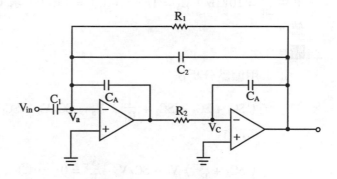

(1) Derive the transfer function $H(S) \equiv V_o(S) / V_{in}(S)$ assuming ideal OP AMP's.

(2) What are the order and the type of the above filter?

(3) Realize the filter function

$$H(S) = \frac{-\dfrac{1}{3.15}\left(\dfrac{S}{\omega_o}\right)}{\left(\dfrac{S}{\omega_o}\right)^2 + \dfrac{1}{5.25}\left(\dfrac{S}{\omega_o}\right) + 1}$$

with $\dfrac{\omega_o}{2\pi} = 10\,\text{kHz}$ using the above circuit. Determine the values of C_1, C_2, R_1, and R_2 if $C_A = 1\,\text{nF}$ and $|R_1| = |R_2|$. （題型：雙二次電路濾波器）

【 交大電子所 】

簡譯

圖中的為主動性 RC 濾波器，其中 R_1，R_2 有可能為負值，

(1)假設 OP 為理想，推導 $H(S) = \dfrac{V_o(S)}{V_{in}(S)}$。

(2)濾波器的階數與型式為何？

(3)將轉移函數表示成 $H(S) = \dfrac{-\dfrac{1}{3.15}\left(\dfrac{S}{\omega_o}\right)}{\left(\dfrac{S}{\omega_o}\right)^2 + \dfrac{1}{5.25}\left(\dfrac{S}{\omega_o}\right) + 1}$

其中 $\dfrac{\omega_o}{2\pi} = 10\,\text{KHz}$，$C_A = 1\,\text{nF}$，$|R_1| = |R_2|$，求 C_1，C_2，R_1，R_2 值。

解☞：

(1) 1.用節點分析法

$\left(SC_1 + SC_A + SC_2 + \dfrac{1}{R_1}\right)V_a - SC_A V_b = SC_1 V_{in} + \dfrac{V_o}{R_1} + SC_2 V_o$

……①

$\left(SC_A + \dfrac{1}{R_2}\right)V_b - SC_A V_a - \dfrac{V_c}{R_2} = 0$……②

$\left(\dfrac{1}{R_2} + SC_A\right)V_c - \dfrac{V_b}{R_2} = SC_A V_o$……③

$V_a = V_c = 0$……④

2.解聯立方程式①～④，得

$H(S) = \dfrac{V_o(S)}{V_{in}(S)} = \dfrac{-SR_1 C_1}{-S^2 R_1 R_2 C_A^2 + SR_1 C_2 + 1}$

(2)此為二階帶通濾波器

$(3) H (S) = \dfrac{- SR_1C_1}{- S^2R_1R_2C_A^2 + SR_1C_2 + 1} = \dfrac{-\dfrac{1}{3.15}\left(\dfrac{S}{\omega_o}\right)}{\left(\dfrac{S}{\omega_o}\right)^2 + \dfrac{1}{5.25}\left(\dfrac{S}{\omega_o}\right) + 1}$

$\therefore - R_1R_2C_A^2 = \left(\dfrac{1}{\omega_o}\right)^2 \,\text{,}\; R_1C_1 = \dfrac{1}{3.15\omega_o} \,\text{,}\; R_1C_2 = \dfrac{1}{5.25\omega_o}$

故知

$R_1 = 15.9k\Omega \,\text{,}\; C_1 = 0.317nF$

$R_2 = - 15.9k\Omega \,\text{,}\; C_2 = 0.19nF$

---

30. For each circuit in Fig. determine $V_o (S) / V_i (S)$ 〔 題型：GIC 濾波器 〕

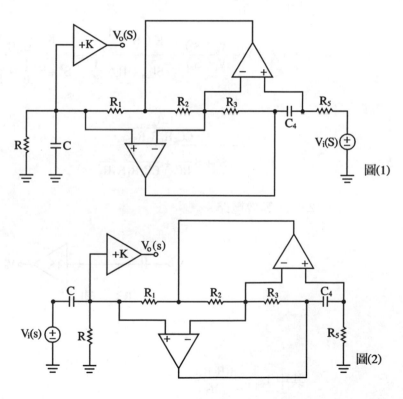

解☞：

1.圖(1)等效電路：

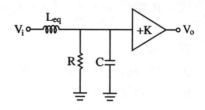

其中

$$L_{eq} = \frac{R_1 R_3 R_5 C_4}{R_2}$$

$$\therefore T(S) = \frac{V_o(S)}{V_i(S)} = \frac{K(R // \frac{1}{SC})}{SL_{eq} + R // \frac{1}{SC}} = \frac{K(\frac{1}{L_{eq}C})}{S^2 + S\frac{1}{RC} + \frac{1}{L_{eq}C}}$$

$$= \frac{\dfrac{KR_2}{CC_4 R_1 R_3 R_5}}{S^2 + S\dfrac{1}{RC} + \dfrac{R_2}{CC_4 R_1 R_3 R_5}}$$

2.圖(2)等效電路：

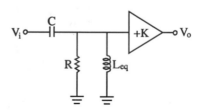

其中 $L_{eq} = \dfrac{R_1 R_3 R_5 C_4}{R_2}$

$$\therefore T(S) = \frac{V_o(S)}{V_i(S)} = \frac{K(R /\!/ SL_{eq})}{\frac{1}{SC} + R /\!/ SL_{eq}} = \frac{KS^2}{S^2 + S\frac{1}{RC} + \frac{1}{LC}}$$

$$= \frac{KS^2}{S^2 + S\frac{1}{RC} + \frac{R_2}{CC_4 R_1 R_3 R_5}}$$

31.如圖(1)，若 OPA 的開路增益頻率響應可表爲

$$A(S) = \frac{V_o(S)}{V_d(S)} = \frac{B}{S}$$

B 是其增益一頻寬乘積。若圖(2)中的 OPA，

$A_1(S) = A_2(S) = \frac{B}{s}$，求

(1) $\frac{I_{out}(S)}{I_{in}(S)} = ?$ （所有的 g 均爲電導）

(2)這電路是何種濾波器？（**題型：雙二次電路濾波器**）

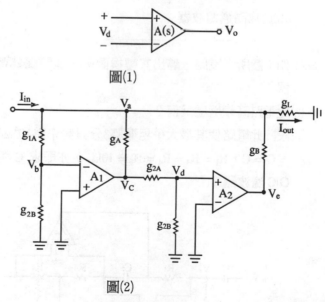

圖(1)

圖(2)

【工技電子所】

解☞：

(1)用節點分析法

$(g_{1A} + g_A + g_B) V_a - g_{1A}V_b - g_AV_C - g_BV_e = I_{in} - I_{out} \cdots \cdots ①$

$(g_{1A} + g_{1B}) V_b - g_{1A}V_a = 0 \cdots \cdots ②$

$(g_A + g_{2A}) V_c - g_AV_a - g_{2A}V_d = 0 \cdots \cdots ③$

$(g_{2A} + g_{2B}) V_d - g_{2A}V_c = 0 \cdots \cdots ④$

$V_c = -A_1V_b = -\dfrac{B}{S}V_b \cdots \cdots ⑤$

$V_e = A_2V_d = \dfrac{B}{S}V_d \cdots \cdots ⑥$

$I_{out} = g_LV_a \cdots \cdots ⑦$

解聯立方程式①～⑦，得

$$\frac{I_{out}(S)}{I_{in}(S)} = \frac{S^2 \left[g_L(1 + \frac{g_{1B}}{g_{1A}}) \right]}{S^2 \left[(g_L + g_A + g_B)(1 + \frac{g_{1B}}{g_{1A}}) + g_{1B} \right] + S(Bg_A) + \frac{B^2 g_B g_{2B}}{g_{2A} + g_{2B}}}$$

(2)此為高通濾波器

32.(1)如下圖所示電路，導出其轉換函數，並證實此電路為一高通濾波
　　器。

(2)此電路高頻增益為何？

(3)設計此電路使其最大平坦響應3分貝頻率為$10^4 \text{rad}／\text{s}$，（假設：C_2
　　$= C_7 = C$，$R_1 = R_3 = R_4 = R_5 = 10\text{k}\Omega$）亦即求 C 與 R_6 值。（**題型：**
　　GIC 濾波器）

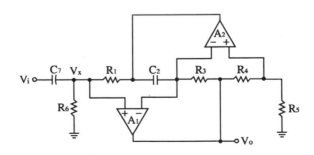

解☞ :

(1)①等效電路

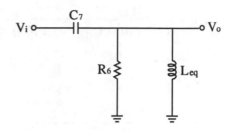

②由 R_1，C_2，R_3，R_4，R_5，A_1，A_2所組成的 GIC，其中之等效
電感爲

$$L_{eq} = \frac{R_1 R_3 R_5 C_2}{R_4} = 10^8 C$$

③$T(S) = \dfrac{V_o(S)}{V_I(S)} = \dfrac{R_6 // SL_{eq}}{\dfrac{1}{SC} + R_6 // SL_{eq}} = \dfrac{S^2}{S^2 + S\left[\dfrac{1}{R_6 C}\right] + \dfrac{1}{CL_{eq}}}$$

$$= \dfrac{n_2 S^2 + n_1 S + n_o}{S^2 + S\left(\dfrac{\omega_o}{Q}\right) + \omega_o^2}$$

④$\because n_1 = n_o = 0$，$n_2 = 1$

故知爲高通濾波器

(2)$\because n_2 = 1$　$\therefore$高頻增益 $A_v = 1$

(3)電路最大平坦響應的條件爲

$$Q = \frac{1}{\sqrt{2}}$$

$$\because \omega_o = \frac{1}{\sqrt{CL_{eq}}} = \frac{1}{\sqrt{10^8 C^2}} = \frac{1}{10^4 C} = 10^4 \text{rad} / \text{s}$$

$$\therefore C = 10^{-8} F = 100 nF$$

$$又 \frac{\omega_o}{Q} = \frac{10^4}{1/\sqrt{2}} = \sqrt{2} \times 10^4 = \frac{1}{R_6 C}$$

$$\therefore R_6 = \frac{1}{(\sqrt{2} \times 10^4) C} = \frac{1}{(\sqrt{2} \times 10^4)(100n)} = 7.07k\Omega$$

§13－5〔題型七十八〕：狀態變數濾波器（KHN）

考型222 狀態變數濾波器（KHN）

KHN：Kerwin Hueleswan Newton

一、觀念

1. 狀態變數濾波器，又稱為通用濾波器
2. 可同時提供，高通、帶通及低通濾波器的功能
3. 其工作原理是利用雙積分迴路的原理。

二、電路一

1. 設計方法：

由高通轉移函數知

$$T(S) = \frac{V_{HP}}{V_I} = \frac{n_2 S^2}{S^2 + S\left(\frac{\omega_o}{Q}\right) + \omega_o^2} = \frac{n_2}{1 + \frac{1}{S}\left(\frac{\omega_o}{Q}\right) + \frac{\omega_o^2}{S^2}}$$

$$\therefore n_2 V_I = V_{HP}\left[1 + \frac{1}{S}\left(\frac{\omega_o}{Q}\right) + \frac{\omega_o^2}{S^2}\right]$$

$$= V_{HP} + V_{HP}\left[\frac{1}{S}\left(\frac{\omega_o}{Q}\right)\right] + V_{HP}\frac{\omega_o^2}{S^2}$$

即

$$V_{HP} = -\frac{1}{Q}\frac{\omega_o}{S}V_{HP} - \frac{\omega_o^2}{S^2}V_{HP} + n_2 V_I$$

2.方塊圖

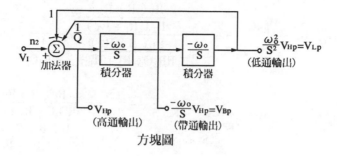

方塊圖

3.電路圖

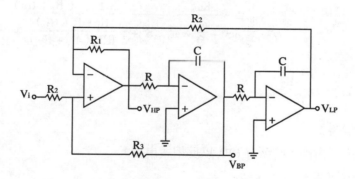

由電路分析知

$$V_{HP} = -\frac{\omega_o^2}{S^2}V_{HP} + \frac{2R_2}{R_2 + R_3}\left[-\frac{\omega_o}{S}V_{HP} \right] + \frac{2R_3}{R_2 + R_3}V_I$$

與上式比較

$$V_{HP} = -\frac{1}{Q}\frac{\omega_o}{S}V_{HP} - \frac{\omega_o^2}{S^2}V_{HP} + n_2 V_I$$

得

$(1)\dfrac{R_3}{R_2} = 2Q - 1$

$(2)n_2 = 2 - \dfrac{1}{Q} = k$

$(3)\omega_o = \dfrac{1}{RC}$

$(4)\dfrac{V_{HP}}{V_i} = \dfrac{kS^2}{S^2 + \dfrac{\omega_o}{Q}S + \omega_o^2} = \dfrac{\dfrac{R_3\ (\ R + R_2\ )}{R_2\ (\ R_1 + R_3\ )}S^2}{S^2 + S\dfrac{R_1\ (\ R + R_2\ )}{RR_2C\ (\ R_1 + R_3\ )} + \dfrac{1}{RR_2C_2}}$

$(5)\dfrac{V_{BP}}{V_i} = (\ \dfrac{-\omega_o}{S}\ )\ V_{HP} = \dfrac{-K\omega_oS}{S^2 + \dfrac{\omega_o}{Q}S + \omega_o^2} = \dfrac{-\dfrac{R_3\ (\ R + R_2\ )}{RR_2C\ (\ R_1 + R_3\ )}S}{S^2 + S\dfrac{R_1\ (\ R + R_2\ )}{RR_2C\ (\ R_1 + R_3\ )} + \dfrac{1}{RR_2C}}$

$(6)\dfrac{V_{LP}}{V_i} = (\ \dfrac{\omega_o^2}{S^2}\ )\ V_{HP} = \dfrac{K\omega_o^2}{S^2 + \dfrac{\omega_o}{Q} + \omega_o^2} = \dfrac{\dfrac{R_3\ (\ R + R_2\ )}{R^2R_2C^2\ (\ R_1 + R_3\ )}}{S^2 + S\dfrac{R_1\ (\ R + R_2\ )}{RR_2\ (\ R_1 + R_3\ )} + \dfrac{1}{RR_2C^2}}$

$(7)Q = \dfrac{1 + \dfrac{R_3}{R_2}}{2}$

三、電路二

1.設計方法：將所有 OPA 以反相式串接。

2.方塊圖：

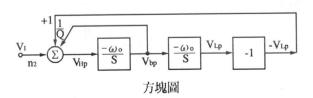

方塊圖

3.電路圖：

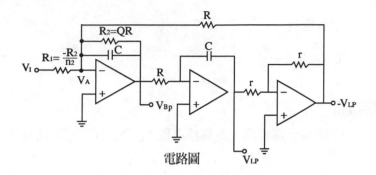

電路圖

4.分析電路：

(1)節點分析法

$$
\begin{cases}
V_{LP} = -\dfrac{V_{BP}}{SRC} \\[3mm]
\dfrac{V_I}{R_1} + \dfrac{V_{BP}}{R_2} + SCV_{BP} - \dfrac{V_{LP}}{R} = 0
\end{cases}
$$

(2)解聯立方程式，得

$$
\frac{V_I}{R_1} = -\left[\frac{1}{SR^2C} + \frac{1}{R_2} + SC\right]V_{BP}
$$

故知帶通轉移函數 $T_{BP}(S)$：

$$
T_{BP}(S) = \frac{V_{BP}}{V_I} = \frac{-\dfrac{R}{R_1}\left(\dfrac{1}{R_2C}\right)S}{S^2 + \dfrac{1}{R_2C}S + \dfrac{1}{R^2C^2}} = \frac{-K\left(\dfrac{\omega_o}{Q}\right)S}{S^2 + S\dfrac{\omega_o}{Q} + \omega_o^2}
$$

(3)其中

①中心頻率 ω_o 時的電壓增益

$$
A(\omega_o) = K = -\frac{R_2}{R_1}
$$

②中心角頻率

$$\omega_o = \frac{1}{RC}$$

③品質因數

$$Q = \omega_o R_2 C = \frac{R_2}{R}$$

歷屆試題

33.(1)下圖為一濾波器，其轉移函數 V_1 / V_s 中之 f_o 及品質因數 Q 分別
　　為：

　　①$f_o = 10^3 / 2\pi Hz$，$Q = 2$

　　②$f_o = 10^6 / 2\pi Hz$，$Q = 1$

　　③$f_o = 10^3 / \pi Hz$，$Q = 2$

　　④$f_o = 10^3 / \pi Hz$，$Q = \frac{1}{2}$

　　⑤$f_o = 10^3 / 2\pi Hz$，$Q = 1$

　(2)上題中，OP3電路的目的為：

　　①增加增益

　　②避免使用大電容

　　③增加濾波器階數

　　④避免使用負電阻

　　⑤避免使用大電阻（**題型：狀態變數濾波器**）

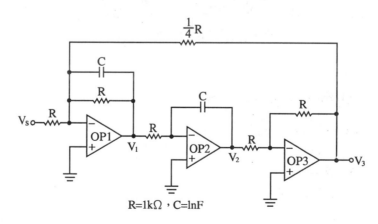

$R = 1k\Omega$，$C = 1nF$

解☞：(1)②，(2)④

34.圖中電路為狀態變數濾波器，求(1)$\dfrac{V_{bp}}{V_{in}}$，(2)$\dfrac{V_o}{V_{in}}$（題型：狀態變數濾波器）

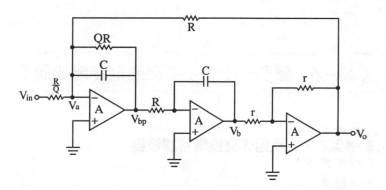

解☞：

(1)用節點分析法

$$\left(\frac{Q}{R} + SC + \frac{1}{QR} + \frac{1}{R} \right) V_a = \frac{QV_{in}}{R} + \frac{V_{bp}}{QR} + SCV_{bp} + \frac{V_o}{R} \cdots\cdots ①$$

$$\frac{V_o}{V_{bp}} = \frac{V_o}{V_b} \cdot \frac{V_b}{V_{bp}} = (-1)\left(-\frac{1}{SRC} \right) = \frac{1}{SRC} \cdots\cdots ②$$

解聯立方程式①，②，得

$$\frac{V_{bp}}{V_{in}} = \frac{-SRCQ}{S^2R^2C^2 + S\dfrac{RC}{Q} + 1} = \frac{-S\left(\dfrac{Q}{RC} \right)}{S^2 + S\dfrac{1}{QRC} + \dfrac{1}{R^2C^2}} = \frac{n_1 S}{S^2 + S\dfrac{\omega_o}{Q} + \omega_o^2}$$

此為帶通濾波器

(2)亦可由方程式①，②解得

$$\frac{V_o}{V_{in}} = \frac{-Q}{S^2 R^2 C^2 + S \dfrac{RC}{Q} + 1} = \frac{-\dfrac{Q}{R^2 C^2}}{S^2 + S \dfrac{1}{QRC} + \dfrac{1}{R^2 C^2}} = \frac{n_o}{S^2 + S \dfrac{\omega_o}{Q} + \omega_o^2}$$

此為低通濾波器

§13–6〔題型七十九〕：交換電容濾波器（S.C.F）

考型223 反相式交換電容濾波器

一、觀念

1. 主動性 RC 濾波器，或 GIC 濾波器中的 RC，均無法做到精確的時間常數 RC 值，（因電阻 R 之故）

2. 上述的缺點，可利用 MOS 來替代大電阻 R

二、反相式交換電容濾波器

1. 工作原理：主動性 RC 高通濾波器

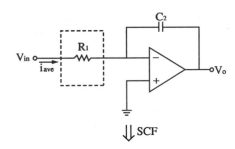

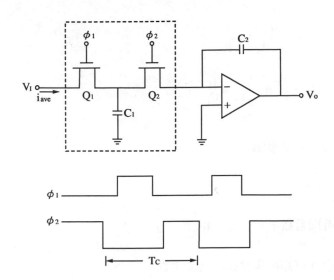

2.電路分析

　　當輸入訊號的週期 $T \gg T_C$ 時。（適用範圍）

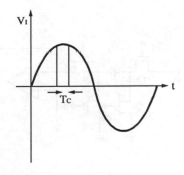

(1)$\phi_1 = V(1)$，$\phi_2 = V(0) \Rightarrow Q_1$：ON，$Q_2$：OFF，則 V_I 對 C_1 充電至

　　$V_{C1} = V_I$

　　$\therefore Q_{C1} = C_1 V_I$

(2)$\phi_1 = V(0)$，$\phi_2 = V(1) \Rightarrow Q_1$：OFF，$Q_2$：ON，則 V_{C1} 對 C_2 充電，即

　　Q_{C1} 流至 C_2（呈反相輸入 OPA）

(3)此時平均電流

$$I_{av} = \frac{Q_{C1}}{T_C} = \frac{C_1 V_1}{T_C} = \frac{V_1}{R_{eq}}$$

$$\therefore R_{eq} = \frac{V_1}{I_{av}} = \frac{V_1}{\dfrac{C_1 V_1}{T_C}} = \frac{T_C}{C_1}$$

故知**等效電阻**

$$\boxed{R_{eq} = \frac{T_c}{C_1}}$$

(4)**時間常數** $\tau = R_{eq} C_2 = T_C \dfrac{C_2}{C_1}$

由此可知可獲精確的時間常數

考型224 反相式及非反相式交換電容濾波器

一、電路

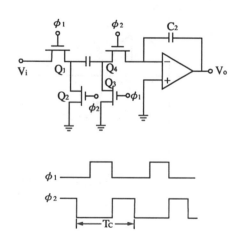

二、電路分析

1. ϕ_1接至 Q_1，Q_3
   ϕ_2接至 Q_2，Q_4 $\Big\}$形成非反相 SCF

2.ϕ_1接至 Q_1，Q_4⎫
　ϕ_2接至 Q_2，Q_3⎭形成反相 SCF

三、形成非反相的 SCF

1.$\phi_1 = V(1)^2$，則 Q_1，Q_3：ON，Q_2，Q_4：OFF

2.$V_I \xrightarrow{\text{充電}} C_1 \rightarrow Q_{C1} = C_1 V_1$

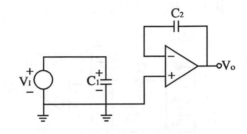

3.$\phi_1 = V(0)$，$\phi_2 = V(1)$，則 Q_1，Q_3：OFF，Q_2，Q_4：ON

$Q_{C2} = C_1 V_1$

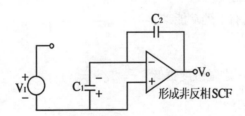

形成非相SCF

四、形成反相的 SCF

反相 SCF（ $\phi_1 \rightarrow Q_1$，Q_4；$\phi_2 \rightarrow Q_2$，Q_3 ）

1.$\phi_1 = V(1)$，則 Q_1，Q_4：ON，

　$\phi_2 = V(0)$，則 Q_2，Q_3：OFF

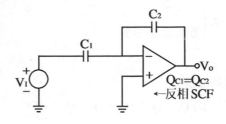

2.$\phi_1 = V(0)$，則 Q_1，Q_4：OFF，

$\phi_2 = V(1)$，則 Q_2，Q_3：ON

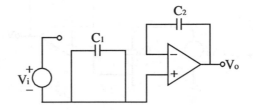

五、SC 濾波器與主動式 RC 濾波器之比較：

1.具有相同功能：

2.SC 濾波器具有下列功能：

(1)適用於 IC 中。

(2)時間常數 τ 之靈敏度更低。$\tau = T_C \times \dfrac{C_2}{C_1}$

(3)功率損耗小。

(4)具有互補功能（反相，非反相）。

歷屆試題

35.若與主動性 RC 濾波器比較，下列那些是交換電容濾波器的優點：

①具有更精確的頻率響應。

②能在 CMOS 數位電路中製作。

③適合大量製造。（題型：交換電容濾波器）

【台大電機所】

解☞：①②③

36. Derive the equivalent circuit for the following. Q_1, Q_2 are the enhancement −
mode MOSFET（MOS switch）, The clock ϕ has a frequency much higher
than signal frequency V_i and V_o. r_{DS} C time constant is negligible.（題型：
交換電容濾波器）

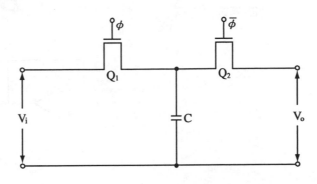

【交大控制所】

解☞：

$$R_{eq} = \frac{T_c}{C}$$

其中

T_c：時序週期

37. OPA 為理想的，輸入訊號 V_s 之頻率 f_s 遠小於控制開關的時序訊號中
的頻率 f_ϕ，試求此電路之電壓增益。（題型：SCF）

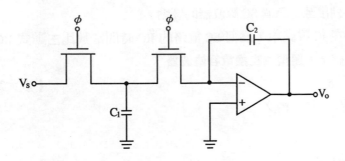

解☞：

(1)等效電阻 $R_{eq} = \dfrac{T_c}{C_1} = \dfrac{1}{C_1 f_\phi}$

(2)等效時間常數

$$\tau_{eq} = R_{eq}C_2 = \dfrac{C_2}{C_1 f_\phi}$$

(3)此時等效電路為

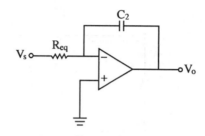

$$\therefore \dfrac{V_o}{V_s} = -\dfrac{\dfrac{1}{SC_2}}{R_{eq}} = -\dfrac{1}{SR_{eq}C_2} = -\dfrac{1}{S\tau_{eq}} = -\dfrac{C_1 f_\phi}{SC_2}$$

38.show how a switched capacitor behaves as a resistance.（**題型：交換電容濾波器**）

解☞：詳見內文

39.(1)如何以一個交換電容等效一個電阻效應。證明之。

(2)列出至少三個 SC 濾波器的優點。

(3)在 IC 電路中，為何 SC 電路的 RC 時間常數比主動式 RC 電路精確？（**題型：交換電容濾波器**）

解☞：詳見內文

40.(1)Show a switched – capacitor equivalent of the circuit in Fig.

(2)In(1), R_1 is replaced by $C_1 = 1pF$. What is the clock rate？（10%）（題型：交換電容濾波器）

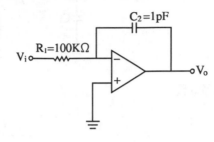

【 成大電機所 】

解☞：

(1)

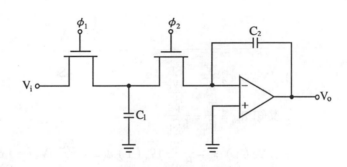

(2)$R_1 = \dfrac{T_c}{C_1}$

$$f_c = \frac{1}{T_c} = \frac{1}{R_1 C_1} = \frac{1}{(100K)(1P)} = 10MHz$$

41.如下圖所示電路中 OPA 為理想的，輸入訊號 v_s 之頻率 f_s 小於控制開關的時基訊號 ϕ 的頻率 f_ϕ，試求此電路之 v_o 與 v_s 之關係。

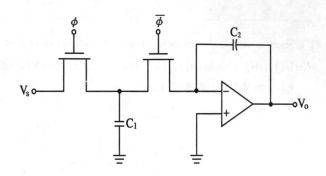

解☞：等效圖

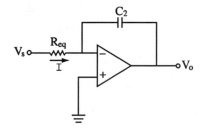

1. $\dfrac{V_s}{R_{eq}} = -C_2 \dfrac{dV_o}{d_t}$

2. 又知 $R_{eq} = \dfrac{T_c}{C_1} = \dfrac{1}{f_\phi C_1}$

3. $\therefore V_o(t) = -\dfrac{1}{R_{eq}C_2} \int V_s(t)\, dt = -\dfrac{f_\phi C_1}{C_2} \int V_s(t)\, dt$

CH14 弦波振盪器
（Sin. Wave Osillator）

§14-1〔題型八十〕：振盪器的基本概念

考型225 振盪器的基本概念

一、振盪器的定義

1. 能夠產生連續且重複的交流輸出訊號或增減起伏的直流輸出訊號。
2. 無需外加訊號（V_s）的輸入，而藉著直流電源輸入中的雜訊，經振盪放大而產生週期性的波形輸出。

二、振盪條件

1. 必須具有正回授的電路，或相當於正回授的等效意義。即若是負回授，則在電路中需具有移相特性，而令其產生振盪。如圖

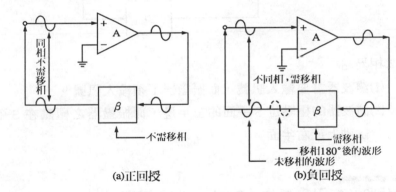

(a)正回授　　　　　(b)負回授

2. 需回授量 $D = 1 - \beta A = 0$

因為 $A_f = \dfrac{A}{1 - \beta A} = \dfrac{A}{D}$

若回授量 $D = 1 - \beta A = 0$，則 $A_f = \infty$，即電路產生振盪

3. 需有穩定的直流電源輸入。

直流電源提供二項目標：

⑴維持電路工作。

⑵提供雜訊 V_N 輸入，藉由振盪而產生波形輸出。

4.需有頻率控制電路。如 RC，LC，晶體等電路。

三、振盪器可分爲兩大類

1.正弦波振盪器：正弦波振盪器產生正弦波信號輸出。

2.非正弦波振盪器：以正弦波以外的波形信號輸出：如三角波、鋸齒波、脈波……等信號輸出。

四、振盪器與濾波器之比較

1.相同點：

均爲回授網路，且可表示成基本回授組態。

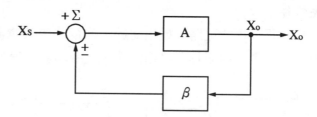

2.相異點：

⑴濾波器需要輸入訊號，而振盪器不須輸入訊號。

⑵濾波器的極點位 S 平面的左半邊，而振盪器之極點在 S 平面之 $j\omega$ 軸上或右半面。

考型226 巴克豪生（ Barkhausen ）準則

一、理論推導

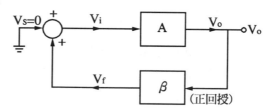

1. $A_f (S) = \dfrac{A (S)}{1 - \beta (S) A (S)} = \dfrac{A (S)}{1 - L (S)}$

2. $D (S) = 1 - \beta (S) A (S) = 1 - L (S) = 0$

   $\Rightarrow L (S) = \beta (S) A (S) = 1$

3. 振盪條件

   $\beta (j\omega) A (j\omega) = 1$

4. 若 $\omega = \omega_o$，使 $|\beta (j\omega) A (j\omega)| = 1$，則
   ω_o 爲振盪頻率。

二、實際設計振盪的法則

1. 振盪條件

   $\beta (j\omega) A (j\omega) > 1$　約爲（$1.02 \sim 1.05$）

   目標：將微小的雜訊 V_N，因不穩定而放大。如圖

   (1) $\beta (j\omega) A (j\omega) = 0$時

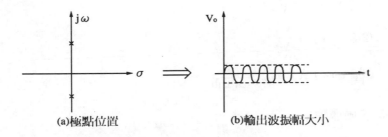

(a)極點位置　　　　　　(b)輸出波振幅大小

   (2) $\beta (j\omega) A (j\omega) > 1$時（電路再接限壓器時）

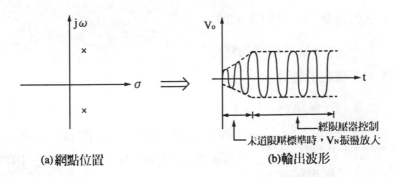

(a)網點位置　　　　　　(b)輸出波形

2. 振盪頻率

令 $\angle \beta(j\omega) A(j\omega) = 0°$

即特性方程式中，令虛部為零

三、弦波振盪器分析要領

1. 在電路中找出參考點 V'_f

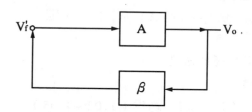

2. 將 $\beta(j\omega) A(j\omega)$ 表示成標準式

(1) $A(j\omega) = \dfrac{V_o}{V'_f}$

(2) $\beta(j\omega) = \dfrac{V'_f}{V_o}$

(3) $\beta(j\omega) A(j\omega) = \dfrac{C}{a \pm jb}$

3. 求振盪頻率

令 $\dfrac{c}{a \pm jb}$ 中的 $b = 0 \rightarrow$ 求得振盪頻率。

4. 求振盪條件（此時 $b = 0$）

令 $\dfrac{c}{a} \geq 1 \rightarrow$ 維持振盪的條件

註：不穩定的臨界值

1. $\left| \beta(j\omega) A(j\omega) \right| = 1$

2. $\angle \beta(j\omega) A(j\omega) = \begin{cases} 超前型 \angle A(j\omega) = 0°，\angle \beta(j\omega) = 180° \\ 落後型 \angle A(j\omega) = 0°，\angle \beta(j\omega) = -180° \end{cases}$

3. 求振盪頻率（ω_o）

令 b = 0，即

$$\omega C_2 R_1 - \frac{1}{\omega C_1 R_2} = 0$$

$$\therefore \omega = \boxed{\omega_o = \frac{1}{\sqrt{R_1 R_2 C_1 C_2}}}$$

4. 求振盪條件

令 $\frac{c}{a} \geq 1$，即

$$\frac{1 + \dfrac{R_3}{R_4}}{\dfrac{R_1}{R_2} + \dfrac{C_2}{C_1} + 1} \geq 1 \Rightarrow 1 + \frac{R_3}{R_4} \geq \frac{R_1}{R_2} + \frac{C_2}{C_1} + 1$$

所以振盪條件：

$$\boxed{\frac{R_3}{R_4} \geq \frac{R_1}{R_2} + \frac{C_2}{C_1}}$$

5. 討論

若 $R_1 = R_2 = R$，$C_1 = C_2 = C$，則

① 振盪頻率 $\omega_o = \dfrac{1}{RC}$

② 振盪條件 $\dfrac{R_3}{R_4} \geq 2$

即 OPA 的中頻增益 $A_v = 1 + \dfrac{R_3}{R_4}$

$\boxed{A_v \geq 3}$ 時，方能產生振盪。

歷屆試題

1. An amplifier has a voltage gain A（jω） and｜A（jω）｜= A．At the oscillation frequency f_o，the phase angle of A（jω）$\Big|_{\omega = 2\pi f_o}$ = 315°．Using

this amplifier to build an oscillator, the resultant circuit is shown below. Calculate the values of A and f_o that will just satisfy the Barkhausen criterion.（題型：巴克豪生準則）

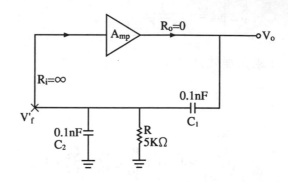

【交大電子，電信，材料所】

放大器的電壓增益爲 A，且 $|A(j\omega)| = A$，且 $\angle A(j\omega)|_{\omega = 2\pi f_o} = 315°$，今用此放大器來設計一個振盪器，求滿足巴克豪生準則的 A 和 f_o 值。

解☞ :

1. $\because$ 振盪時 $\angle -\beta(j\omega_o) A(j\omega_o) = 0°$，又 $\angle A(j\omega_o) = 315°$

$\therefore \angle -\beta(j\omega_o) = 45°$

2. $-\beta = \dfrac{V'_f}{V_o} = \dfrac{\dfrac{1}{SC_2} // R}{\dfrac{1}{SC_1} + \dfrac{1}{SC_2} // R} = \dfrac{\dfrac{R}{SC_2}}{\dfrac{R}{SC_2} + \dfrac{R}{SC_1} + \dfrac{1}{S^2 C_1 C_2}} = \dfrac{SC_1 R}{1 + SR(C_1 + C_2)}$

$\therefore -\beta(j\omega_o) = \dfrac{1}{(1 + \dfrac{C_2}{C_1}) - j\dfrac{1}{\omega_o R C_1}} = \dfrac{1}{(1 + \dfrac{C_2}{C_1}) - j\dfrac{1}{2\pi f_o R C_1}}$

$= \dfrac{1}{(1 + \dfrac{0.1n}{0.1n}) - j\dfrac{1}{(2\pi) f_o (5K)(0.1n)}}$

$$= \frac{1}{2 - j\dfrac{318310}{f_o}}$$

$$\therefore \angle - \beta \left(j\omega \right) = 0 - \tan^{-1}\frac{159155}{f_o} = 45°$$

$$\therefore f_o = 159.155 \, \text{KHz}$$

又 $\left| -\beta A \left(j\omega_o \right) \right| = \left| \left(\dfrac{1}{2 - j^2} \right) A \right| = 1$

$$\therefore A = 2\sqrt{2}$$

---

2. 下圖電路中，當頻率爲150kHz 時，理想放大器 A1，A2及 β 網路之 β 大小及相角如圖所示，如欲在150kHz 滿足巴克豪生準則而產生振盪，則 K 值和 θ 角應爲（**題型：巴克豪生準則**）

(1)K = 1.414，θ = 45°

(2)K = 1，θ = −45°

(3)K = −1，θ − 0°

(4)K = 0.707，θ = 135°

(5)K = −1.414，θ = 90°

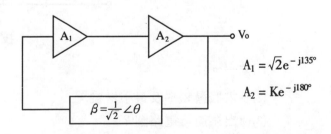

$$A_1 = \sqrt{2}\,e^{-j135°}$$

$$A_2 = Ke^{-j180°}$$

【交大電子所】

解☞：(2)

1.求 K 值

$\because |\beta A_1 A_2| = |\left(\dfrac{1}{\sqrt{2}}\right)\left(\sqrt{2}\right)\left(k\right)| = 1$

$\therefore k = 1$

2.求 θ 值

$\because \angle \beta A_1 A_2 = \angle \theta - 135° - 180° = 0°$

$\therefore \theta = 315°$或$-45°$

3.(1) For the feedback network shown in Fig., find the transfer function V_f / V_o.

(2) This network is used with an AMP to form an oscillator. Find the frequency of oscillation and the minimum amplifier gain.

(3) Draw the network connected to the OP AMP to form oscillator. (**題型：基本觀念**)

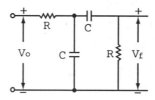

【技師】【成大電機所】

(1)求 $\dfrac{V_f}{V_o}$。

(2)試求振盪頻率及最小增益。

(3)繪出振盪器電路圖？

解☞：

$(1) \dfrac{V_f}{V_o} = \dfrac{\dfrac{1}{SC}\mathbin{/\mkern-5mu/}\left(\dfrac{1}{SC} + R\right)}{R + \dfrac{1}{SC}\mathbin{/\mkern-5mu/}\left(\dfrac{1}{SC} + R\right)} \cdot \dfrac{R}{R + \dfrac{1}{SC}} = \dfrac{SRC}{S^2 R^2 C^2 + S3RC + 1}$

(2)$\dfrac{V_f}{V_o} = \dfrac{j\omega RC}{(-\omega^2 R^2 C^2 + 1) + j\omega 3RC} = \dfrac{1}{3 + j(\omega RC - \dfrac{1}{\omega RC})} = \dfrac{C}{a \pm jb}$

a.振盪頻率，令 jb = 0，即

$$\omega_o = \dfrac{1}{RC}，即 f_o = \dfrac{\omega_o}{2\pi} = \dfrac{1}{2\pi RC}$$

b.振盪條件，（令 $\dfrac{c}{a} \geq 1$），由上式知振盪時，$-\beta = \dfrac{1}{3}$

$$\therefore -\beta A \geq 1 \rightarrow \dfrac{A}{3} \geq 1，即 A \geq 3$$

(3)電路設計如下：

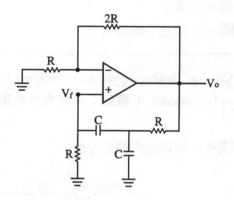

4. State the Barkhausen criterions, that is, the conditions necessary for sinusoidal oscillation to be sustained. In a practical circuit realization of sinusoidal oscillatior, what condition should be modified ? Why ? （題型：基本觀念）

【交大控制所】

解☞：詳見〔題型八十〕

5. What is the applications of Barkhausen Criterion? Why? (**題型：巴克豪生準則**)

【 清大核工所 】

解☞：詳見〔 題型八十 〕

---

6. In a single – loop feedback oscillator, describe (1) the conditions necessary for oscillation to be sustained and (2) what starts the oscillation and what determines the oscillation frequency? (**題型：巴克豪生準則**)

【 成大電機所 】

簡譯

對單一回授迴路的振盪器而言，(1)說明開始振盪的條件(2)振盪頻率的求法。

解☞：詳見〔 題型八十 〕

---

7. Give the Barkhausen conditions required in order for sinusoidal oscillations to be sustained. (**題型：巴克豪生準則**)

【 成大電機所 】

解☞：以正迴授觀念分析：

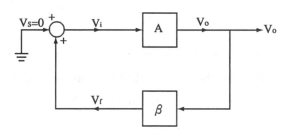

1. $A_f(S) = \dfrac{A(S)}{1 - \beta(S)A(S)} = \dfrac{A(S)}{1 - L(S)} = \dfrac{A(S)}{D(S)}$

2. $D(S) = 1 - L(S) = 1 - \beta(S)A(S)$

3.欲求振盪頻率，應在 D（S）＝0，→β（S）A（S）＝1
　即迴路增益爲1時。

4.欲求振盪條件時，應在迴路增益的相位爲零時，即
　∠β（S）A（S）＝0

§14-2〔題型八十一〕：
低頻振盪器—維恩（Wien）電橋振盪器

 維恩電橋振盪器

一、基本電路組態

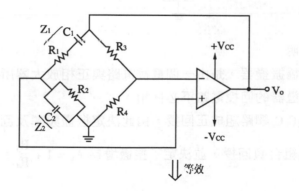

⇓等效

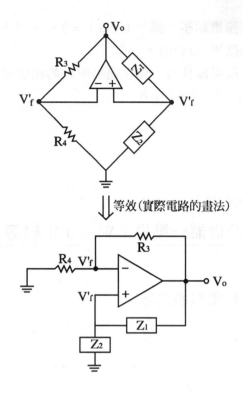

等效（實際電路的畫法）

二、電路說明

1. 維恩電橋振盪器，是由一個電橋電路與正相放大器所組成。

2. 維恩振盪器的回授電路不必移相。

3. 由 $R_1 R_2 C_1 C_2$ 網路組成正回授，由此決定振盪頻率及回授率。

4. 由 $R_3 R_4$ 組合負回授，並決定了振盪增益 $A_V = 1 + \dfrac{R_3}{R_4}$。

三、電路分析

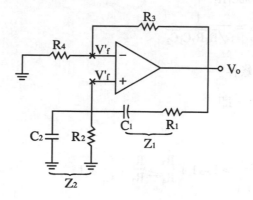

1. 定 V'_f 點，計算 A

$$A = \frac{V_o}{V'_f} = 1 + \frac{R_3}{R_4}$$

2. 計算 β

$$\beta = \frac{V'_f}{V_o} = \frac{Z_2}{Z_1 + Z_2} = \frac{\frac{1}{j\omega C_2} /\!/ R_2}{\left(R_1 + \frac{1}{j\omega C_1} \right) + \left(\frac{1}{j\omega C_2} /\!/ R_2 \right)}$$

$$= \frac{1}{\left(\frac{R_1}{R_2} + \frac{C_2}{C_1} + 1 \right) + j \left(\omega C_2 R - \frac{1}{\omega C_1 R_2} \right)}$$

3. 計算 $-\beta A (j\omega)$，並化成標準式

$$-\beta A (j\omega) = \frac{1 + \frac{R_3}{R_4}}{\left(\frac{R_1}{R_2} + \frac{C_2}{C_1} + 1 \right) + j \left(\omega C_2 R_1 - \frac{1}{\omega C_1 R_2} \right)} = \frac{c}{a \pm jb}$$

4. 求振盪頻率（ω_o）

令 b = 0，即

$$\omega C_2 R_1 - \frac{1}{\omega C_1 R_2} = 0$$

$$\therefore \omega = \omega_o = \frac{1}{\sqrt{R_1 R_2 C_1 C_2}}$$

5. 求振盪條件

令 $\dfrac{c}{a} \geq 1$，即

$$\frac{1 + \dfrac{R_3}{R_4}}{\dfrac{R_1}{R_2} + \dfrac{C_2}{C_1} + 1} \geq 1 \Rightarrow 1 + \frac{R_3}{R_4} \geq \frac{R_1}{R_2} + \frac{C_2}{C_1} + 1$$

所以振盪條件：

$$\frac{R_3}{R_4} \geq \frac{R_1}{R_2} + \frac{C_2}{C_1}$$

6. 討論

若 $R_1 = R_2 = R$，$C_1 = C_2 = C$，則

(1)振盪頻率　$\omega_o = \dfrac{1}{RC}$

(2)振盪條件　$\dfrac{R_3}{R_4} \geq 2$

即 OPA 的中頻增益 $A_v = 1 + \dfrac{R_3}{R_4}$

$A_V \geq 3$ 時，方能產生振盪。

考型228 **具限壓器的維恩電橋振盪器**

一、電路

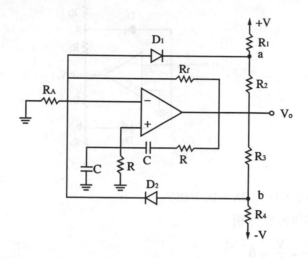

二、工作說明

1. 限壓器是由 R_1，R_2，R_3，R_4，D_1，D_2所組成的

2. 限壓器的作用，是控制輸出的振幅

3. 工作說明

① 若 D_1：OFF，D_2：ON 時

$$V_{o,max} = \frac{3(R_3 + R_4)}{2R_4 - R_3}V_D + \frac{3R_3}{2R_4 - R_3}(+V) \approx \frac{3R_3}{2R_4 - R_3}V$$

② 若 D_1：ON，D_2：OFF 時

$$V_{o,mim} = \frac{-3(R_1 + R_2)}{2R_1 - R_2}V_D + \frac{3R_2}{2R_1 - R_2}(-V) \approx \frac{-3R_3}{2R_4 - R_3}V$$

三、限壓器電路分析

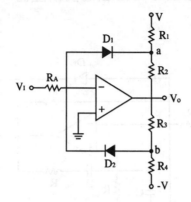

1. 當 $V_I > 0$，D_1：ON，D_2：OFF

  由 a 點作節點分析

  $$\frac{V_I}{R_A} + \frac{V}{R_1} + \frac{V_o}{R_2} = 0$$

  $$\therefore V_o = -\frac{R_2}{R_1}V - \frac{R_2}{R_A}V_I$$

2. 當 $V_I < 0$，D_1：OFF，D_2：ON

  由 b 點作節點分析

  $$\frac{-V_I}{R_A} + \frac{V}{R_4} - \frac{V_o}{R_3} = 0$$

  $$\therefore V_o = \frac{R_3}{R_4}V - \frac{R_3}{R_A}V_I$$

3. 輸出／輸入的轉移特性曲線

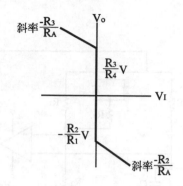

四、使振幅穩定的維恩電橋振盪器

〈電路一〉：

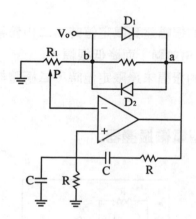

工作說明

(1)輸出由 b 點拉出，而不由 a 點輸出，是因如此則波形失眞較小。

(2)b 點見有高阻抗，因此 V_o 若要接上負載，則需先接緩衝器。

〈電路二〉：

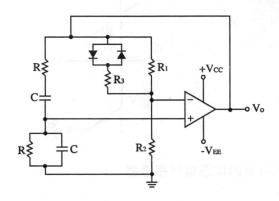

工作說明

(1)當輸出波的振幅達到限定值時，二極體輪流在正負半週導通，使得 R_1 與 R_3 並聯，而降低振幅。

(2)在輸出波的振幅未達限定值時，二極體無作用。

 T型電橋振盪器

一、電路

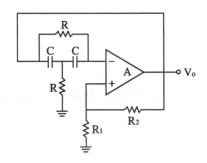

二、電路分析

1.振盪頻率

$$\omega_o = \frac{1}{RC}$$

2.振盪條件

$$\frac{R_2}{R_1} > 2$$

歷屆試題

8. In a sinusoidal oscillator circuits, the final steady state amplitude of oscillation is determine by _____. (題型：基本觀念)

【台大電機所】

解 ☞：穩態振幅的大小，可由：

①OPA 本身的飽和電壓。

②外加限壓電路。

9.(1)求正弦波振盪的振盪頻率以及維持振盪所需的 R_2 / R_1 此值。

(2)為了維持(1)題中所述的振盪，則必須把閉迴路極點由 $j\omega - ax-$ is 移到右半平面。在不改變振盪頻率的條件下，應如何做？

(題型：RC 振盪器)

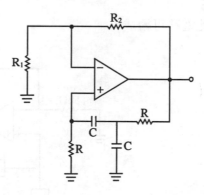

【台大電機所】

解 ☞：詳解見〔題型八十一〕

$$(1)\omega_o = \frac{1}{RC} , \frac{R_2}{R_1} = 2$$

$(2) \dfrac{R_2}{R_1} \geq 2$

---

10. The oscillator is shown in the following figure, and the OP – AMP is ideal. Find.

(1) the oscillation frequency in Hz.

(2) the minimum value of R for oscillation.（題型：Wien 電橋振盪器）

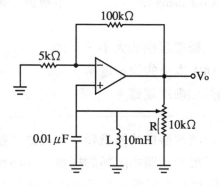

【高考】【台大電機】

解☞：

(1) 此電路可繪成

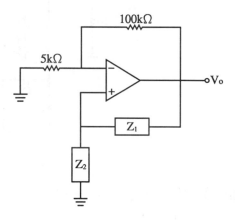

$Z_1 = 10K - R$

$$Z_2 = \frac{1}{SC} // SL // R = \frac{j\omega L}{(1 - \omega^2 LC) + j(\frac{\omega L}{R})}$$

$$-\beta = \frac{V_f}{V_o} = \frac{Z_2}{Z_1 + Z_2} = \frac{\omega L}{(\frac{10K}{R})\omega L - j(10K - R)(1 - \omega^2 LC)}$$

$$A = 1 + \frac{100K}{5K} = 21$$

$$\therefore -\beta A = \frac{21\omega L}{(\frac{10K}{R})\omega L - j(10K - R)(1 - \omega^2 LC)} = \frac{c}{a + jb}$$

求振盪頻率（令 $jb = 0$）

$$\therefore \omega_o = \frac{1}{\sqrt{LC}}$$

故 $f_o = \frac{\omega_o}{2\pi} = \frac{1}{2\pi\sqrt{LC}} = \frac{1}{(2\pi)\sqrt{(10m)(0.01\mu)}} = 15.92\,KHz$

(2)求振盪條件（令 $\frac{c}{a} \geq 1$），即

$$|-\beta A| = |\frac{21R}{10K}| \geq 1$$

$$\therefore R \geq \frac{10K}{21} \rightarrow R_{min} = 476\Omega$$

---

11. OPA 的 R_{in} 及 R_o 可忽略，且 A_v 的非線性增益特性如下：

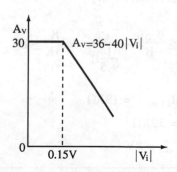

求(1)振盪頻率。

(2)持續振盪的 R_1 最小值。

(3)輸出電壓振幅為4.5V 的 R_1 值。

(4)振盪器的最大輸出電壓振幅。（題型：Wien 電橋振盪器）

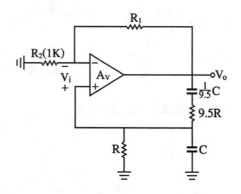

【 交大電子所 】

解☞：詳見〔考型227〕

(1) $\because \omega_o = \dfrac{1}{\sqrt{(RC)\left(\dfrac{C}{9.5}\right)(9.5R)}} = \dfrac{1}{RC}$

$\therefore f_o = \dfrac{\omega_o}{2\pi} = \dfrac{1}{2\pi RC}$

(2) $\because$ 振盪條件

$\dfrac{R_1}{R_2} \geq \dfrac{9.5R}{R} + \dfrac{C}{\dfrac{1}{9.5}C}$　即 $\dfrac{R_1}{1K} \geq 19$

$\therefore R_{1(\text{min})} = 19K\Omega$

(3) $R_1 = 59K\Omega$

(4) $V_{o,\text{max}} = 8V$

12.試求 Wien 電橋振盪器的振盪條件及振盪頻率。（題型：Wien
電橋振盪器）

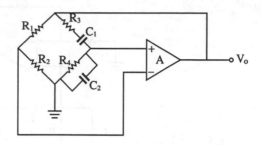

解☞：詳見〔考型227〕

(1)振盪頻率：$f_0 = \dfrac{1}{2\pi\sqrt{C_1 C_2 R_3 R_4}}$

(2)振盪條件：$\dfrac{R_1}{R_2} \geq \dfrac{R_3}{R_4} + \dfrac{C_2}{C_1}$

13. The figure shown below is a Wien Bridge oscillator. Determine its oscilla-
tion frequency（f_0）. Show the relationship between R_1 and R_2.（題
型：Wien 電橋振盪器）

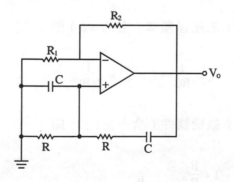

解☞：

1.此電路若繪成下圖，即可知此為 wien 電橋振盪器。

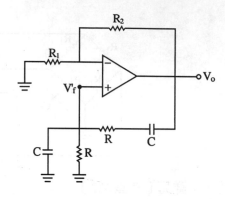

2. $A = \dfrac{V_o}{V'_f} = 1 + \dfrac{R_2}{R_1}$

3. $-\beta = \dfrac{V'_f}{V_o} = \dfrac{R /\!/ \dfrac{1}{SC}}{\left(R /\!/ \dfrac{1}{SC}\right) + R + \dfrac{1}{SC}} = \dfrac{1}{3 + SRC + \dfrac{1}{SRC}}$

4. $\therefore -\beta\,(\,j\omega\,)\,A = \dfrac{1 + \dfrac{R_2}{R_1}}{3 + j\left(\omega RC - \dfrac{1}{\omega RC}\right)} = \dfrac{c}{a + jb}$

5.求振盪頻率（令 $jb = 0$）即

$$\omega_o = \dfrac{1}{RC} \rightarrow f_o = \dfrac{\omega_o}{2\pi} = \dfrac{1}{2\pi RC}$$

6.振盪條件（令 $\dfrac{c}{a} \geq 1$），即

$$\dfrac{1 + \dfrac{R_2}{R_1}}{3} \geq 1 \rightarrow \dfrac{R_2}{R_1} \geq 2$$

14.圖示為振盪器，試求振盪頻率及符合振盪條件時的電阻 R_A 與 R_B。（題型：Wien 電橋振盪器）

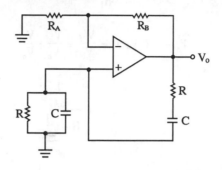

【清大核工所】

解☞：詳見〔題型八十一〕

(1) $f_o = \dfrac{1}{2\pi RC}$

(2) $R_B \geq 2R_A$

15. For the circuit shown find (1) the frequency for zero loop – phase，(2) R_2 / R_1 for oscillation，and (3) loop gain $L(j\omega)$。(題型：RC 振盪器)

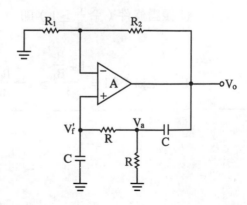

解☞：

(1)(3) 1. $A = \left(1 + \dfrac{R_2}{R_1}\right)$

2. $-\beta(j\omega) = \dfrac{V'_f}{V_o} = \dfrac{V'_f}{V_a} \cdot \dfrac{V_a}{V_o}$

$$= \left(\dfrac{\dfrac{1}{j\omega C}}{R + \dfrac{1}{j\omega C}}\right)\left[\dfrac{R /\!/ \left(R + \dfrac{1}{j\omega C}\right)}{\dfrac{1}{j\omega C} + R /\!/ \left(R + \dfrac{1}{j\omega C}\right)}\right]$$

$$= \dfrac{\dfrac{1}{1 + j\omega RC}}{1 + \dfrac{1}{j\omega RC} + \dfrac{1}{1 + j\omega RC}} = \dfrac{-1}{3 + j\left(\omega RC - \dfrac{1}{\omega RC}\right)}$$

3. $\therefore L(j\omega) = -\beta(j\omega) A = \dfrac{-\left(1 + \dfrac{R_2}{R_1}\right)}{3 + j\left(\omega RC - \dfrac{1}{\omega RC}\right)} = \dfrac{c}{a + jb}$

故 $\omega_o = \dfrac{1}{RC} \rightarrow f_o = \dfrac{1}{2\pi RC}$

(2)振盪條件（令 $\dfrac{c}{a} \geq 1$）即

$$\left| -\beta(j\omega) A \right| = \dfrac{1 + \dfrac{R_2}{R_1}}{3} \geq 1 \rightarrow \dfrac{R_2}{R_1} \geq 2$$

16. What is oscillation condition of the circuit Fig. （題型：RC 振盪器）

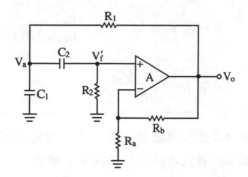

【淡江資訊所】

解☞：

1. $A = \left(1 + \dfrac{R_b}{R_a} \right)$

2. $-\beta = \dfrac{V'_f}{V_o} = \dfrac{V'_f}{V_a} \cdot \dfrac{V_a}{V_o} = \dfrac{R_2}{\dfrac{1}{SC_2} + R_2} \cdot \dfrac{\left(R_2 + \dfrac{1}{SC_2} \right) /\!/ \dfrac{1}{SC_1}}{R_1 + \left(R_2 + \dfrac{1}{SC_2} \right) /\!/ \dfrac{1}{SC_1}}$

$$= \dfrac{SR_2C_2}{1 + S\left(R_1C_1 + R_2C_2 + R_1C_2 \right) + S^2 R_1 R_2 C_1 C_2}$$

3. $\therefore -\beta(j\omega)A = \left(1 + \dfrac{R_b}{R_a}\right)\left[\dfrac{\omega R_2 C_2}{\omega(R_1C_1 + R_2C_2 + R_1C_2) - j(1 - \omega^2 R_1 R_2 C_1 C_2)} \right]$

$$= \dfrac{c}{a \pm jb}$$

4. 求振盪條件

令 $jb = 0$

$\therefore \omega_o = \dfrac{1}{\sqrt{R_1 R_2 C_1 C_2}}$

5. 求振盪條件

令 $|\frac{c}{a}| \geq 1$，即

$$| -\beta (j\omega_o) A | = (1 + \frac{R_b}{R_a}) (\frac{R_2C_2}{R_1C_1 + R_2C_2 + R_1C_2}) \geq 1$$

$$\therefore \frac{R_b}{R_a} \geq \frac{R_1C_1 + R_1C_2}{R_2C_2}$$

17.繪一正弦振盪器電路圖，試說明其共振條件，共振頻率，共振頻率與各元件值間的關係。（題型：正弦振盪器）

【特考】

解☞：詳見內文

18.圖為文氏（Wien）電橋振盪器，計算振盪頻率及 R_2 / R_1 之最小值。（題型：Wien 電橋振盪器）

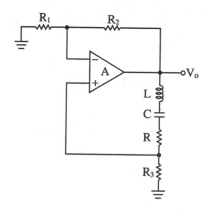

【高考】

解☞：

$$1. -\beta (S) = \frac{R_3}{SL + \frac{1}{SC} + R + R_3}$$

$$\rightarrow -\beta(j\omega) = \frac{R_3}{(R+R_3) + j(\omega L - \frac{1}{\omega C})}$$

$$A = 1 + \frac{R_2}{R_1}$$

$$\therefore -\beta A = \frac{R_3(1 + \frac{R_2}{R_1})}{(R+R_3) + j(\omega L - \frac{1}{\omega C})} = \frac{c}{a \pm jb}$$

2.求振盪頻率，令 $jb = 0$，即

$$\omega L - \frac{1}{\omega C} = 0 \rightarrow \omega_o = \frac{1}{\sqrt{LC}}$$

3.振盪條件，令 $\frac{c}{a} \geq 1$，即

$$\frac{R_3(1 + \frac{R_2}{R_1})}{R + R_3} \geq 1 \rightarrow R_3(1 + \frac{R_2}{R_1}) \geq R + R_3$$

$$故 \frac{R_2}{R_1} \geq \frac{R}{R_3}，即 (\frac{R_2}{R_1})_{min} = \frac{R}{R_3}$$

題型變化

19.如圖所示電路，其振盪頻率及 R_{min}。（**題型：維恩電橋振盪器**
（**LC 振盪器**））

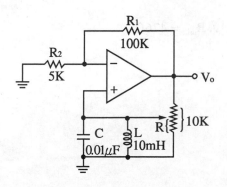

解☞ :

1.此具 LC 振盪器

$$\therefore f_o = \frac{1}{2\pi\sqrt{LC}} = \frac{1}{2\pi\sqrt{(10m)(0.01\mu)}} = 15.9\text{KHz}$$

2.在振盪時，求其振盪條件，可視 LC 不存在（ $\because jb = 0$ ）
所以電路可改為

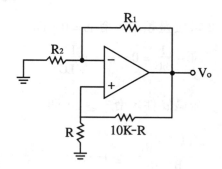

$$\therefore \beta = \frac{R}{R + (10k - R)} = \frac{R}{10k}$$

3.又 $A = 1 + \frac{R_1}{R_2} = 1 + \frac{100k}{5k} = 21$

4. $\because \beta A = \frac{21R}{10k} \geq 1$

$\therefore R_{min} = 476\Omega$

§14-3〔題型八十二〕：低頻振盪器—RC 移相振盪器

考型230 由 $-\beta$ 網路相移的振盪器

一、基本觀念

1. 振盪器若是負回授，則需相移180°。如圖

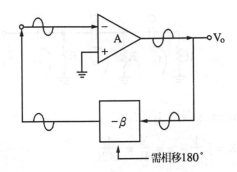

需相移180°

2. 若相移電路是由 RC 組成，其等效阻抗為

$Z = R + jZ_c$，即 $\angle Z(\omega) \leq 90°$，故知每一節的 RC 網路的相移均無法大於90°，為達移相180°目標，所以至少需三節的 RC 網路

二、由 $-\beta$ 網路相移的振盪器

1. 電路

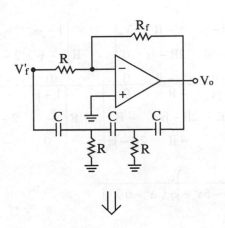

$\Downarrow$

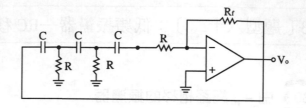

2.電路分析

(1) – β 網路的等效圖

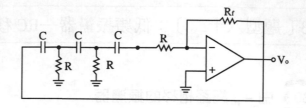

(2)網目分析法⇒求出 I_3

①令 $-jX = j\dfrac{1}{\omega_C}$ ，$\alpha = \dfrac{X}{R} = \dfrac{1}{\omega CR}$

②解聯立方程式：

$$\begin{cases} I_1(R-jX) - I_2R = V_o \\ -I_1R + I_2(2R-jX) - I_3R = 0 \\ -I_2R + I_3(2R-X) = 0 \end{cases}$$

$$I_3 = \dfrac{\begin{vmatrix} R-jx & -R & V_o \\ -R & 2R-jx & 0 \\ 0 & -R & 0 \end{vmatrix}}{\begin{vmatrix} R-jx & -R & 0 \\ -R & 2R-jx & -R \\ 0 & -R & 2R-jx \end{vmatrix}} = \dfrac{R\begin{vmatrix} 1-j\alpha & -1 & V_o/R \\ -1 & 2-j\alpha & 0 \\ 0 & -1 & 0 \end{vmatrix}}{R\begin{vmatrix} 1-j\alpha & -1 & 0 \\ -1 & 2-j\alpha & -1 \\ 0 & -1 & 2-j\alpha \end{vmatrix}}$$

$$= \dfrac{V_0}{R\left[1-5\alpha^2 + j\alpha(\alpha^2-6)\right]}$$

(3)求 A

$$A = \frac{V_o}{V'_f} = -\frac{R_f}{R}$$

(4)求 β

$$\beta = \frac{V'_f}{V_o} = \frac{I_3 R}{V_o}$$

$$\therefore \beta = \frac{1}{1 - 5\alpha^2 + j\alpha\,(\alpha^2 - 6\,)}$$

(5)求 βA

$$\beta A = \frac{-R_f \diagup R}{1 - 5\alpha^2 + j\alpha\,(\alpha^2 - 6\,)} = \frac{C}{a \pm jb}$$

(6)求振盪頻率（ω_o）

令 $b = 0 \Rightarrow \alpha^2 - 6 = 0$

$$\therefore \alpha = \frac{1}{\omega RC} = \sqrt{6}$$

故 $\omega = \omega_o = \dfrac{1}{\sqrt{6}RC}$

(7)求振盪條件

令 $\dfrac{c}{a} \geq 1$，即

$$\frac{-R_f \diagup R}{1 - 5\alpha^2} \geq 1 \quad 即 \quad \frac{R_f \diagup R}{29} \geq 1$$

所以振盪條件爲

$$\frac{R_f}{R} \geq 29$$

(8)**整理**

① $-\beta$ 網路負責移相180°

②每節 RC 網路移相60°，三節共180°

③不同型的移相180°的振盪器比較：

　(a)180°之移相振盪器：

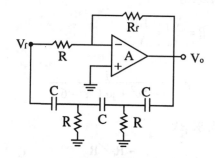

$$@\ \omega_o = \frac{1}{\sqrt{6}RC}$$

$$ⓑ\ \frac{R_f}{R} \geq 29\ (\text{振盪條件})$$

　ⓒ此電路為超前型振盪，

　　即 $\angle \beta (\ j\omega_o\ ) = 180°$

　(b)180°之移相振盪器：

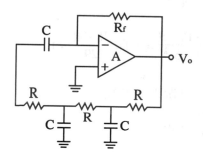

$$@\ \omega_o = \frac{\sqrt{6}}{RC}$$

ⓑ$\dfrac{R_f}{R} \geq 29$（振盪條件）

ⓒ此電路為落後型振盪，

即$\angle \beta (j\omega_o) = -180°$

考型231 由$-\beta$網路及 A 網路移相的振盪器

一、電路

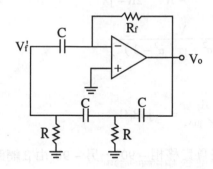

二、電路分析

(1) $-\beta$網路的等效圖

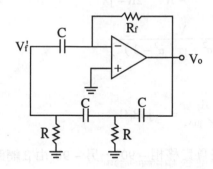

(2)網目分析法$\Rightarrow$求出 I_3

①令$-jX = j\dfrac{1}{\omega C}$，$\alpha = \dfrac{X}{R} = \dfrac{1}{\omega CR}$

②解聯立方程式：

$$\begin{cases} I_1\,(\,R - jX\,) - I_2R = V_o \\ -I_1R + I_2\,(\,2R - jX\,) - I_3R = 0 \\ -I_2R + I_3\,(\,R - jX\,) = 0 \end{cases}$$

$$I_3 = \frac{\begin{vmatrix} R - jX & -R & V_o \\ -R & 2R - jX & 0 \\ 0 & -R & 0 \end{vmatrix}}{\begin{vmatrix} R - jX & -R & 0 \\ -R & 2R - jX & -R \\ 0 & -R & 2R - jX \end{vmatrix}} = \frac{R\begin{vmatrix} 1 - j\alpha & -1 & V_o\diagup R \\ -1 & 2 - j\alpha & 0 \\ 0 & -1 & 0 \end{vmatrix}}{R\begin{vmatrix} 1 - j\alpha & -1 & 0 \\ -1 & 2 - j\alpha & -1 \\ 0 & -1 & 1 - j\alpha \end{vmatrix}}$$

$$= \frac{V_o}{R\,[\,-4\alpha^2 + j\alpha\,(\,\alpha^2 - 3\,)\,]}$$

(3)求 A

$$A = \frac{V_o}{V'_f} = -\frac{R_f}{1\diagup j\omega C} = -j\omega R_f C$$

意即：A 網路負責移相 $-90°$，另 $-90°$由 β 網路負責

(4)求 $-β$

$$-\beta = \frac{V'_f}{V_o} = \frac{I_3\,(\,1\diagup j\omega C\,)}{V_o}$$

$$\therefore -\beta = \frac{1}{[\,-4\alpha^2 + j\alpha\,(\,\alpha^2 - 3\,)\,]\,j\omega C}$$

(5)求 $-βA$

$$-\beta A = \frac{-R_f\diagup R}{-4\alpha^2 + j\alpha\,(\,\alpha^2 - 3\,)} = \frac{c}{a \pm jb}$$

(6)求振盪頻率（ω_o）

令 $b = 0 \Rightarrow \alpha^3 - 3$

$$\therefore \alpha = \frac{1}{\omega RC} = \sqrt{3}$$

故 $\omega = \omega_o = \dfrac{1}{\sqrt{3}RC}$

(7)求振盪條件

令 $\dfrac{c}{a} \geq 1$ 即

$\dfrac{-R_f / R}{-4\alpha^2} \geq 1$ ，即 $\dfrac{R_f / R}{12} \geq 1$

所以振盪條件為

$\dfrac{R_f}{R} \geq 12$

(8)**整理**

①β 網路及 A 網路各負責移相90°

②不同型的 – β 移相90°的振盪器比較：

   (a)90°之移相振盪器：

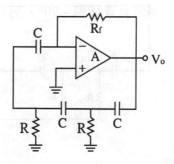

ⓐ $\omega_o = \dfrac{1}{\sqrt{3}RC}$

ⓑ $\dfrac{R_f}{R_1} \geq 12$ （振盪條件）

(b)90°之移相振盪器：

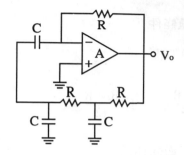

ⓐ $\omega_o = \dfrac{\sqrt{3}}{RC}$ ⓑ $\dfrac{R_f}{R_1} \geq 12$（振盪條件）

考型232　BJT 電晶體的 RC 移相振盪器

一、基本電路

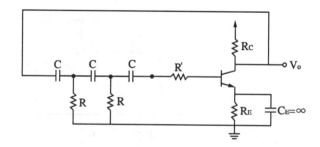

1. 等效電路

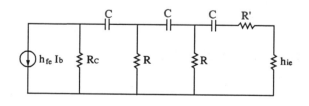

(1)R'的條件

$$R = R' + h_{ie} \Rightarrow R' = R - h_{ie}$$

(2)將上圖等效如下

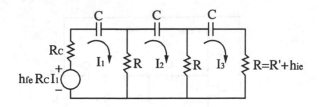

2.同理可分析得出

(1)振盪條件

$$\omega_o = \frac{1}{C\sqrt{4RR_C + 6R^2}}$$

(2)振盪條件

$$h_{fe} \geq 23 + \frac{29R}{R_C} + \frac{4R_C}{R}$$

(3)若 $R = R_C$ 則

振盪頻率 $\omega_o = \dfrac{1}{\sqrt{10}RC}$

振盪條件 $h_{fe} \geq 56$

(4)常見同型的電路接法

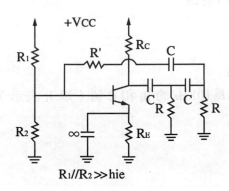

$R_1 /\!/ R_2 \gg h_{ie}$

考型233 FET 電晶體的 RC 移相振盪器

一、電路

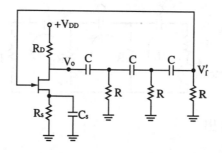

二、電路分析

分析方法與前述同，其等效圖如下：（求出 I_3，即可求解）

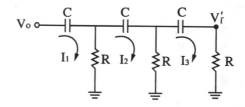

1.振盪頻率 $W_o = \dfrac{1}{\sqrt{6}RC}$

2.振盪條件

$|g_m(r_o /\!/ R_D)| \geq 29$

歷屆試題

20.(1)迴路增益

(2)振盪頻率為10KHz 的 R_f 和 C 值（以 R 表示）（**題型：RC 移相振盪器**）

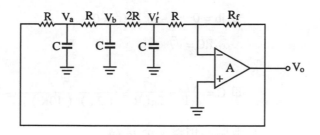

解☞：

(1) 1.用節點分析法

$$\left(\frac{1}{R} + j\omega C + \frac{1}{R}\right) V_a - \frac{V_b}{R} = \frac{V_o}{R} \qquad \cdots\cdots①$$

$$-\frac{V_a}{R} + \left(\frac{1}{R} + j\omega C + \frac{1}{2R}\right) V_b - \frac{V'_f}{2R} = 0 \cdots\cdots②$$

$$-\frac{V_b}{2R} + \left(\frac{1}{2R} + j\omega C + \frac{1}{R}\right) V'_f = 0 \qquad \cdots\cdots③$$

2.解聯立方程式①，②，③得

$$V'_f = \frac{V_o}{(5 - 10\omega^2 R^2 C^2) + j2\omega RC(7 - \omega^2 R^2 C^2)}$$

$$\therefore -\beta = \frac{V'_f}{V_o} = \frac{1}{(5 - 10\omega^2 R^2 C^2) + j2\omega RC(7 - \omega^2 R^2 C^2)}$$

3. $\because A = -\frac{R_f}{R}$

$$\therefore L(j\omega) = -\beta(j\omega)A = \frac{-\dfrac{R_f}{R}}{(5 - 10\omega^2 R^2 C^2) + j2\omega RC(7 - \omega^2 R^2 C^2)}$$

(2) 1.由振盪頻率，求 C 值

令 $-\beta(j\omega)A = \dfrac{c}{a + jb}$

令 $jb = 0 \rightarrow 7 - \omega_0^2 R^2 C^2 = 0$

$\therefore \omega_0 RC = \sqrt{7}$

即 $C = \dfrac{\sqrt{7}}{\omega_0 R} = \dfrac{\sqrt{7}}{2\pi f_0 R} = \dfrac{\sqrt{7}}{(2\pi)(10K)R} = \dfrac{42.11}{R}$ (μF)

2.由振盪頻率，求 R_f 值

令 $\dfrac{c}{a} \geq 1$，即

$| -\beta(j\omega_0)A | = \dfrac{-\dfrac{R_f}{R}}{5 - 10\omega_0^2 R^2 C^2} = \dfrac{-\dfrac{R_f}{R}}{5 - (10)(7)} = \dfrac{R_f}{65R} \geq 1$

故知 $R_f \geq 65R$

---

21. For the circuit as shown in Figure,

(1) Find the loop gain of the circuit.

(2) What is Barkhausen criterion for oscillation ?

(3) Find the oscillation frequency as a function of R, C, C_f and the value of C_f required to sustain oscillation.

(4) To ensure the start of oscillation, should C_f be increased or decreased compared to the value found in (c). (題型：RC 移相振盪器)

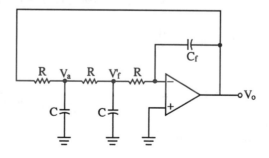

【 清大電機所 】

簡譯

如圖電路

(1)求迴路增益

(2)何謂巴克豪生準則

(3)以 R、C、C_f 來表示振盪頻率及維持振盪的 C_f 值

(4)若要確定振盪產生，則 C_f 必須為何？

解☞：

(1) 1. $A \mid j\omega \mid = -\dfrac{\dfrac{1}{j\omega C_f}}{R} = j\dfrac{1}{\omega R C_f}$

2. 節點法求 $-\beta$

$$\left(\frac{1}{R} + SC + \frac{1}{R}\right) V_a - \frac{V'_f}{R} = \frac{V_o}{R}$$

$$\rightarrow (2 + SRC) V_a - V'_f = V_o \quad \cdots\cdots ①$$

$$-\frac{V_a}{R} + \left(\frac{1}{R} + SC + \frac{1}{R}\right) V'_f = 0$$

$$\rightarrow -V_a + (2 + SRC) V'_f = 0 \quad \cdots\cdots ②$$

解聯立方程式①，②得

$$-\beta(j\omega) = \frac{1}{(SRC + 2)^2 - 1} = \frac{1}{(j\omega RC + 2)^2 - 1}$$

$$= \frac{1}{(3 - \omega^2 R^2 C^2) + j4\omega RC}$$

3. $L(j\omega) = -\beta(j\omega) A(j\omega) = \dfrac{j\dfrac{1}{\omega R C_f}}{(3 - \omega^2 R^2 C^2) + j4\omega RC}$

$$= \frac{\dfrac{1}{RC_f}}{4\omega^2 RC - j\omega(3 - \omega^2 R^2 C^2)}$$

(2)巴克豪生準則：符合振盪條件時。

①$| -\beta (j\omega) A (j\omega) | = 1$

②$\angle -\beta (j\omega) A (j\omega) = 0°$

(3) 1.令 $L (j\omega) = \dfrac{1}{a + jb}$

①振盪頻率（令 $jb = 0$）

$$\therefore \omega_o = \frac{\sqrt{3}}{RC} \rightarrow f_o = \frac{\sqrt{3}}{2\pi RC}$$

②振盪條件（令 $\dfrac{c}{a} \geq 1$），即

$$\frac{\dfrac{1}{RC_f}}{4\omega^2 RC} = \frac{\dfrac{1}{RC_f}}{\dfrac{12}{RC}} = \frac{C}{12C_f} \geq 1$$

∴振盪條件

$$C_f \leq \frac{C}{12}$$

22.As shown in Figure, the phase shift oscillator consists of an ideal op – amp, three identical capacitors with value C each, three identical resistors with value R each, and a fourth resistor R_1. The oscillation occurs at frequency f_o.

(a)Find f_o in terms of R and C.

(b)Select the value of R_1. （題型：RC 移相振盪器）

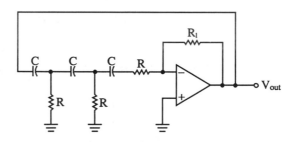

簡譯

OPA 為理想，求

(1)振盪頻率。

(2)求維持振盪時的 R_1 值。

解☞：詳見〔考型230〕

$(1) f_o = \dfrac{1}{2\sqrt{6}\pi RC}$

$(2) R_1 \geq 29R$

---

23. 下圖為描述振盪器之正回授電路：

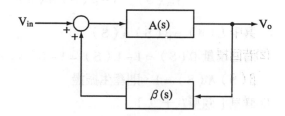

(1)導出閉回路增益 $A_f(S) = \dfrac{V_o(S)}{V_{in}(S)} = ?$

(2)什麼條件之下會振盪？

(3)下面的相移振盪器在何種條件下會發生振盪，及其振盪頻率？

（題型：RC 移相振盪器）

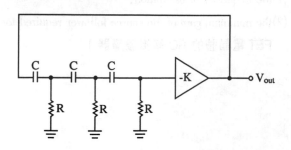

【中央資電所】

解☞：

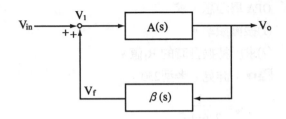

(1)$\because V_{in} = V_1 - V_f = \dfrac{V_o}{A(S)} - \beta(S)V_o = V_o\left[\dfrac{1-\beta(S)A(S)}{A(S)}\right]$

$\therefore A_f(S) = \dfrac{V_o(S)}{V_{in}(S)} = \dfrac{A(S)}{1-\beta(S)A(S)} = \dfrac{A(S)}{1-L(S)}$

其中 $L(S) = \beta(S)A(S)$

(2)若回授量 $D(S) = 1-L(S) = 1-\beta(S)A(S) = 0$，即

$\beta(S)A(S) = 1$，則產生振盪

(3)詳見〔題型八十二〕

1.振盪條件 $K \geq 29$

2.振盪頻率 $f_o = \dfrac{1}{2\sqrt{6}\pi RC}$

24.For the FET oscillator shown, find

(1)the frequency of oscillation,

(2)the minimum gain of the source follower required for oscillations. (題型：

FET 電晶體的 RC 移相振盪器)

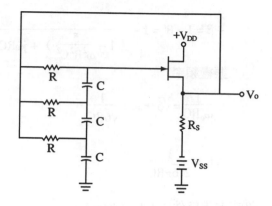

【中山電機所】

解☞：

(1) 1. 採用互補方法，令 V_o 接地，令 C 接地轉為 V_o 輸出端，則

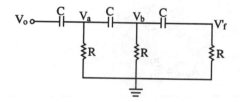

2. 用節點法分析

$$(\, SC + \frac{1}{R} + SC \,)\, V_a - SCV_b = SCV_o \quad \cdots\cdots①$$

$$- SCV_a + (\, SC + SC + \frac{1}{R} \,)\, V_b = SCV'_f \cdots\cdots②$$

$$- SCV_b + (\, SC + \frac{1}{R} \,)\, V'_f = 0 \quad \cdots\cdots③$$

3. 解聯立方程式①，②，③，得

$$- \beta' = \frac{V'_f}{V_o} = \frac{1}{(\, 1 - \frac{5}{\omega^2 R^2 C^2} \,) + j\omega RC\, (\, \frac{1}{\omega^2 R^2 C^2} - 6 \,)}$$

4. 再轉換成原電路（採互補方法）

$$-\beta = 1 - \beta' = 1 - \cfrac{1}{(1 - \cfrac{5}{\omega^2 R^2 C^2}) + j\omega RC(\cfrac{1}{\omega^2 R^2 C^2} - 6)}$$

5.振盪頻率

$$\because \frac{1}{\omega_o RC} = \sqrt{6} \rightarrow \omega_o = \frac{1}{\sqrt{6}RC}$$

$$\therefore f_o = \frac{1}{2\sqrt{6}\pi RC}$$

(2)求振盪條件：（$|-\beta A| \geq 1$）

$$|-\beta A| = (1 - \cfrac{1}{1 - \cfrac{5}{\omega_o^2 R^2 C^2}})A = (1 - \cfrac{1}{1 - (5)(6)})A$$

$$= \frac{30}{29}A \geq 1$$

$$\therefore A_{min} = \frac{29}{30}$$

25.假設 OPA 均為理想，計算其振盪頻率。（**題型：正交振盪器**）

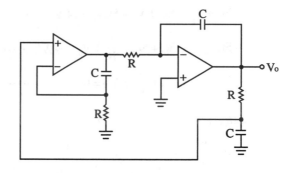

【高考】

解☞：

$$-\beta = \frac{\frac{1}{SC}}{R + \frac{1}{SC}} = \frac{1}{1 + SRC}$$

$$A(S) = (1 + \frac{\frac{1}{SC}}{R})(-\frac{\frac{1}{SC}}{R}) = (1 + \frac{1}{SRC})(-\frac{1}{SRC})$$

$$\therefore -\beta A = -(\frac{1}{1 + SRC})(1 + \frac{1}{SRC})(\frac{1}{SRC}) = \frac{-1}{S^2 R^2 C^2}$$

由巴克豪生原則知

$$1 - \beta A = 0 \rightarrow$$

$$1 + \frac{1}{(j\omega)^2 R^2 C^2} = 0 \text{，即}$$

$$\omega_o = \frac{1}{RC}$$

題型變化

26.請求出圖示電路的振盪頻率及維持振盪的 R_2 值（**題型：由 $-\beta$ 網路相移的振盪器**）

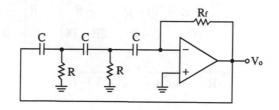

解☞ :

1. β 網路的等效圖

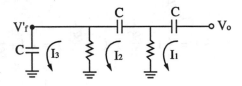

2. 網目分析法→求出 I_3

① 令 $-jX = j\dfrac{1}{\omega C}$ ，$\alpha = \dfrac{X}{R} = \dfrac{1}{\omega CR}$

② 解聯立方程式：

$$\begin{cases} I_1(R-jX) - I_2R = V_o \\ -I_1R + I_2(2R-jX) - I_3R = 0 \\ -I_2R + I_3(R-jX) = 0 \end{cases}$$

$$I_3 = \frac{\begin{vmatrix} R-jX & -R & V_o \\ -R & 2R-jX & 0 \\ 0 & -R & 0 \end{vmatrix}}{\begin{vmatrix} R-jX & -R & 0 \\ -R & 2R-jX & -R \\ 0 & -R & 2R-jX \end{vmatrix}} = \frac{R\begin{vmatrix} 1-j\alpha & -1 & V_o/R \\ -1 & 2-j\alpha & 0 \\ 0 & -1 & 0 \end{vmatrix}}{R\begin{vmatrix} 1-j\alpha & -1 & 0 \\ -1 & 2-j\alpha & -1 \\ 0 & -1 & 1-j\alpha \end{vmatrix}}$$

$$= \frac{V_o}{R\left[-4\alpha^2 + j\alpha(\alpha^2 - 3)\right]}$$

3. 求 A

$$A = \frac{V_o}{V_f{}'} = -\frac{R_f}{1/j\omega C} = -j\omega R_f C$$

4. 求 $-\beta$

$$-\beta = \frac{V_f{}'}{V_o} = \frac{I_3(1/j\omega C)}{V_o}$$

$$\therefore \beta = \frac{1}{[-4\alpha^2 + j\alpha(\alpha^2 - 3)]j\omega C}$$

5.求 βA

$$\beta A = \frac{-R_f / R}{-4\alpha^2 + j\alpha(\alpha^2 - 3)} = \frac{c}{a \pm jb}$$

6.求振盪頻率（ω_o）

令 $b = 0 \Rightarrow \alpha^3 - 3$

$$\therefore \alpha = \frac{1}{\omega RC} = \sqrt{3}$$

$$\therefore \omega = \omega_o' = \frac{1}{\sqrt{3}RC}$$

即 $f_o = \dfrac{1}{2\pi\sqrt{3}RC}$

7.求振盪條件

令 $\dfrac{c}{a} \geq 1$ 即

$$\frac{-R_f / R}{-4\alpha^2} \geq 1 \text{ , 即} \frac{R_f / R}{12} \geq 1$$

所以振盪條件爲

$$\frac{R_f}{R} \geq 12$$

即

$$R_f \geq 12R$$

§ 14－4〔題型八十三〕：
高（射）頻振盪器──哈特萊（Hartely）振盪器

 考型234 LC 振盪器的基本電路

一、基本電路

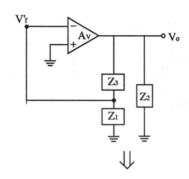

$\Downarrow$

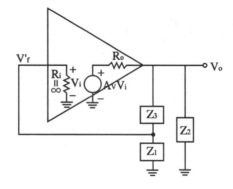

二、電路分析

1.前提

(1)A_v：正值

(2)Z_1，Z_2，Z_3均為電抗

$$Z：jX \begin{cases} X_L = \omega L \\ X_C = -\dfrac{1}{\omega C} \end{cases}$$

2.求 $-\beta$

$$-\beta = \frac{V'_f}{V_o} = \frac{Z_1}{Z_1 + Z_3}$$

3.求 A

$$A = \frac{V_o}{V'_f} = \frac{-A_v V_i〔(Z_1 + Z_3)\ //Z_2〕}{V_i〔R_o + (Z_1 + Z_3)\ //Z_2〕} = -A_v \frac{\dfrac{(Z_1 + Z_3)\,Z_2}{Z_1 + Z_2 + Z_3}}{R_o + \dfrac{(Z_1 + Z_3)\,Z_2}{Z_1 + Z_2 + Z_3}}$$

$$= \frac{-A_V (Z_1 + Z_3)\,Z_2}{R_o (Z_1 + Z_2 + Z_3) + (Z_1 + Z_3)\,Z_2}$$

4.求 βA

$$\beta A = \frac{-A_v Z_1 Z_2}{R_o (Z_1 + Z_2 + Z_3) + Z_2 (Z_1 + Z_3)}$$

$$= \frac{A_v X_1 X_2}{jR_o (X_1 + X_2 + X_3) - X_2 (X_1 + X_3)} = \frac{c}{a \pm jb}$$

5. 求振盪頻率（ ω_o ）的技巧

令 $b = 0$，即 $X_1 + X_2 + X_3 = 0$時的頻率 $\omega = \omega_o$

6. 求振盪條件的技巧

$\dfrac{c}{a} \geq 1$，即

$$\frac{A_v X_1 X_2}{-X_2 (X_1 + X_3)} = \frac{A_v X_1 X_2}{(-X_2)(-X_2)} = A_v \frac{X_1}{X_2} \geq 1$$

記憶法

⑴求振盪頻率時 $\Rightarrow$ 三個電抗和 $= 0$，即 $X_1 + X_2 + X_3 = 0$時的頻率。

⑵求振盪條件時：

$$\left(放大器增益絕對值 \times \frac{接地端至輸入端電抗}{接地端至輸出端電抗} \geq 1 \right)$$

$$\Rightarrow \left| A_v \right| \frac{X_1}{X_2} \geq 1$$

 考型235 BJT 電晶體的哈特萊振盪器

一、電路

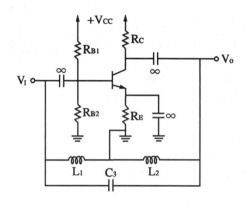

二、電路分析

1.分析 X_1，X_2，X_3

$X_1 = SL_1 = j\omega L_1$

$X_2 = SL_2 = j\omega L_2$

$X_3 = \dfrac{1}{SC_3} = \dfrac{1}{j\omega C_3} = -j\dfrac{1}{\omega C_3}$

2.求振盪頻率

$\because X_1 + X_2 + X_3 = 0$

$\therefore j\omega L_1 + j\omega L_2 - j\dfrac{1}{\omega C_3} = 0$

故 $\omega = \omega_0 = \dfrac{1}{\sqrt{C_3\left(L_1 + L_2\right)}}$

3.求振盪條件

$$\because \left| A_v \right| \frac{X_1}{X_2} \geq 1$$

$$又 \left| A_v \right| = g_m (r_o /\!/ R_C)$$

$$\therefore g_m (r_o /\!/ R_C) \geq \frac{L_2}{L_1}$$

 考型236 FET 電晶體的哈特萊振盪器

一、電路

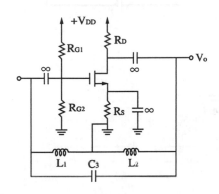

二、電路分析

1.振盪頻率

$$\omega_o = \frac{1}{\sqrt{C_3 (L_1 + L_2)}}$$

2.振盪條件

$$g_m (r_o /\!/ R_D) \geq \frac{L_2}{L_1}$$

考型237 OPA 放大器的哈特萊振盪器

一、電路

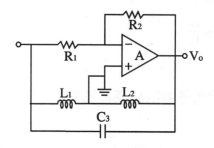

二、電路分析

1. 振盪頻率

$$\omega_o = \frac{1}{\sqrt{3\,(\,L_1 + L_2\,)}}$$

2. 振盪條件

$$\frac{R_2}{R_1} \geq \frac{L_2}{L_1}$$

歷屆試題

27. The Hartley oscillator shown in the following figure uses an FET, which is biased by a source resistance R_s and a gate – coupling resistance R_s with this biasing condition the device parameters are $g_m = 0.3\text{mA}/\text{V}$ and $r_d = 80\text{k}\Omega$. Assume that Z_1, Z_2, and Z_3 are pure reactances, and that R_g is very large so that its loading effect on the feedback signal can be neglected. Using the small – signal – model analysis,

(1) find the frequency of oscillation.

(2) Show that the oscillation will take place in this arrangement. (題型：Hartely 振盪器)

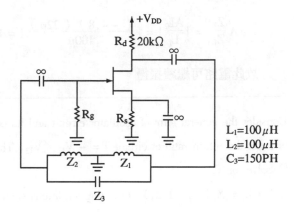

L₁=100μH
L₂=100μH
C₃=150PH

【台大電機所】

簡譯

下圖電路，$g_m = 0.3$mA／V，$r_d = 80$kΩ，若回授訊號的負載效應可忽略不計，(1)試求振盪頻率，(2)證明振盪能繼續維持下去？

解☞：

(1)令 $X_1 = j\omega L_1$，$X_2 = j\omega L_2$，$X_3 = -j\dfrac{1}{\omega C_3}$

求振盪頻率（令 $X_1 + X_2 + X_3 = 0$），即

$$\omega_o L_1 + \omega_o L_2 - \frac{1}{\omega_o C_3} = 0$$

$$\therefore \omega_o = \sqrt{\frac{1}{C_3\,(\,L_1 + L_2\,)}}$$

故 $f_o = \dfrac{\omega_o}{2\pi} = \dfrac{1}{2\pi}\sqrt{\dfrac{1}{C_3\,(\,L_1 + L_2\,)}} = \dfrac{1}{2\pi}\sqrt{\dfrac{1}{(\,150P\,)\,(\,100\mu + 22\mu\,)}}$

$\qquad = 1.177$MHz

(2)求振盪條件：（令 $|\,A\dfrac{Z_2}{Z_1}\,| \geq 1$）

$A = -g_m\,(\,R_d/\!/r_d\,) = (\,-0.3m\,)\,(\,20k/\!/80k\,) = -4.8$

$$\therefore |A\frac{Z_2}{Z_1}| = |\frac{AL_2}{L_1}| = |\frac{(-4.8)(22\mu)}{100\mu}| = 1.056 > 1$$

故此電路可繼續振盪。

---

28. Consider the general form of oscillator circuit and its equivalent circuit as given. Let the return ratio of circuit $T = -V_{13}/\hat{V}_{13}$. Then

(1) Solve for T.

(2) Let $Z_i = jX_i$ for $i = 1, 2, 3$. Find the conditions such that the circuit is truly an oscillator.

(3) Suppose Z_1 is an inductor. Then will Z_2 and Z_3 be inductors, capacitors or resistors such that the circuit is an oscillator. （題型：高頻振盪器）

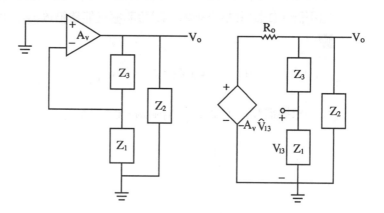

【 交大控制所 】

簡譯

設回歸比 $T = -\dfrac{V_{13}}{\hat{V}_{13}}$，

(1)求 T(2)令 $Z_i = jX_i$，$i = 1$，2，3，求振盪器的條件。

(3)設 Z_1 為電感，而 Z_2、Z_3 為電感、電容或電阻的元件，設計電路使之成為振盪器。

解☞ :

(1)$T = -\dfrac{V_{13}}{\hat{V}_{13}} = -\dfrac{V_{13}}{V_o}\cdot\dfrac{V_o}{\hat{V}_{13}} = -\left(\dfrac{Z_1}{Z_1 + Z_3}\right)\left(\dfrac{-A_v\left[(Z_1 + Z_3)\,/\!/\,Z_2\right]}{R_o + \left[(Z_1 + Z_3)\,/\!/\,Z_2\right]}\right)$

$\qquad = \dfrac{Z_1 Z_2 A_v}{(Z_1 + Z_3)\,Z_2 + R_o\,(Z_1 + Z_2 + Z_3)}$

(2)$T = \dfrac{-X_1 X_2 A_v}{-(X_1 + X_3)\,X_2 + jR_o\,(X_1 + X_2 + X_3)} = \dfrac{c}{a + jb}$

振盪條件如下

①令 $jb = 0$，即

$\quad X_1 + X_2 + X_3 = 0$

②令 $\left|\dfrac{c}{a}\right| = 1$，即

$\quad \because X_1 + X_2 + X_3 = 0 \rightarrow X_1 + X_3 = -X_2$

$\quad \therefore \left|\dfrac{c}{a}\right| = \left|\dfrac{-X_1 X_2 A_v}{-(X_1 + X_3)\,X_2}\right| = \left|-A_v\dfrac{X_1}{X_2}\right| = 1$ 即

$\quad |A_v| = \dfrac{X_2}{X_1}$

(3)當 Z_1 是電感，則需 Z_2 亦為電感，而 Z_3 為電容。如此，則可形成 Hartely 振盪器。

29.(1)圖(1)所示為諧振盪器之基本組態，試求其反饋因數是什麼？

(2)圖(2)所示為圖(1)之等效電路，A_v 為放大器之開路電壓增益，R_o 為其輸出電阻，試求出該電路振盪的條件。（**題型：LC 振盪器的基本電路**）

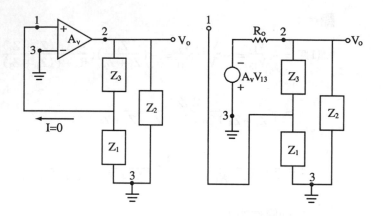

【基層特考】

解☞：

(1)$\beta = \dfrac{V'_f}{V_o} = \dfrac{Z_1}{Z_1 + Z_3}$

$A = \dfrac{V_o}{V'_f} = \dfrac{-A_v V_{13}\left[\ (Z_1 + Z_3)\ /\!/ Z_2\ \right]}{V_{13}\left[\ R_o + (Z_1 + Z_3)\ /\!/ Z_2\ \right]}$

$= \dfrac{-A_v(Z_1 + Z_3)Z_2}{R_o(Z_1 + Z_2 + Z_3) + (Z_1 + Z_3)Z_2}$

$-\beta A = \dfrac{A_v Z_1 Z_2}{R_o(Z_1 + Z_2 + Z_3) + Z_2(Z_1 + Z_3)}\cdots\cdots$①

(2)振盪條件

$Z_1 + Z_2 + Z_3 = 0 \rightarrow Z_1 + Z_3 = -Z_2$　代入①得

$|L(S)| = |\beta A| = |A_v \dfrac{Z_1}{Z_2}| \geq 1$

即

$|A_v| \geq |\dfrac{Z_2}{Z_1}|$

§14–5〔題型八十四〕：
高頻振盪器——考畢子（Colpitts）振盪器

考型238 BJT 組成的考畢子振盪器

一、電路

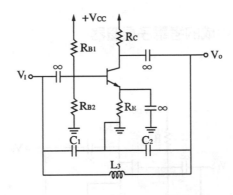

二、電路分析

1. $X_1 = \dfrac{1}{SC_1} = \dfrac{1}{j\omega C_1} = -j\dfrac{1}{\omega C_1}$

2. $X_2 = \dfrac{1}{SC_2} = \dfrac{1}{j\omega C_2} = -j\dfrac{1}{\omega C_2}$

3. $X_3 = SL_3 = j\omega L_3$

三、求振盪頻率（ω_o）

$\because X_1 + X_2 + X_3 = 0$

$\therefore -j\dfrac{1}{\omega C_1} - j\dfrac{1}{\omega C_2} + j\omega L_3 = 0$

故 $\omega_0 = \sqrt{\dfrac{C_1 + C_2}{L_3 \left(C_1 C_2 \right)}} = \sqrt{\dfrac{1}{L_3} \left(\dfrac{1}{C_1} + \dfrac{1}{C_2} \right)}$

四、求振盪條件

$\because \left| A_v \right| \dfrac{X_1}{X_2} \geq 1$

$\therefore g_m \left(r_o /\!/ R_C \right) \geq \dfrac{C_1}{C_2}$

考型239 FET 組成的考畢子振盪器

一、電路

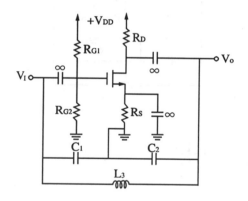

二、電路分析

1.振盪頻率

$$\omega_0 = \sqrt{\dfrac{1}{L_3} \left(\dfrac{1}{C_1} + \dfrac{1}{C_2} \right)}$$

2.振盪條件

$$g_m \left(r_o /\!/ R_D \right) > \dfrac{C_2}{C_1}$$

考型240 OPA 組成的考畢子振盪器

一、電路

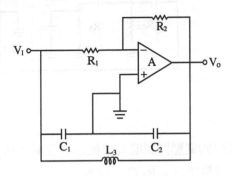

二、電路分析

1.振盪頻率

$$\omega_o = \sqrt{\frac{1}{L_3}\left(\frac{1}{C_1} + \frac{1}{C_2}\right)}$$

2.振盪條件

$$\frac{R_2}{R_1} \geq \frac{C_2}{C_1}$$

歷屆試題

30. The circuit is shown in Fig. assume that the input impedance of the FET amplifier is very large. Find the frequency of oscillation ω_o and the minimum gain ($g_m R_d$) required for the circuit to oscillate. Assume that the FET is adequately characterized by an ideal voltage – controlled current – source model.
（題型：FET 組成的 Colpitts 振盪器）

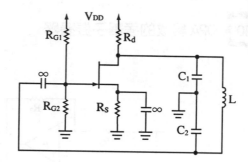

【台大電機所】

簡譯

設 FET 是理想的電壓控制電流源模型，且輸入電阻非常大，求振盪頻率。及持續振盪的 $g_m R_d$ 最小值。

解☞：

1. $A_v = -g_m R_d$

2. 令 $X_1 = j\dfrac{1}{\omega C_1}$ ， $X_2 = -j\dfrac{1}{\omega C_2}$ ， $X_3 = j\omega L$

3. 求振盪頻率（令 $X_1 + X_2 + X_3 = 0$），即

$$\omega_o L - \frac{1}{\omega_o C_1} - \frac{1}{\omega_o C_2} = 0$$

∴振盪頻率 $f_o = \dfrac{\omega_o}{2\pi} = \dfrac{1}{2\pi}\sqrt{\dfrac{1}{L}\left(\dfrac{1}{C_1} + \dfrac{1}{C_2}\right)}$

4. 振盪條件（令 $A_v \dfrac{X_1}{X_2} \geq 1$），即

$$|g_m R_d| \geq \frac{C_2}{C_1}$$

---

31. The following figure shows a Colpitts oscillator. The output resistance of the amplifier is assumed to be $R_o = 1\ K\Omega$. The gain of the amplifier is negative （$A < 0$）.

(1) What is the oscillation frequency in Hz ?

(2)What is the minimum absolute value of the amplifier gain A for the circuit in oscillation. （題型：Colpitts 振盪器）

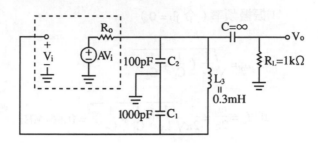

簡譯

$R_o = 1k\Omega$，且增益 $A < 0$，

(1)振盪頻率。

(2)能持續振盪的 $|A|_{min}$。

解☞：

(1)令 $Z_1 = \dfrac{1}{SC_1} = -j\dfrac{1}{\omega C_1}$, $Z_2 = \dfrac{1}{SC_2} = -j\dfrac{1}{\omega C_2}$, $Z_3 = SL = -j\omega L_3$

$$-\beta = \frac{Z_1}{Z_1 + Z_2}$$

$$A = \frac{V_o}{V_i} = A\frac{(Z_1 + Z_2)\ /\!/\ Z_3\ /\!/\ R_L}{R_o + (Z_1 + Z_2)\ /\!/\ Z_3\ /\!/\ R_L}$$

$$\therefore -\beta A = (\frac{Z_1}{Z_1 + Z_2}) \cdot [\ A\frac{(Z_1 + Z_2)\ /\!/\ Z_3\ /\!/\ R_L}{R_o + (Z_1 + Z_2)\ /\!/\ Z_3\ /\!/\ R_L}\ ]$$

$$= \frac{AZ_1 Z_2 R_L}{Z_2(Z_1 + Z_3)(R_o + R_L) + R_o R_L(Z_1 + Z_2 + Z_3)}$$

$$= \frac{-\dfrac{AR_L}{\omega C_1}}{(\omega L_3 - \dfrac{1}{\omega C_1})(R_o + R_L) + j\omega C_2 R_o R_L[\omega L - \dfrac{1}{\omega C_1} - \dfrac{1}{\omega C_2}]}$$

$$= \frac{c}{a \pm jb}$$

(1)振盪頻率（令 $jb = 0$）

$$\therefore \omega_o = \sqrt{\frac{1}{L_3} \left(\frac{1}{C_1} + \frac{1}{C_2} \right)}$$

即 $f_o = \frac{\omega_o}{2\pi} = \frac{1}{2\pi} \sqrt{\frac{1}{L_3} \left(\frac{1}{C_1} + \frac{1}{C_2} \right)} = 0.964 \text{MHz}$

(2)振盪條件（令 $\frac{c}{a} \geq 1$），即

$$\left. (-\beta A) \right|_{\omega_o} = \frac{-AR_L}{(\omega_o^2 L_3 C_1 - 1)(R_o + R_L)} = \frac{-AR_L}{\frac{C_1}{C_2}(R_o + R_L)}$$

$$= \frac{-AR_L C_2}{C_1(R_o + R_L)} = \frac{-A(1K)(100P)}{(1000P)(1K + 1K)}$$

$$= \frac{-A}{20}$$

$$\because |-\beta A| \geq 1 \rightarrow |\frac{-A}{20}| \geq 1$$

故 $|A| \geq 20$

$$\therefore |A_{min}| = 20$$

32.請繪出採用 JEFT 放大器的 Colpitts 振盪電路，並導出其振盪率。

（題型：Colpitts 振盪器）

【工技電子所】

解☞：詳見〔考型239〕

33.下列電路為一常用之 LC 調諧振盪器簡圖，稱為柯爾匹茲（ Colpitts

振盪器），試將其 BJT 以低頻 π 模型（忽略 r_x、r_o 及極間電容，僅用 r_π 及 g_m 二參數）代入，導出其振盪頻率 $\omega_o = $？以及維持振盪之最低限制條件。（題型：Colpitts 振盪器）

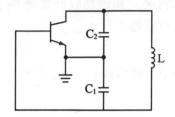

【技師】

解☞：

(1)以 LC 振盪條件知

$$X_1 = \frac{1}{SC_1} = \frac{1}{j\omega C_1} = -\frac{1}{j\omega C_1}$$

$$X_2 = \frac{1}{SC_2} = \frac{1}{j\omega C_2} = -\frac{1}{j\omega C_2}$$

$$X_3 = SL = j\omega L_3$$

$$\because X_1 + X_2 + X_3 = 0$$

$$\therefore -\frac{1}{j\omega C_1} - \frac{1}{j\omega C_2} + j\omega L = 0$$

故 $\omega_o = \sqrt{\dfrac{C_1 + C_2}{LC_1C_2}} = \sqrt{\dfrac{1}{L}\left(\dfrac{1}{C_1} + \dfrac{1}{C_2}\right)}$

(2)振盪條件知

$$\left|A_v \frac{X_1}{X_2}\right| \geq 1 \rightarrow A_v \geq \frac{X_2}{X_1}，即$$

$$g_m r_\pi \geq \frac{C_1}{C_2}$$

34.(1)試以 Z_1、Z_2、Z_3 之阻抗概念，繪一振盪器之圖。

(2)並求此振盪器之振盪頻率。

(3)試問如何將此振盪器設計為考畢子振盪器，並求其頻率。（**題型：高頻振盪器**）

【高考】

解☞：詳見〔題型八十〕及〔題型八十四〕

§14－6〔題型八十五〕：晶體振盪器(Crystal Oscillator)

考型241 晶體振盪器

一、基本觀念

1.石英是常用的壓電晶體。

2.石英晶體具有機電共振（壓電效應）之特性。

若加上交流電時，則會隨外加電壓的頻率而振盪。

3.石英晶體具有極高的品質因數 Q，可替代 L，穩定性極高。

4.石英晶體的等效圖及電抗效應，如下圖

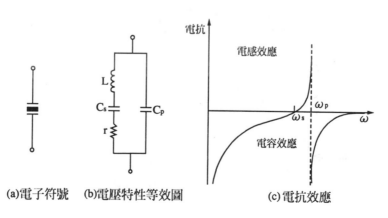

(a)電子符號　　(b)電壓特性等效圖　　　　(c)電抗效應

5.石英晶體因品質因數 Q 值極高，故內部電阻 r 可忽略。

6.石英晶體有二種振盪頻率：ω_s 為串聯共振頻率。

   ω_p 為並聯共振頻率

7.C_s 串聯電容（約0.0005PF）

8.C_p：並聯電容

二、電路分析

1.$Z(S) = \dfrac{1}{SC_p} \mathbin{/\!/} (SL + \dfrac{1}{SC_s})$

$$= \dfrac{\dfrac{1}{SC_p}(SL + \dfrac{1}{SC_s})}{\dfrac{1}{SC_p} + SL + \dfrac{1}{SC_s}}$$

$$= \dfrac{1}{SC_p}\left[\dfrac{S^2LC_p + \dfrac{C_p}{C_s}}{1 + S^2LC_p + \dfrac{C_p}{C_s}}\right] = \dfrac{1}{SC_p}\left[\dfrac{S^2 + \dfrac{1}{LC_s}}{S^2 + (\dfrac{1}{LC_p} + \dfrac{1}{LC_s})}\right]$$

$$= \dfrac{1}{SC_p}\left[\dfrac{S^2 + \omega_s^2}{S^2 + \omega_p^2}\right]$$

2.串聯共振頻率

$$\omega_s = \dfrac{1}{\sqrt{LC_s}}$$

3.並聯共振頻率

$$\omega_p = \sqrt{\dfrac{1}{LC_p} + \dfrac{1}{LC_s}} = \sqrt{\dfrac{1}{L}(\dfrac{1}{C_p} + \dfrac{1}{C_s})}$$

$(1)\omega_p = \sqrt{\dfrac{1}{L}(\dfrac{1}{C_p} + \dfrac{1}{C_s})} = \dfrac{1}{\sqrt{LC_s}}\sqrt{1 + \dfrac{C_s}{C_p}} = \omega_s\sqrt{1 + \dfrac{C}{C_o}}$

$(2)\dfrac{\omega_p}{\omega_s} > 1$

4.討論

(1)若 $\omega_p > \omega > \omega_s \rightarrow$ 爲電感效應

(2)若 $\omega_s > \omega > \omega_p \rightarrow$ 爲電容效應

(3)$\omega_p > \omega_s$

(4)ω_s 不受 C_p 的影響

(5)ω_p 因多了 C_p 的介質損失,所以振幅較小。如下圖

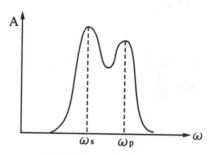

石英振盪器之頻率響應圖

考型242 皮爾斯(Pierce)振盪器

1.以石英晶體替代電感的振盪器,即爲皮爾斯振盪器

2.皮爾斯振盪器的振盪頻率必在石英振盪器的 $f_s \sim f_p$ 之間

　即約爲1.59MHz ~ 1.67MHz

一、電路

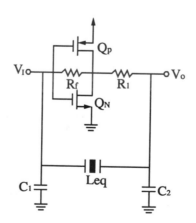

二、電路分析

1. 振盪頻率 $\omega_o = \sqrt{\dfrac{1}{Leq}\left(\dfrac{1}{C_1} + \dfrac{1}{C_2}\right)}$

2. 其振盪頻率介於 ω_s 及 ω_p 之間

三、串聯式皮爾斯振盪器

1. BJT 型

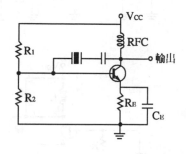

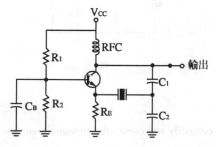

2. FET 型

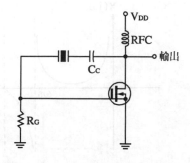

四、並聯式皮爾斯振盪器

1. BJT 型

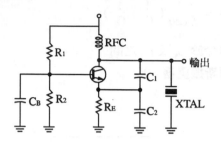

2. FET 型

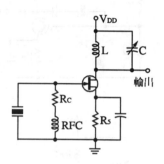

歷屆試題

35. Which one correctly represents the reactance versus frequency of a crystal resonator？（題型：晶體振盪器）

(1)

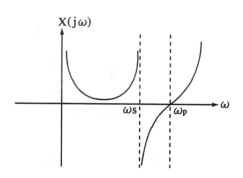

(2)

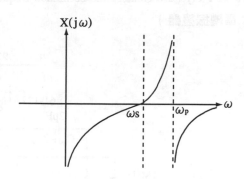

(3)

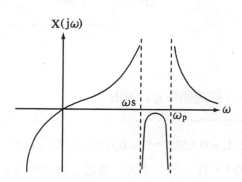

(4)

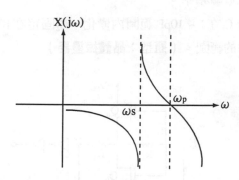

【 台大電機所 】

解☞ : (2)

36. In the FET crystal oscillator, the oscillation frequency is _____ . (題型：晶體振盪器)

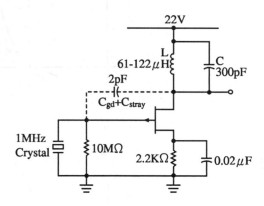

【交大電子所】

解☞：振盪頻率 $f_o = 1MHz$

---

37. 已知 $L_s = 0.052H$，$C_s = 0.0012pF$，$C_p = 4pF$，$r_s = 120\Omega$，$C_1 = 10pF$，$C_2 = 10pF$，且 Q 值非常大，電阻 r_s 效應可忽略。

(1)求並聯頻率。

(2)令 C_1 在 1～10pF 範圍內變化，C_2 固定在10pF，求節點③處黃盪頻率的範圍。（題型：晶體振盪器）

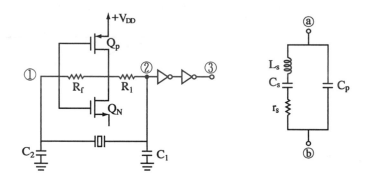

解☞：

(1) $\because \omega_p = \sqrt{\dfrac{1}{L_s}\left(\dfrac{1}{C_s}+\dfrac{1}{C_p}\right)}$

$\therefore f_p = \dfrac{\omega_p}{2\pi} = \left(\dfrac{1}{2\pi}\right)\sqrt{\dfrac{1}{L_s}\left(\dfrac{1}{C_s}+\dfrac{1}{C_p}\right)} = 20.2\text{MHz}$

(2) 取晶體振盪器及 C_1，C_2 之等效圖

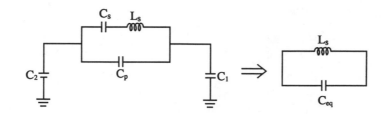

$C_{eq} = \dfrac{\left(\dfrac{C_1 C_2}{C_1 + C_2}+C_p\right)C_s}{\dfrac{C_1 C_2}{C_1 + C_2}+C_p+C_s}$ ， $\because f_o = \dfrac{1}{2\pi\sqrt{L_s C_{eq}}}$

① 求 f_{OH} 時，取 $C_1 = 1\text{PF}$

　$\therefore C_{eqL} = 0.0011997\text{PF} \rightarrow f_{OH} = 20.1503\text{MHz}$

② 求 f_{OL} 時，取 $C_1 = 10\text{PF}$

　$\therefore C_{eqH} = 0.00119984\text{PF} \rightarrow f_{OL} = 20.149\text{MHz}$

CH15 訊號產生器
（ Function Generator ）

§15－1〔題型八十六〕：比較器與施密特觸發器（Schmitt Trigger）

考型243 無參考電壓的比較器

一、觀念

1. 設 OPA 的電壓增益 $A = 10^5$
2. 若 OPA 電路為無回授，且輸入訊號 $V_i = 10V$，則

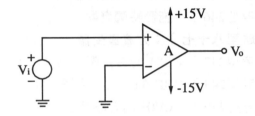

$V_0 = AV_i = (10^5)(10) = 10^6 \, V$

合理嗎？（供應直流電 $+V_{CC} = 15V$，$-V_{CC} = -15V$，得 $V_0 = 10^6 V$？）

3. **討論**

(1) 當 OPA 無回授時，輸入訊號 $V_+ > V_-$，則 OPA 為正飽和 $V_0 \approx +V_{CC}$

(2) 當 OPA 無回授時，輸入訊號 $V_- > V_+$，則 OPA 為負飽和 $V_0 \approx -V_{CC}$

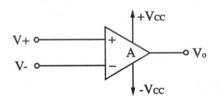

(3) 依此特性，則由 V_0 為正飽和或負飽和，即可得知 OPA 的輸入訊號，$V_+ > V_-$ 或 $V_- > V_+$。

⑷此種特性，即爲比較器的由來。

⑸①若 OPA 爲負迴授則具放大器的特性。

②若 OPA 爲正迴授時，終將使 OPA 飽和，因此具有比較器的特性。

③若 OPA 同時存有正、負回授時，則需判斷回授量 β，

　a.若正回授量 > 負回授量 ⇒ 具比較器特性

　b.若負回授量 > 正回授量 ⇒ 具放大器特性

二、無參考電壓比較器

1.令 V_M 爲 OP 的正飽和，且 $-V_m$ 爲 OP 的負飽和。

2.設 OP 之增益爲 A。

3.則 OP 之線性區範爲 $\dfrac{-V_m}{A} \le (V_a - V_b) \le \dfrac{V_M}{A}$。

4.如圖：

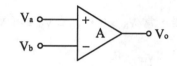

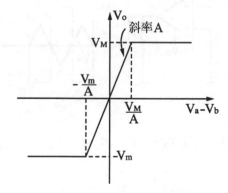

5.⇒ 此即 OPA 的高低態

　⇒ 且可由 ($V_a - V_b$) 而得知

　⇒ 故稱爲比較器

6.依此特性，則可設計出以下三種比較

   (1)無參考電壓比較器

   (2)正準位比較器

   (3)負準位比較器

7.設 V_N 為雜訊電壓，且無參考電壓 V_R 存在，則無參考電壓比較器
如下：

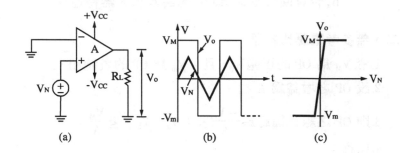

       (a)   (b)   (c)

(1)非反相放大器，當 $V_N > 0$，$V_O = V_M = + V_{sat}$

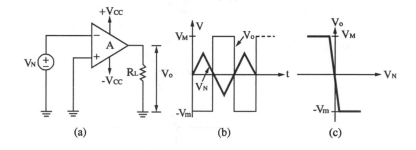

       (a)   (b)   (c)

(2)反相放大器，當 $V_N > 0$時，$V_O = - V_m = - V_{sat}$

考型244 含參考電壓的比較器

1.在 OPA 的輸入端中，若加有一個參考電壓 V_R，則形成含參考電壓
比較器。

2.此時，須 $V_N > V_R$，才會使 OPA 飽和。

3.若 V_R 爲正值，則稱爲正準位比較器。

4.若 V_R 爲負值，則稱爲負準位比較器。

5.由下列各式比較器得知

　(1)在正相器中，若 V_N 較大，則正飽和（比大值），反之，則負飽和。

　(2)在反相器中，若 V_N 較小，則正飽和（比小值），反之，則負飽和。

一、正準位正相比較器

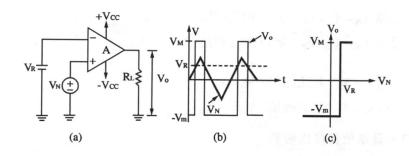

(a)　　　　　　　(b)　　　　　　　(c)

①當 $V_N - V_R > 0$，則正飽和 $V_O = V_M$　$\left.\begin{array}{l}\\\\\end{array}\right\}$即 $\left\{\begin{array}{l} V_N > V_R\text{，正飽和，} V_O = V_M \\ V_N < V_R\text{，負飽和，} V_O = -V_m \end{array}\right.$

②當 $V_N - V_R < 0$，則負飽和，$V_O = -V_m$

二、正準位反相比較器

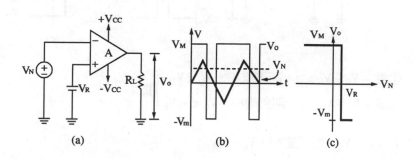

(a)　　　　　　　(b)　　　　　　　(c)

①當 $V_R - V_N > 0$，則正飽和，$V_O = V_M$　$\left.\begin{array}{l}\\\\\end{array}\right\}$即 $\left\{\begin{array}{l} V_N < V_R\text{，正飽和，} V_O = V_M \\ V_N > V_R\text{，負飽和，} V_O = -V_m \end{array}\right.$

②當 $V_R - V_N < 0$，則負飽和，$V_O = -V_m$

三、負準位正相比較器

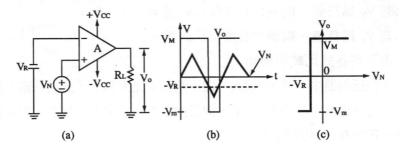

(a)   (b)   (c)

①當 $V_N - (-V_R) > 0$，則正飽和，$V_O = V_M$
②當 $V_N - (-V_R) < 0$，則負飽和，$V_O = -V_m$ $\Big\}$ 即

$$\begin{cases} V_N > -V_R，則正飽和，V_O = V_M \\ V_N < -V_R，則負飽和，V_O = -V_m \end{cases}$$

四、負準位反相比較器

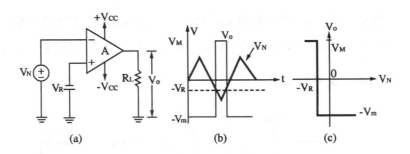

(a)   (b)   (c)

①當 $-V_R - V_N > 0$，則正飽和，$V_O = V_M$
②當 $-V_R - V_N < 0$，則負飽和，$V_O = -V_m$ $\Big\}$ 即

$$\begin{cases} V_N < -V_R，則正飽和，V_O = V_M \\ V_N > -V_R，則負飽和，V_O = -V_m \end{cases}$$

簡單言之，以 V_N 而言

1.在正相比較器中比 V_R 大，爲正飽和，反之則爲負飽和。

2.在反相比較器中比 V_R 小，爲負飽和，反之則爲正飽和。

五、窗形比較器

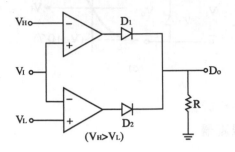

V_O 輸出情形

$$V_0 = \begin{cases} V_M，在 V_I > V_H 時，D_1：ON，D_2：OFF \\ 0，在 V_H > V_I > V_L 時，D_1及 D_2：OFF \\ V_m，在 V_I < V_L 時，D_1：OFF，D_2：ON \end{cases}$$

考型245 含限壓器的比較器

一、基本限壓器

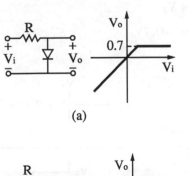

(a)

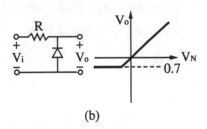

(b)

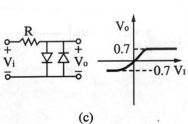

(c)

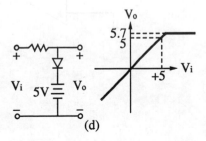

(d)

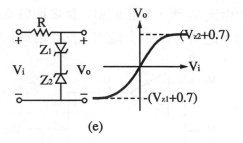

(e)

二、含限壓器的比較器

1.輸出端含限壓器

(1)電路1

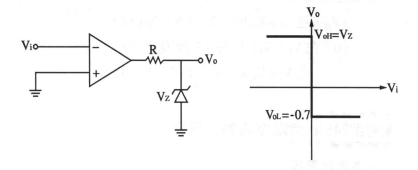

$$\begin{cases} V_i < 0時，D_Z：崩潰（ON），V_O = V_Z \\ V_i > 0時，D_Z：順偏（ON），V_O = -0.7V \end{cases}$$

(2)電路2

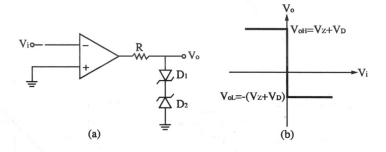

(a)   (b)

$$\begin{cases} V_i > 0時，D_1：崩潰（ON），D_2：順偏（ON），V_0 = -（V_{Z1} + V_{D2}） \\ V_i < 0時，D_1：順偏（ON），D_2：崩潰（ON），V_0 = V_{Z_2} + V_{D1} \end{cases}$$

2. 負回授限壓器

(1)臨界點在原點（不含參考電壓）

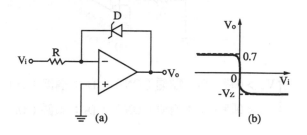

$$\begin{cases} V_i > 0時，D：崩潰（ON），V_0 = -V_Z \\ V_i < 0時，D：順偏（ON），V_0 = V_D \end{cases}$$

(2)臨界點移位（含參考電壓）

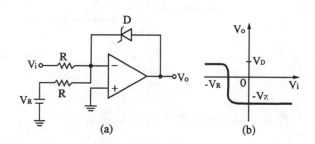

$$V_- = V_i／2 + V_R／2$$

$$\begin{cases} V_- > 0時，即 V_i > -V_R 時，D 崩潰（ON），V_0 = -V_Z。 \\ V_- < 0時，即 V_i < -V_R 時，D 順偏（ON），V_0 = V_D。 \end{cases}$$

(3)不含迴授電阻

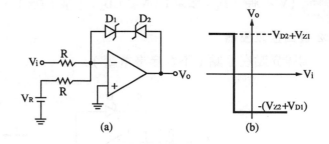

(a)   (b)

$$\begin{cases} V_- > 0時，D_1：順偏（ON），D_2：崩潰（ON），V_0 = -（V_{Z2} + V_{D1}） \\ V_- < 0時，D_1：崩潰（ON），D_2：順偏（ON），V_0 = V_{D2} + V_{Z1} \end{cases}$$

(4)含迴授電阻

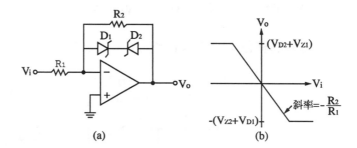

(a)   (b)

若 D_1 ，D_2 ：OFF 時，$V_0 = -\dfrac{R_2}{R_1} V_i$

考型246 施密特觸發器

一、觀念

1.若以比較器當觸發器，易受雜訊亂數的影響，而產生誤動作。

2.改善法：使用施密特觸發器，其特性為：

(1)具有二個臨界值（轉態點）。

(2)具有正回授電路，增益增加，轉態速度快。

(3)具有遲滯特性（Hysteresis），因此有較大的雜訊免疫力。

3.施密特觸發器，有反相型，即非反相型

4.施密特觸發器，無論輸入波形'如何，其輸出必爲方波。

二、反相型施密特觸發器

1.電路

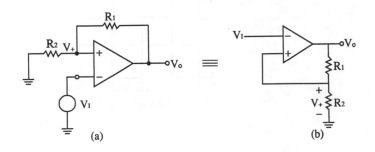

(a) ≡ (b)

2.電路分析

(1)若 $V_0 = + V_{sat} = V_M$，則

$$V_+ = \frac{R_2}{R_1 + R_2} V_M = V_{tH}（上臨界電壓）$$

即，當 $V_I > V_{tH}$ 時，則發生轉態，$V_0 = - V_{sat} = - V_m$

(2)若 $V_0 = - V_{sat} = - V_m$，則

$$V_+ = \frac{- R_2}{R_1 + R_2} V_m = V_{tL}（下臨界電壓）$$

即，當 $V_I < V_{tL}$ 時，則發生轉態 $V_0 = + V_{sat} = V_M$

(3)遲滯電壓 $V_H = V_{tH} - V_{tL}$

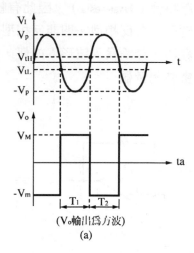

(V₀輸出為方波)

(a)

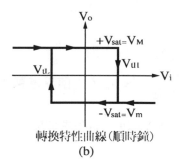

轉換特性曲線(順時鐘)

(b)

轉態點記憶法：

①大要更大（ $V_I > V_{tH}$ ）

②小要更小（ $V_I < V_{tL}$ ）

（ V_0 輸出為方波 ）

轉換特性曲線（順時鐘）

3. 公式整理

(1)回授量 $\beta = \dfrac{R_2}{R_1 + R_2}$

(2)上臨界電壓 $V_{tH} = \beta V_M = \dfrac{R_2}{R_1 + R_2} V_M$

(3)下臨界電壓 $V_{tL} = -\beta V_m = \dfrac{-R_2}{R_1 + R_2} V_m$

(4)遲滯電壓 $V_H = V_{tH} - V_{tL}$

(5)工作週期 $D = \dfrac{T_1}{T_1 + T_2} \times 100\%$

若 $V_M = V_m$，則 $D = 50\%$

三、非反相施密特觸發器

1.電路

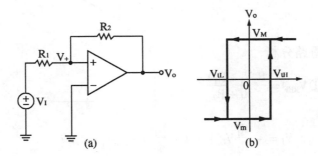

(a)　　　　　　　　(b)

2.電路分析

用重疊法得

(1) $V_+ = \dfrac{R_2 V_I + R_1 V_0}{R_1 + R_2} = 0$

$\therefore V_I = -\dfrac{R_1}{R_2} V_0$

(2)當 $V_0 = +V_{sat} = V_M$ 時

$V_I = -\dfrac{R_1}{R_2} V_M = V_{tL}$

(3)當 $V_0 = -V_{sat} = -V_m$ 時

$$V_I = \frac{R_1}{R_2} V_m = V_{tH}$$

四、具參考電壓的施密特觸發器

1.非反相式

(1)電路

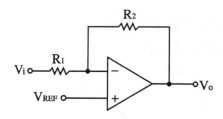

(2)電路分析

①$V_{REF} = \dfrac{R_2 V_I + R_1 V_0}{R_1 + R_2}$

$\therefore V_I = -\dfrac{R_1}{R_2} V_0 + \left(1 + \dfrac{R_1}{R_2} \right) V_{REF}$

②當 $V_0 = +V_{sat} = V_M$ 時

$$V_I = -\frac{R_1}{R_2} V_M + \left(1 + \frac{R_1}{R_2} \right) V_{REF} = V_{tL}$$

③當 $V_0 = -V_{sat} = -V_m$ 時

$$V_I = \frac{R_1}{R_2} V_m + \left(1 + \frac{R_1}{R_2} \right) V_{REF} = V_{tH}$$

④$V_H = V_{tH} - V_{tL} = \dfrac{R_1}{R_2} \left(V_m + V_M \right)$

2.反相式

(1)電路

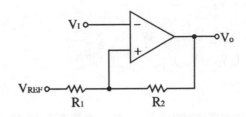

(2)電路分析

① $V_I = \dfrac{R_1 V_O + R_2 V_{REF}}{R_1 + R_2}$

② 當 $V_O = + V_{sat} = V_M$ 時

$V_I = \dfrac{R_1 V_M + R_2 V_{REF}}{R_1 + R_2} = V_{tH}$

③ 當 $V_O = - V_{sat} = - V_m$ 時

$V_I = \dfrac{- R_1 V_m + R_2 V_{REF}}{R_1 + R_2} = V_{tL}$

④ $V_H = V_{tH} - V_{tL} = \dfrac{R_1}{R_1 + R_2} \left(V_m + V_M \right)$

3.結論：當施密特觸發器具有參考電壓時，則遲滯曲線會發生移
位。而其中心點不在原點了。

五、具限壓器的施密特觸發器

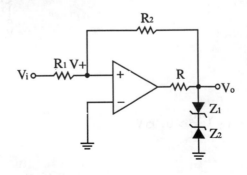

1.當 $V_O = + V_{sat} = V_M$ 時

$V_O = V_D + V_Z$

2.當 $V_O = - V_{sat} = - V_m$ 時

$V_O = - (V_D + V_Z)$

六、綜論

1.反相式的施密特觸發器，遲滯曲線為順時鐘方向。

2.非反相式的施密特觸發器，遲滯曲線為逆時鐘方向。

3.施密特觸發器若含參考電壓，則遲滯曲線會移位。

4.施密特觸發器的輸出波形為方波。

歷屆試題

1.圖為施密特觸發器，齊納二極體：$V_z = 10V$，$V_D = 0.7V$，$V_s = 5\sin\omega_0 t$，其中最大雜訊電壓為 $\pm 0.05V$。問此雜訊若不會引起零交叉點附近的觸發時，則最大的 R_1 值為多少？（**題型：施密特觸發器**）

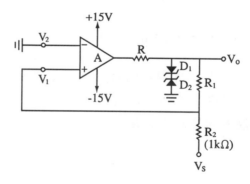

【交大電子所】

解☞：

需 $(V_Z + V_D) \dfrac{R_2}{R_1} > 0.05V$

$$\therefore \frac{(\,V_Z + V_D\,)\,R_2}{0.05} > R_1$$

故 $R_{1\,,\,max} = 214k\Omega$

2. 下列圖中，何者具有遲滯曲線的特性：（題型：比較器）

(A)圖(1)和圖(2)　(B)圖(2)　(C)圖(3)和圖(4)　(D)圖(4)　(E)圖(1)和圖(3)

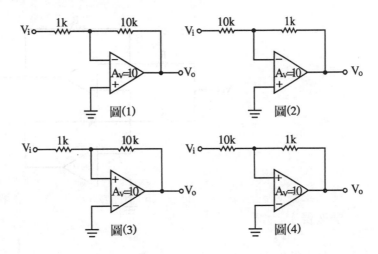

解☞：(C)

注意正、負回授即可判斷出。

3. For the circuit shown $A_v = V_o / V_I$ is

(A)4　(B) – 4　(C)5　(D) – 5　(E)None of the above. （題型：比較器）

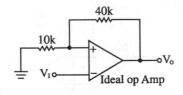

解☞：(E)

4.下圖電路 OP 為理想，此電路 V_o 對 V_I 之轉換特性為(A)$V_o = V_I$ (B)$V_o = - V_I$ (C)$V_o = |V_I|$ (D)$V_o = - |V_I|$ (E)$V_o = - V_I$（for $V_I \rangle 0$），$V_o = 0$（for $V_I \langle 0$）（**題型：施密特觸發器**）

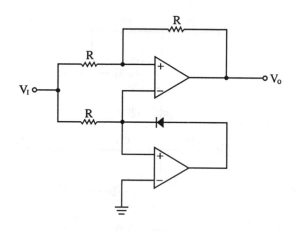

【交大電子所】

解☞：(C)

5. For the following comparator, determine the maximum value of R_f that will ensure correct switching（no chatter）of the zero crossing point.

$V_z = 10V$，$V_D = 0.7V$　　$V_s = （5\sin\omega_o t + 0.05\sin 100\omega_o t）V$

（**題型：含限壓器的施密特觸發器**）

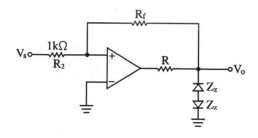

解☞：

1. $V_{o,max} = V_Z + V_D = 10.7V$，$V_{o,min} = -(V_Z + V_D) = -10.7V$

2. $V_f = \dfrac{R_f V_s + R_2 V_o}{R_2 + R_f} = 0$

故 $R_f = -\dfrac{V_o}{V_s} R_2$

3. $\because$ 當 $\omega_o t = \dfrac{3\pi}{200}$，$V_s$ 為最小值

故知

$R_{f,max} = (\dfrac{V_{o,max}}{V_{s,min}}) R_2 = (\dfrac{10.7}{0.185})(1k) = 57.6k\Omega$

---

6. Suppose that the OP – AMP in the circuits shown below have input impedance $R_i = \infty\,\Omega$, output impedance $R_o = 0\Omega$, voltage gain at zero frequency $\mu = 5000$, and a single pole at frequency equal to $5\,Hz$.

(1) Compute the gain at zero frequency and bandwidth of $A_F(S) = \dfrac{V_o(S)}{V_s(S)}$ for the following noninverting amplifying circuit where $R_1 = 1k\Omega$ and $R_2 = 4k\Omega$. (題型：施密特觸發器)

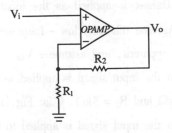

(2) Determine whether the following circuit can be used as a noninverting

amplifier or not and explain.

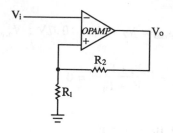

解☞ :

(1)直流增益 $= \dfrac{1 + \dfrac{R_2}{R_1}}{1 + \dfrac{1 + \dfrac{R_2}{R_1}}{\mu}} = \dfrac{1 + \dfrac{4K}{1K}}{1 + \dfrac{1 + \dfrac{4K}{1K}}{5000}} = 4.995$

所以閉迴路頻寬

$BW = \dfrac{\mu f_b}{1 + \dfrac{R_2}{R_1}} = \dfrac{(5000)(5)}{1 + \dfrac{4K}{1K}} = 5KHz$

(2)不可以。

___

7. Consider the following circuits, and assume that the sinusoidal voltage of $V_{in} = 10\sin\omega t$ is applied as the input. Sketch the output voltage versus time. Assume relatively low – frequency operation so that slew rate effects are not apparent, and assume $\pm V_{sat} = \pm 12V$.

(1) When the input signal is applied to the open – loop comparator with $R_1 = 2k\Omega$ and $R_2 = 3k\Omega$. (for Fig.(1))

(2) When the input signal is applied to the inverting Schmitt trigger with $R_1 = R_2 = 10k\Omega$. (for Fig.(2)) **(題型：比較器)**

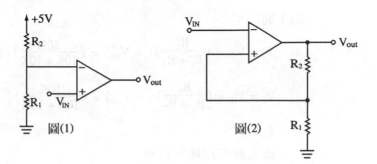

圖(1)　　　　　　　圖(2)

解 ☞：(1)圖(1)

1. $V_- = (5V)(\dfrac{R_1}{R_1+R_2}) = \dfrac{(5)(2K)}{2K+3K} = 2V = V_{tH}$

∴ $V_{in} > V_-$ 時，$V_o = +V_{sat} = +12V$

　$V_{in} < V_-$ 時，$V_o = -V_{sat} = -12V$

令 $10\sin(\omega \triangle T) = 2$，則

$\triangle T = \dfrac{1}{\omega}\sin^{-1}\dfrac{1}{5}$

故 $T_1 = \dfrac{T}{2} - 2\triangle T$　　　$T_2 = \dfrac{T}{2} + 2\triangle T$

2. 輸入波形和輸出波形：

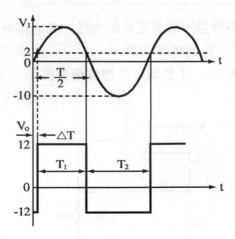

(2) 1.圖(2)：

$$V_1 = V_{tH} = (\frac{R_1}{R_1 + R_2})(+ V_{sat}) = (\frac{10K}{10K + 10K})(12) = 6V$$

$$V_2 = V_{tL} = (\frac{R_1}{R_1 + R_2})(- V_{sat}) = (\frac{10K}{10K + 10K})(- 12) = - 6V$$

$$T_1 = T_2$$

2.輸入波形和輸出波形

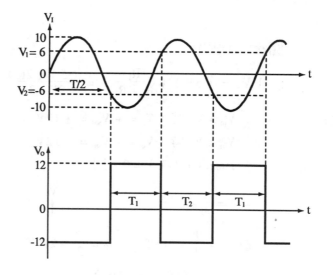

8.試求(1)迴路增益。假設運算放大器的開迴路增益為 $- 5000$。

(2)繪出 V_o 對 V_t 的轉移曲線。

(3)遲滯電壓 V_H。（題型：施密特觸發器）

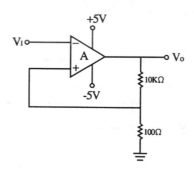

解☞：

(1)∵ $\beta = \dfrac{100}{100 + 10K} = 0.0099$

∴ $-\beta A = -(0.0099)(-5000) = 49.5$

(2) 1.若 $V_o = 5V$ 時

$V_I = \dfrac{(100)(5)}{100 + 10K} = 0.0495V = V_{tH}$

∴ $V_I > 0.0495V$ 時，V_o 變為 $-5V$

2.若 $V_o = -5V$ 時

$V_I = \dfrac{(100)(5)}{100 + 10K} = -0.0495V = V_{tL}$

∴ $V_I < -0.0495V$ 時，V_o 變為 $+5V$

3. V_o / V_I 轉移曲線

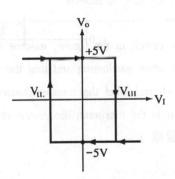

(3) $V_H = V_{tH} - V_{tL} = 0.099V$

---

9. For the two OPAMP circuits as shown below. Assume that the OPAMP are ideal amplifiers.

(1) Plot the characteristic of V_s versus V_o for the two circuits. respectively.

(2) Describing the different （or similar） characteristics of these two cir-

cuits.（題型：施密特觸發器）

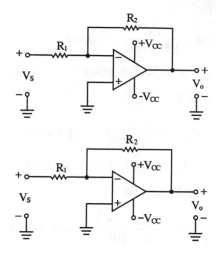

【清大動機所】

解☞：詳見〔考型246〕

---

10. For the circuit in the figure, assume that the diodes has a constant 0.7 – V drop when conducting and that the OP amp saturates at ± 12V.

(1) Sketch and label the transfer characteristic, $V_o - V_I$.

(2) What is the maximum diode current？（題型：含限壓器的施密特觸發器）

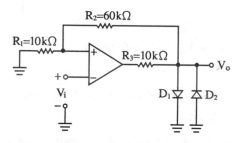

【清大核工所】

解☞ :

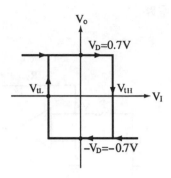

(1) $V_{o,max} = V_D = 0.7V$

$V_{o,min} = -V_D = -0.7V$

$\because \left(\dfrac{1}{R_1} + \dfrac{1}{R_2} \right) V_I = \dfrac{V_o}{R_2}$

$\therefore V_I = \dfrac{R_1 V_o}{R_1 + R_2}$

① $V_{tH} = V_I = \dfrac{R_1 V_D}{R_1 + R_2} = \dfrac{(10K)(0.7)}{10K + 60K} = 0.1V$

② $V_{tL} = V_I = \dfrac{R_1(-V_D)}{R_1 + R_2} = \dfrac{(10K)(-0.7)}{10K + 60K} = -0.1V$

(2) $I_{D,max} = \dfrac{12 - 0.7}{10K} - \dfrac{0.7}{10K + 60K} = 1.12mA$

---

11. Sketch the circuit of a noninverting Schmitt trigger. Find expressions for the threshold levels V_I and V_O. (題型：非反相施密特觸發器)

【 成大電機所 】

解☞：

1.電路

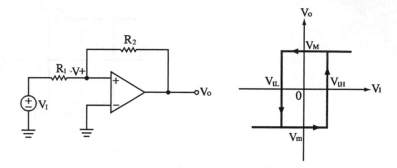

2.電路分析

用重疊法得

①$V_+ = \dfrac{R_2 V_I + R_1 V_o}{R_1 + R_2} = 0$

$\therefore V_I = -\dfrac{R_1}{R_2} V_o$

②當 $V_o = +V_{sat} = V_M$ 時

$V_I = -\dfrac{R_1}{R_2} V_M = V_{tL}$

③當 $V_o = -V_{sat} = -V_m$ 時

$V_I = -\dfrac{R_1}{R_2} V_m = V_{tH}$

12.(1) The Schmitt trigger of Figure uses 6V Zener diode, with $V_D = 0.7V$. If the threshold voltage V_1, the voltage at which V_o transits from high to low, is zero and the hysteresis is $V_H = 0.2V$, calculate $R_1 \diagup R_2$ and

V_R.

(2) This comparator converts a 1 kHz sine wave whose peak to peak value is 4 V into a square wave. Calculate the time duration of the negtive and of the positive portions of the output waveform. (題型：施密特觸發器比較器)

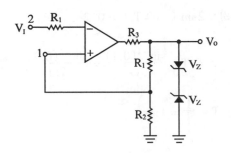

【 中山電機所 】

簡譯

施密特觸發器中的曾納二極體 $V_z = 6V$，$V_D = 0.7V$，且 V_o 由高位準變至低位準時的臨限電壓 $V_1 = 0V$，$V_H = 0.2V$

(1) 求 $R_1 ／ R_2$ 和 V_R 值。

(2) 若輸入爲峰對峰4V，頻率1KHz 的弦波，繪出輸出波形。

解☞ ：

(1) ∵ $V_o = V_z + V_D = 6 + 0.7 = 6.7V$

$$V_{tH} = V_1 = \frac{R_1}{R_1 + R_2} V_R + \frac{R_2}{R_1 + R_2} V_o = 0$$

$$\therefore V_R = -6.7 \frac{R_2}{R_1} \cdots\cdots ①$$

$$V_{tL} = V_2 = \frac{R_1}{R_1 + R_2} V_R - \frac{R_2}{R_1 + R_2} V_o$$

$$V_H = V_{tH} - V_{tL} = \frac{2R_2}{R_1 + R_2}V_o = \frac{(2)(6.7)}{1 + \frac{R_1}{R_2}} = 0.2V$$

$$\therefore \frac{R_1}{R_2} = 66 代入①得$$

$$V_R = -0.1V$$

(2)$\because 2\sin(\omega \triangle T) = 0.2$

$$\therefore \triangle T = \frac{\sin^{-1}(0.1)}{\omega} = \frac{\sin^{-1}(0.1)}{2\pi f} = \frac{\sin^{-1}(0.1)}{(2\pi)(1K)} = 0.016 msec$$

$$T = \frac{1}{f} = 1ms$$

$$\therefore T_1 = \frac{T}{2} - \triangle T = 0.484 msec$$

$$T_2 = \frac{T}{2} + \triangle T = 0.516 msec$$

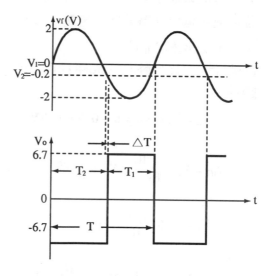

13. 如圖所示的史密特比較器。

(1)求出啓始電位 V_1 及 V_2，和遲滯電壓 V_H 的方程式。

(2)繪出轉換特性曲線。

(3)若輸入正弦波，畫出其輸出波形。

（圖中爲理想放大器）（**題型：史密特比較器**）

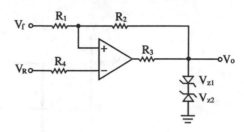

【高考】

解☞ :

(1) 1.設曾納二極體 Z_1，Z_2 完全相同，則

$$V_{o,max} = V_{D_1} + V_{Z_2} > 0$$

$$V_{o,min} = - (V_{D_2} + V_{Z_1}) < 0$$

2. $V_+ = V_- = V_R$

$$\therefore V_+ = \frac{R_2 V_I + R_1 V_o}{R_1 + R_2} = V_R$$

故 $V_I = \frac{R_1 + R_2}{R_2} V_R - \frac{R_1}{R_2} V_o$

3.當 OPA 正飽和時

$$V_1 = V_{tH} = \frac{R_1 + R_2}{R_2} V_R - \frac{R_1}{R_2} V_{o,min}$$

當 OPA 負飽和時

$$V_2 = V_{tL} = \frac{R_1 + R_2}{R_2} V_R - \frac{R_1}{R_2} V_{o,max}$$

$$\therefore V_H = V_1 - V_2 = \frac{R_1 + R_2}{R_2} (V_{o,max} - V_{o,min})$$

(2)轉換特性曲線

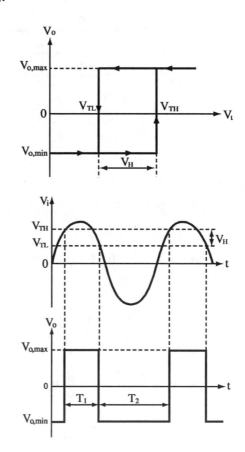

題型變化

14. 如下圖所示電路，OPA 輸出飽和電壓為 ± 9V，二極體採0.7V 定
電壓模型，繪 V_O 與 V_i 圖。（**題型：反相式施密特觸發電路**）

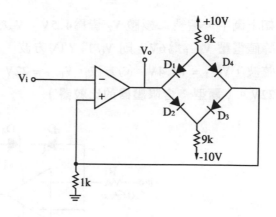

解 ☞ ：

(1)當 $V_O = + V_{sat} = 9V$ 時，D_2 及 D_4：ON

$$V_i = \frac{(10 - V_{D4})(1K)}{1K + 9K} = 0.93V = V_{tH}$$

(2)當 $V_O = - V_{sat} = -9V$ 時，D_1 及 D_3：ON

$$V_i = \frac{[-10 - (-0.7)](1K)}{1K + 9K} = -0.93V = V_{tL}$$

(3)遲滯曲線

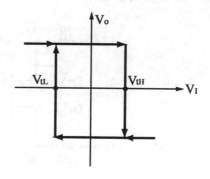

15.如下圖中，稽納二極體 V_Z 皆為4.5V，V_{in}輸入為正弦波，峰對峰值電壓 V_{P-P}為6V，則 V_O 為？(A)方波，$V_{P-P} = 10.4V$ (B)正弦波，$V_{P-P} = 10.4V$ (C)方波，$V_{P-P} = 22V$ (D)正弦波，$V_{P-P} = 22V$。（題型：含限壓器的比較器）

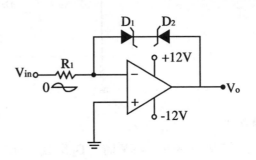

解☞：(A)

1. $V_{in} > 0$時，$V_O = -(V_{Z2} + V_{D1}) = -5.2V$

2. $V_{in} < 0$時，$V_O = V_{Z1} + V_{D2} = 5.2V$

∴ $V_{P-P} = 5.2 - (-5.2) = 10.4$

且比較器的輸出為方波

16.若 OPA 輸出飽和極限電壓為 ±10V，試繪出下圖之轉移曲線。（題型：施密特觸發器）

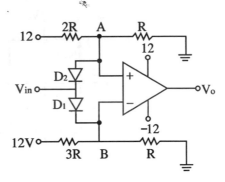

解☞：

因（正回授量 $\frac{R}{2R+R}$）＞（負回授量 $\frac{R}{3R+R}$），所以此電路為比較器

1.考慮 D_1，D_2的動作（V_i 由小至大輸入）

	D_1	D_2	V_{in}	V_O
①	OFF	ON	$3.3V \geq V_{IN}$	10V
②	OFF	OFF	$3.3V < V_{IN} \leq 3.7V$	10V
③	ON	OFF	$3.7V < V_{IN}$	$-10V$

2.CASE①

①V_{in}的範圍

$$\because V_A = \frac{R}{2R+R}（12V）= 4V$$

$$V_B = \frac{R}{3R+R}（12V）= 3V$$

$$\therefore V_{in} \leq V_A - 0.7V = 3.3V$$

②此時 $V_+ > V_-$

$\therefore$ OPA 正飽和

故 $V_O = +10V$

3.CASE②

$V_{in} \leq V_B + 0.7V = 3.7V$

此時（$V_A = V_+$）＞（$V_- = V_B$）

$\therefore$ OPA 正飽和

4.CASE③

$V_{in} > 3.7V$

此時 $V_- > V_+$

$\therefore$ OPA 負飽和

$$\therefore V_O = -10V$$

5.轉移曲線

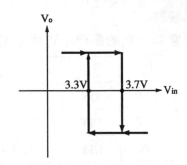

17.(1)如下圖所示電路，繪出 V_O 對 V_i 之轉換曲線（二極體採用 0.7V 定電壓模型）

(2)若 $R_1 = 10k\Omega$ 時之 V_O 對 V_i 之轉換曲線為何？

(3)若 $R_1 < 10k\Omega$ 時又如何？（題型：施密特觸發器）

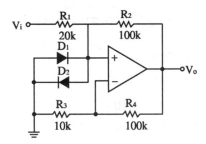

解 ☞ ：

(1)①正 $\beta = \dfrac{R_1}{R_1 + R_2} = \dfrac{20K}{20K + 100K} = 0.167$

負 $\beta = \dfrac{R_3}{R_3 + R_4} = \dfrac{10K}{10K + 100K} = 0.091$

$\therefore$ 正 $\beta >$ 負 β

∴ 此爲非反相施密特觸發器

②當 D_2：ON 時，

∴ $V_+ = V_{D2} = 0.7V \Rightarrow V_O = + V_{sat}$

故 $V_O = V_+ \left(1 + \dfrac{R_4}{R_3} \right) = (0.7) \left(1 + \dfrac{100K}{10K} \right) = 7.7V$

③當 D_1：ON 時，

∴ $V_+ = V_{D1} = - 0.7V \Rightarrow V_O = - V_{sat}$

故 $V_O = V_+ \left(1 + \dfrac{R_4}{R_3} \right) = (- 0.7) \left(1 + \dfrac{100K}{10K} \right) = - 7.7V$

④轉移曲線

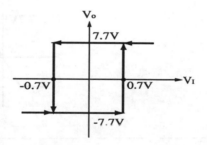

(2)①當 $R_1 = 10K$ 時

正 $\beta = \dfrac{R_1}{R_1 + R_2} = \dfrac{10K}{10K + 100K} =$ 負 β

∴ 只有一個臨界轉換點（仍爲比較器）

②求臨界點

$V_+ = \dfrac{V_I R_2 + R_1 V_M}{R_1 + R_2} = V_- = \dfrac{R_3 V_M}{R_3 + R_4}$

∴ $V_I = 0V$，即轉態點爲0V

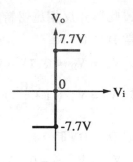

(3)若 $R_1 < 10k\Omega$，則

正 β < 負 β，故具放大器特性（即具有線性區）

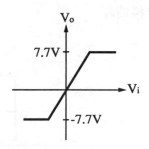

18. 如下圖所示電路，求 V_O 與 V_{IN} 關係曲線，及臨界電壓 V_{tH}，V_{tL}。（題型：施密特觸發器（非反相式））

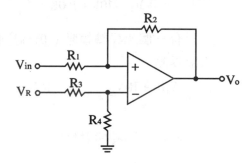

解☞ :

1. $\because V_+ = V_-$

$\therefore \dfrac{R_2 V_{IN} + R_1 V_0}{R_1 + R_2} = \dfrac{R_4 V_R}{R_3 + R_4}$

故 $V_{IN} = -\dfrac{R_1}{R_2} V_0 + \dfrac{R_4}{R_3 + R_4}\left(1 + \dfrac{R_1}{R_2}\right) V_R$

2. 當 $V_0 = +V_{sat}$時

$V_{tL} = -\dfrac{R_1}{R_2} V_{sat} + \dfrac{R_4}{R_3 + R_4}\left(1 + \dfrac{R_1}{R_2}\right) V_R$

3. 當 $V_0 = -V_{sat}$時

$V_{tH} = -\dfrac{R_1}{R_2}\left(-V_{sat}\right) + \dfrac{R_4}{R_3 + R_4}\left(1 + \dfrac{R_1}{R_2}\right) V_R$

4. $V_C = \dfrac{V_{tH} + V_{tL}}{2} = \dfrac{R_4}{R_3 + R_4}\left(1 + \dfrac{R_1}{R_2}\right) V_R$

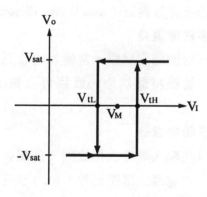

§15-2〔題型八十七〕：方波產生器

考型247 OPA 的方波產生器

一、觀念

1. 振盪器是訊號產生器的基本結構。

2. 振盪器型式可分：

   (1)**回授振盪器**：如應用巴克豪生準則的方式。

   (2)**切換振盪器**：利用切換元件所構成的（如：施密特觸發器）。

   (3)**諧振振盪器**：利用諧振電路所構成的。

   (4)**動態負電阻振盪器**：利用 GIC 或 NIC 等電路所組成的。

3. **多諧振盪器可分為**：

   (1)**雙穩態多諧振盪器**（ bistable multivibrator ）：其輸出為方波。

   (2)**單穩態多諧振盪器**（ monostable multivibrator ）：其輸出為脈波。

   (3)**無穩態多諧振盪器**（ astable multivibrator ）。

4. **雙穩態多諧振盪器**

   該電路有兩個穩定狀態。當輸入端收到觸發信號時，則將輸出波形反轉，並維持此狀態，直到再收到另一個觸發信號時才又反轉。

5. **單穩態多諧振盪器**

   該電路只在輸入端每次接收到一個觸發脈衝時，才會產生一個輸出脈波，其寬度由電路元件（ RC ）決定。

6. **無穩態多諧振盪器**

   此種振盪器不需外加激發信號，即可產生一定頻率的波形。

二、OPA 的方波產生器（ 輸出為對稱方波 ）

1. **無穩態電路**

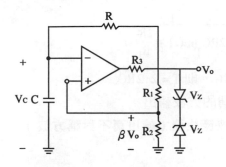

2. 工作說明

(1)此電路是由施密特觸發器及 RC 電路所組成，並含限壓器。

(2)此電路無需外加激發訊號，即可產生方波輸出，故屬無穩態多
諧振盪器。

(3)V_0 輸出方波，V_C 為近似三角波。

(4)輸出方波的週期，與 V_0 的大小無關。

3. 波形

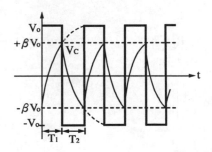

4. 公式整理

(1)回授量 $\beta = \dfrac{R_2}{R_1 + R_2}$

(2)$T_1 = T_2 = RC \ \ln \dfrac{1 + \beta}{1 - \beta}$

(3)$T = T_1 + T_2 = 2RC \ \ln \dfrac{1 + \beta}{1 - \beta}$

(4) $f = \dfrac{1}{T} = \dfrac{1}{2RC \ln\left(1 + \dfrac{2R_2}{R_1}\right)}$

(5) 若 $R_1 = R_2$，則 $T = 2.2RC$

(6) 此為對稱的方波輸出。

三、OPA 的方波產生器（輸出為不對稱方波）

1. 電路

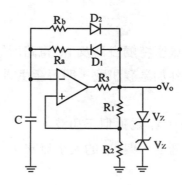

2. 公式整理

(1) 回授量 $\beta = \dfrac{R_2}{R_1 + R_2}$

(2) $T_1 = R_a C \ln \dfrac{1 + \beta}{1 - \beta}$

(3) $T_2 = R_b C \ln \dfrac{1 + \beta}{1 - \beta}$

(4) $T = T_1 + T_2 = \left(R_a + R_b\right) C \ln \dfrac{1 + \beta}{1 - \beta}$

考型248　BJT 的方波產生器

一、由 BJT 所組成之無穩態的方波產生器

1.電路

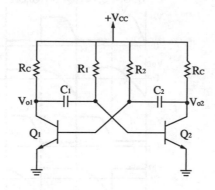

2.工作流程

(1)若 Q_1：ON，Q_2：OFF，則有二條充電路徑：

　　a. $V_{CC} \rightarrow R_C \rightarrow C_2 \rightarrow Q_1$

　　b. $V_{CC} \rightarrow R_1 \rightarrow C_1 \rightarrow Q_1$

　　$\because R_C \ll R_2$，$\therefore$ 選 a 路徑先充電至 Q_1 飽和。此時 $V_{O2} = V_{CC}$，

　　$V_{B1} = V_{BE(sat)}$，$V_{C2} = V_{CC} - V_{BE(sat)}$，並向 C_1 反向充電 $\Rightarrow$

　　$V_{C1} = V_{CE(sat)} - V_{BE(sat)} \Rightarrow Q_2 = ON$

(2)若 Q_1：OFF，Q_2：ON，充電路徑亦有二條：

　　a. $V_{CC} \rightarrow R_C \rightarrow C_1 \rightarrow Q_2$

　　b. $V_{CC} \rightarrow R_2 \rightarrow C_2 \rightarrow Q_2$

　　$Q_2 = $ 飽和時，

　　$V_{O2} = V_{CE(sat)}$，$V_{C2} = V_{BE(sat)}$，

　　$V_{C1} = V_{CC} - V_{BE(sat)}$，此時向 C_2 反向充電至

　　$V_{C2} = V_{CE(sat)} - V_{BE(sat)} \Rightarrow Q_1$：ON

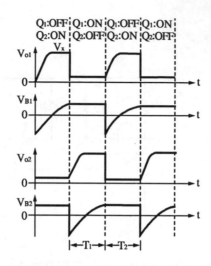

3. 公式整理

$$(1)T_1 = R_2 C_2 \ln \frac{2V_{CC} - V_{BE(sat)} - V_{CE(sat)}}{V_{CC} - V_{BE(sat)}}$$

$$(2)T_2 = R_1 C_1 \ln \frac{2V_{CC} - V_{BE(sat)} - V_{CE(sat)}}{V_{CC} - V_{BE(sat)}}$$

$$(3)T = T_1 + T_2 \approx (R_1 C_1 + R_2 C_2)\ln 2$$

二、由 BJT 所組成之雙穩態的方波產生器

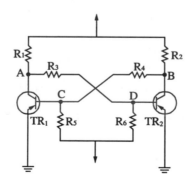

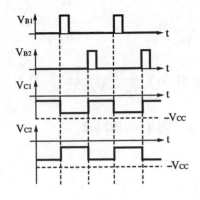

TR$_1$	飽和	截止	飽和	截止	飽和
TR$_2$	截止	飽和	截止	飽和	截止

考型249 CMOS 的方波產生器

一、無穩態的方波產生器

1. 電路

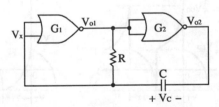

2. 公式整理

(1) G_1，G_2邏輯閘是由 CMOS NOR 所組成的

(2) 週期：

① $T_H = RC \ln \left(\dfrac{V_{DD}}{V_T} \right)$

②$T_L = RC \ln \left(\dfrac{V_{DD}}{V_{DD} - V_T} \right)$

③$T = T_H + T_L = RC \ln \left(\dfrac{V_{DD}}{V_{DD} - V_T} \cdot \dfrac{V_{DD}}{V_T} \right)$

④若 $V_T = \dfrac{1}{2} V_{DD}$，則 $T = 2RC \ln 2$

⑤V_T：臨界電壓值

(3)振盪頻率 $f = \dfrac{1}{T}$

(4)各點波形如下：（設 $V_T = \dfrac{1}{2} V_{DD}$）

3. 各點波形

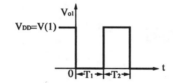
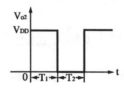
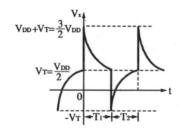
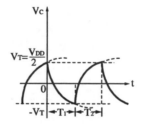

4. 工作過程

電容 C	V_C	V_{O1}	V_{O2}
充電	$-\dfrac{V_{DD}}{2} \rightarrow \dfrac{V_{DD}}{2}$	V_{DD}	0
反向充電	$\dfrac{V_{DD}}{2} \rightarrow -\dfrac{V_{DD}}{2}$	0	V_{DD}

二、含定位器的方波產生器

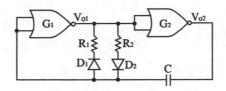

1. D_1，D_2可保護 CMOS 邏輯閘
2. 欲得不對稱輸出方波，方法有二：

   (1) $V_T \neq \dfrac{1}{2} V_{DD}$

   (2) $R_1 \neq R_2$

考型250 555計時器的方波產生器

一、555計時器的內部電路

   1. 電路

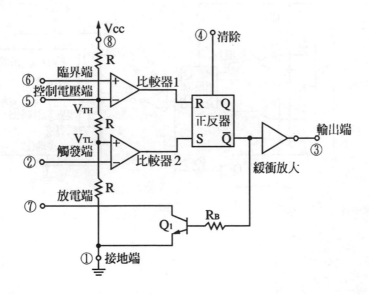

$(1) V_{tH} = \dfrac{2}{3} V_{CC}$

$(2) V_{tL} = \dfrac{1}{3} V_{CC}$

2. RS 正反器的真值表

R	S	Q_{n+1}
0	0	Q_n
0	1	1
1	0	0
1	1	不容許狀態

二、無穩態方波產生器

1. 電路

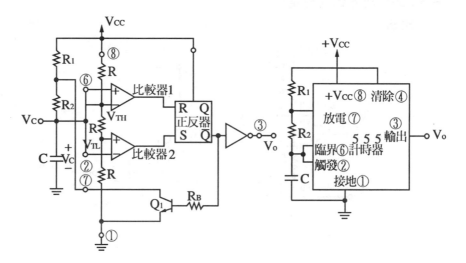

2.輸出波形

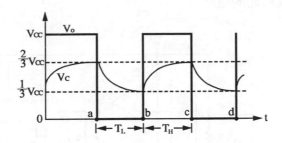

3.工作過程

電容 C	V_C	R	S	$\overline{Q}$	Q_1	V_0	輸出區間
充電	$\frac{1}{3}V_{CC} \to \frac{2}{3}V_{CC}$	L	L	L	OFF	H	bc
$V_{C,\,max}$	$V_{C,\,max} = \frac{2}{3}V_{CC}$	H	L	H	ON	L	C點
放電	$\frac{2}{3}V_{CC} \to \frac{1}{3}V_{CC}$	L	L	H	ON	L	cd
$V_{C,\,min}$	$V_{C,\,min} = \frac{1}{3}V_{CC}$	L	H	L	OFF	H	d

4.公式整理

(1)充電時間 $T_H = (R_1 + R_2) C \ln2$

(2)放電時間 $T_L = R_2 C \ln2$

(3)$T = T_H + T_L = C(R_1 + 2R_2) \ln2$

(4)$f = \dfrac{1}{T}$

(5)工作週期 $D = \dfrac{T_H}{T_H + T_L} \times 100\% = \dfrac{R_1 + R_2}{R_1 + 2R_2} \times 100\%$

(6)若 $R_2 \gg R_1$，則 $D \approx 50\%$

三、另型電路

可調整週期的電路

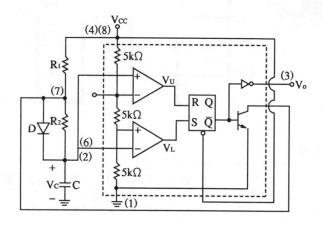

$$\text{工作週期 } D = \frac{T_H}{T_H + T_L} \times 100\%$$

歷屆試題

19. For the circuit shown in Fig. let the op amp saturation voltage be ± 10V，
    $R_1 = 100k\Omega$，$R_2 = R = 1M\Omega$, and $C = 0.01\mu F$.

    (1) Find the frequency of oscillation f = ?

    (2) Sketch the waveform of V_o. (題型：OPA 的方波產生器)

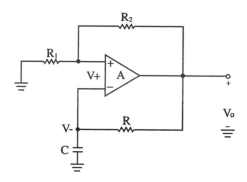

解☞：詳見內文

$(1) \beta = \dfrac{R_1}{R_1 + R_2} = \dfrac{100K}{100K + 1M} = \dfrac{1}{11}$

$\therefore T = 2RC\ell n \dfrac{1+\beta}{1-\beta} = (2)(1M)(0.01\mu)\ell n(\dfrac{12}{10}) = 3.65 \text{msec}$

$\therefore f = \dfrac{1}{T} = 274 \text{Hz}$

(2)

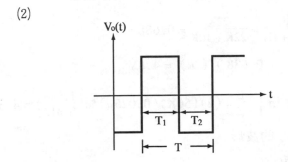

20. Fig. illustvates a square – wave generator using a Schmitt comparator, where D_1 & D_2 are two identical Zener diodes with V_z (Zener breakdown voltage) = 6.3V and V_D (diode forward voltage) = 0.7V. Plot to scale the waveforms of the output voltage V_o and the capacitor voltage V_c, showing the positive and negative peak values, and also the period of the waves. (題型：OPA 的方波產生器)

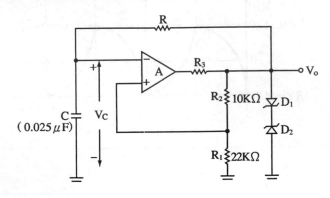

【台大電機所】

簡譯

圖為方波產生器，D_1、D_2是相同的二極體，$V_z = 6.3V$，$V_D = 0.7V$，請繪出 V_o 及 V_c 的波形，並求出正負峰值與週期？

解☞：

(1)$V_{o,max} = V_Z + V_D = 0.7 + 6.3 = 7V$

$V_{o,min} = -(V_Z + V_D) = -7V$

$\beta = \dfrac{R_1}{R_1 + R_2} = \dfrac{22K}{22K + 10K} = 0.688$

$\therefore \beta V_o = (0.688)(7) = 4.8V$

$T = 2RC\ln\dfrac{1+\beta}{1-\beta} = (2)(50K)(0.025\mu)\ln(\dfrac{1.688}{0.312}) = 4.3\,msec$

(2)V_o 及 V_c 的波形

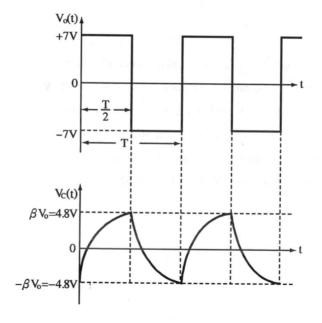

21. The circuit shown in Figure (1) is an astable multivibrator. Figure (2) is the hysteresis curve of the 7414 TTL Schmitt trigger inverter which is shown by dashed line in Figure 1(a).

(1) Describe the operation of this circuit of Figure (a) in detail.

(2) Derive an expression for the oscillation frequency or oscillation period for this astable multivibrator.

Figure 1：An astable multivibrator and the hysteresis curve．（題型：OPA 的方波產生器）

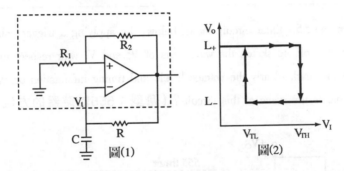

圖(1)　　　圖(2)

【清大電機所】

解☞：詳見〔考型247〕

22. A circuit of free – running wave generator is shown below. Find V_o (t), V_c (t), and frequency. Sketch their waveforms.（題型：OPA 的方波產生器）

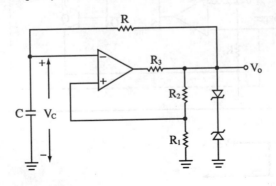

解☞：詳見〔考型247〕

1. $\beta = \dfrac{R_1}{R_1 + R_2}$

2. $T = 2RC\ell n \left(\dfrac{1+\beta}{1-\beta} \right)$

3. $f = \dfrac{1}{T} = \dfrac{1}{2RC}\ell n \left(\dfrac{1-\beta}{1+\beta} \right)$

---

23. For the 555 timer circuit shown below, by applying a trigger voltage V_t as shown, please sketch the waveforms of V_o and V_x with respect to V_t. You should mark clearly the voltage levels and timing information on your polts. What is the name of this circuit？（題型：555計時器的方波產生器）

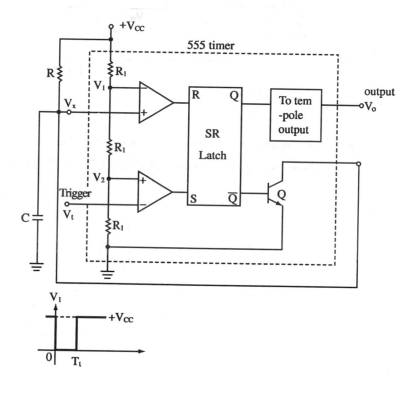

解☞：詳見〔考型250〕

此爲555計時器無穩態方波產生器

---

24. A CMOS logic circuit shown in Figure is an astable multivibrator with the power levels V_{DD} and $0V$.

(1) Draw the waveforms of V_{o1}, V_{o2} and V_{i1} and align these three waveforms in grids.

(2) Let T_1 be the time period when V_{o1} is low and T_2 be the time period when V_{o1} is high. Use a simple way to construct the formulas of T_1 and T_2. （題型：CMOS 方波產生器）

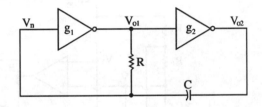

【 成大電機所 】【 交大控制所 】

解☞：詳見〔考型249〕

$$T_1 = T_H = RC\ell n \left(\frac{V_{DD}}{V_T} \right)$$

$$T_2 = T_L = RC\ell n \left(\frac{V_{DD}}{V_{DD} - V_T} \right)$$

---

25. For the NOR – gate astable multivibrator shown in Fig. derive the voltage V_x and the oscillation frequency f_o. （題型：OPACMOS 的方波產生器）

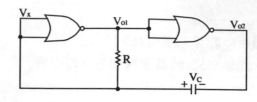

【 成大電機所 】

解☞：詳見〔 考型249 〕

26. An astable multivibrator circuit is shown in Fig. Explain its operation and determine the frequency of the output V_0 . （ 題型：555計時器的方波產生器 ）

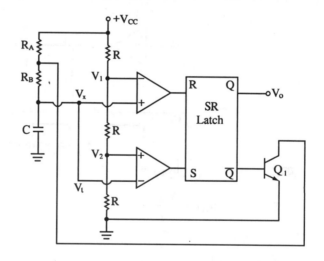

【 成大工科所 】

解☞：詳見〔 考型250 〕

§15-3〔題型八十八〕：三角波產生器

考型251 **OPA 的三角波產生器**

一、電路

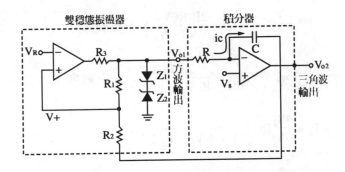

二、V_{O1} 及 V_{02} 的輸出波形

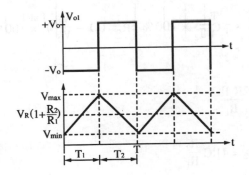

三、公式整理

1. $V_{max} = V_R \left(1 + \dfrac{R_2}{R_1} \right) + V_0 \dfrac{R_2}{R_1}$

2. $V_{min} = V_R \left(1 + \dfrac{R_2}{R_1} \right) - V_0 \dfrac{R_2}{R_1}$

3.擺幅 V_{swing} 為

$$V_{swing} = V_{max} - V_{min} = \frac{2R_2}{R_1}V_0$$

4.直流位準（平均值）V_{ave} 為

$$V_{ave} = \frac{V_{max} + V_{min}}{2} = \frac{R_1 + R_2}{R_1}V_R$$

5.$T_2 = \dfrac{V_{max} - V_{min}}{(V_0 - V_S)/RC} = \dfrac{2R_2RCV_0}{R_1(V_0 - V_S)}$ （負斜率）

6.$T_1 = \dfrac{V_{max} - V_{min}}{(-V_0 - V_S)/RC} = \dfrac{2R_2RCV_0}{R_1(V_0 + V_S)}$ （正斜率）

7.$T = T_1 + T_2 = \dfrac{4R_2}{R_1}RC\left[\dfrac{1}{1 - (V_S/V_0)^2}\right]$

8.$f = \dfrac{1}{T_1 + T_2} = \dfrac{R_1}{4R_2RC}\left[1 - \left(\dfrac{V_S}{V_0}\right)^2\right]$

9.工作週期 $D = \dfrac{T_1}{T_1 + T_2} \times 100\% = \dfrac{1}{2}\left(1 - \dfrac{V_S}{V_0}\right) \times 100\%$

10.當 $V_S = 0$ 時，

(1)$T_1 = T_2 = \dfrac{2R_2RC}{R_1}$

(2)$T = T_1 + T_2 = 4RC\dfrac{R_2}{R_1}$

(3)$f = \dfrac{R_1}{4R_2RC}$

(4)$D = 50\%$

11.V_R 的作用——「控制三角波的直流位準」。

12. V_S 的作用——「控制三角波的上升及下降時間」。

13. V_{O1}為方波輸出。

14. V_{O2}為三角波輸出。

考型252 壓控振盪器

一、電路〔又稱：電壓至頻率轉換器（VCO）〕

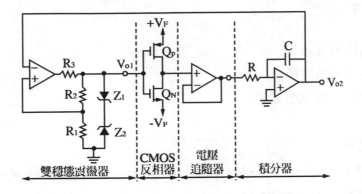

二、輸出波形

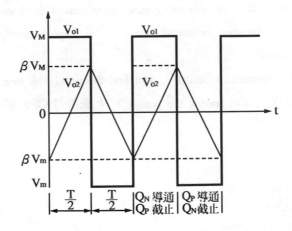

三、公式整理

1. $\beta\,(\,V_M - V_m\,) = \dfrac{V_F}{R_C} \cdot \dfrac{T}{2}$

2. $\because V_M = V_D + V_Z = -V_m$

3. $\therefore \dfrac{V_F}{R_C} \cdot \dfrac{T}{2} = 2\beta V_M = 2\dfrac{R_1}{R_1 + R_2} V_M$

4. 故 $T = \dfrac{4R_1 R_C}{R_1 + R_2} \left(\dfrac{V_M}{V_F}\right)$

5. V_{O1} 爲方波輸出

6. V_{O2} 爲三角波輸出

7. 調變 V_F 可改變頻率

歷屆試題

27. A typical non – sinusoidal voltage – wave generator，using two ideal OP – AMPs，is shown in Fig.

(1) Assuming that the $0.05 - \mu F$ capacitor is initially uscharged so that V_{o2} $= 0$ at $t = 0$，show the approximate waveforms of the output voltages V_{o1} & V_{o2} to the same horizontal time – scale．Explain briefly the operation principles．

(2) Work a quantitative analysis，and find the positive & negative peak values of V_{o2}，also specify the period T．（題型：OPA 的三角波產生器）

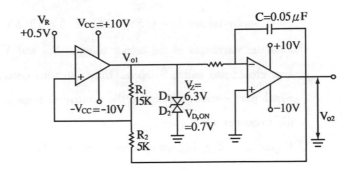

V_R = the reference voltage

Zener diodes D_1 & D_2 are identical

【 台大電機所 】

解☞ :

(1)

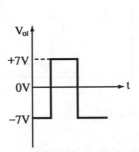

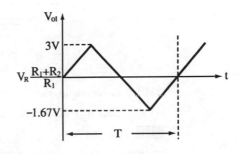

$(2) V_{max} = \left(1 + \dfrac{R_2}{R_1} \right) V_R + \dfrac{R_2}{R_1} V_o = 3V$

$V_{min} = \left(1 + \dfrac{R_2}{R_1} \right) V_R - \dfrac{R_2}{R_1} V_o = -1.67V$

$T = \dfrac{4CR_2R}{R_1} = \dfrac{(4)(0.05\mu)(5K)(10K)}{15K} = 0.667 \text{msec}$

28. The triangle – wave generator shown in Fig. consists of two identical operational amplifiers, whose saturation output voltage can be expressed as

V_{sat} = (suppy voltage) $- 1.5V = 15 - 1.5 = 13.5V$.

(1) Find the waveforms of the output voltages V_{o1} and V_{o2}, if switch S_1 is kept closed and switch S_2 open. Draw the waveforms on the same horizontal time – scale. Determine the positive & negative peak values, and the frequency for V_{o2}.

(2) Repeat (1), if S_1 is kept open while S_2 closed.

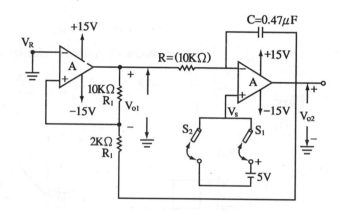

【台大電機所】

簡譯

下圖三角波產生器的運算放大器電壓限制在 $\pm 13.5V$，

(1) 若（ S_1 ）close，（ S_2 ）open，試求 V_{o1} 和 V_{o2} 之輸出波形，並決定 V_{o2} 之頻率及正負峰值。

(2) 若（ S_1 ）open，（ S_2 ）close，重覆(1)。

解 ☞ :

①在 $0 \le t \le T_1$ 內，設 $V_{o1} = - V_{sat} = - 13.5V$，此時 V_{o2} 亦上升，而 V_+ 隨之上升至 $V_+ = V_R$ 時，$V_{o2} = V_{max}$，即

$$V_+ = \frac{R_1 V_{o2} + R_2 V_{o1}}{R_1 + R_2}$$

$$V_R = \frac{R_1 V_{max} - R_2 V_{sat}}{R_1 + R_2}$$

②在 $T_1 \le t \le T_2$ 內,同理,設 $V_{o1} = + V_{o,sat} = 13.5V$,此時 V_{o2} 開始下降,而 V_- 亦隨之下降,至 $V_+ = V_R$ 時,$V_{o2} = V_{min}$,即

$$V_R = \frac{R_1 V_{min} + R_2 V_{sat}}{R_1 + R_2}$$

(1)S_1:close,S_2:open $\rightarrow V_s = 0V$

$$V_{max} = \left(1 + \frac{R_2}{R_1} \right) V_R + \frac{R_2}{R_1} V_{sat} = 2.7V$$

$$V_{min} = \left(1 + \frac{R_2}{R_1} \right) V_R - \frac{R_2}{R_1} V_{sat} = -2.7V$$

$$T_1 = \frac{2CRR_2 V_{sat}}{R_1(V_{sat} + V_s)} = \frac{(2)(0.47\mu)(10K)(2K)}{10K} = 1.88 \text{msec}$$

$$T_2 = \frac{2CRR_2 V_{sat}}{R_1 \left(V_{sat} - V_s \right)} = 1.88 \text{msec}$$

$$\therefore T = T_1 + T_2 = 3.76 \text{msec}$$

$$f = \frac{1}{T} = \frac{1}{3.76m} = 266 \text{Hz}$$

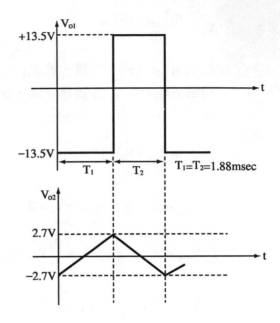

$(2) S_1$：open，S_2：close$\rightarrow V_s = 5V$

$$\begin{cases} V_{max} = 2.7V \\ V_{min} = -2.7V \end{cases}$$

$$T_1 = \frac{2CRR_2 V_{sat}}{R_1(V_{sat} + V_s)} = \frac{(2)(0.47\mu)(10K)(2K)(13.5)}{(10K)(13.5+5)}$$

$$= 1.37 \, msec$$

$$T_2 = \frac{2CRR_2 V_{sat}}{R_1(V_{sat} - V_s)} = \frac{(2)(0.47\mu)(10K)(2K)(13.5)}{(10K)(13.5-5)}$$

$$= 2.99 \, msec$$

$$\therefore T = T_1 + T_2 = 4.36 \, msec$$

故 $f = \dfrac{1}{T} = \dfrac{1}{4.36m} = 230Hz$

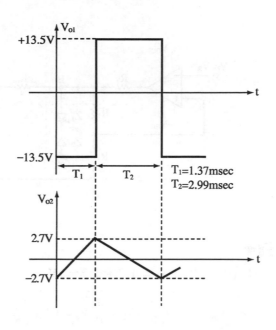

+13.5V

−13.5V

T_1 T_2 T_1=1.37msec
T_2=2.99msec

V_{o2}

2.7V

−2.7V

---

29. Consider the circuit shown below. Assume that the OP − AMPs are ideal.
$V_{CC} = V_{EE} = 15V$. The breakdown voltage of the Zener diodes Z_1, Z_2 is
6.3 V. Turn on voltage of the diode is 0.7V.

(1) Let $V_R = 6V$, $V_s = 0V$, $R_o = 10k\Omega$, $R_1 = R_2 = 5k\Omega$, $R_3 = 1k\Omega$, and
$C = 1\mu F$.

① What are the minimum and maximum voltage values of V_o (t) ?

② What is the frequency of V_o (t) ?

③ Draw the waveform of V_o (t) ?

(2) If $V_s = 3V$, determine the frequency of V_o (t) and draw its waveform
precisely. (題型：OPA 的三角波產生器)

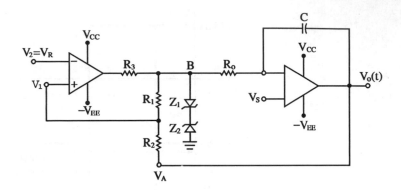

【 交大控制所 】

 解☞ :

(1)① $V_o = V_D + V_Z = 6.3 + 0.7 = 7V$

$$V_{max} = (1 + \frac{R_2}{R_1})V_R + \frac{R_2}{R_1}V_o = (1 + \frac{5K}{5K})(6) + (\frac{5k}{5k})(7) = 19V$$

$$V_{min} = (1 + \frac{R_2}{R_1})V_R - \frac{R_2}{R_1}V_o = (1 + \frac{5K}{5K})(6) - (\frac{5k}{5k})(7) = 5V$$

② $T_1 = \dfrac{2R_2R_oCV_o}{R_1(V_o + V_s)}$ ， $T_2 = \dfrac{2R_2R_oCV_o}{R_1(V_o - V_s)}$

$$\therefore T = T_1 + T_2 = \frac{4R_2R_oCV_o}{R_1(V_o - V_s)} = \frac{4R_2R_oC}{R_1} = \frac{(4)(5K)(10K)(1\mu)}{5K}$$

$$= 40\,msec$$

故 $f = \dfrac{1}{T} = \dfrac{1}{40m} = 25\,Hz$

③

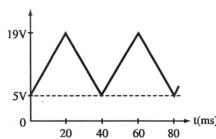

(2)同法 $V_o = V_D + V_Z = 7V$

$$V_{max} = \left(1 + \frac{R_2}{R_1} \right) V_R + \frac{R_2}{R_1} V_o = 19V$$

$$V_{min} = \left(1 + \frac{R_2}{R_1} \right) V_R - \frac{R_2}{R_1} V_o = 5V$$

$$T_1 = \frac{2R_2 R_o C V_o}{R_1(V_o + V_s)} = \frac{(2)(5K)(10K)(1\mu)(7)}{5K(7+3)} = 14\,\text{msec}$$

$$T_2 = \frac{2R_2 R_o C V_o}{R_1(V_o - V_s)} = \frac{(2)(5K)(10K)(1\mu)(7)}{5K(7-3)} = 35\,\text{msec}$$

$$T = T_1 + T_2 = 14m + 35m = 49\,\text{msec}$$

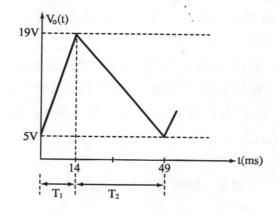

30. 試求(1)頻率(2)工作週期。已知 $RC = 2.5 \times 10^{-4}\,\text{sec}$，

$|V_{o1}| = 2V$，$R_1 / R_2 = 4 / 3$。（題型：OPA 的三角波產生器）

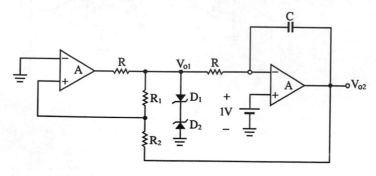

解☞ :

(1)$f = \dfrac{R_1}{4R_2RC}\big[1 - (\dfrac{V_s}{V_o})^2\big] = \big[\dfrac{4}{(4)(2.5\times 10^{-4})(3)}\big]\big[1 - (\dfrac{1}{2})^2\big]$

$= 1\,\text{kHz}$

(2)$D = \dfrac{T_1}{T} = \dfrac{1}{2}\left(1 - \dfrac{V_s}{V_o}\right) = \dfrac{1}{2}\left(1 - \dfrac{1}{2}\right) = \dfrac{1}{4}$

31.如圖電路，包含由理想運算放大器所組成之一積分器與一比較器。當輸入端施加一定值之正電壓 V_I（其值小於接於輸出端之曾納二極體之崩潰電壓 V_Z），則輸出電壓 V_o 之波形為介於 $\pm V_Z$ 之方波，如圖所示。亦：

(1)A 點之波形 V_A 將介於那兩個電壓值之間變化？

(2)B 點之波形 V_B 將介於那兩個電壓值之間變化？

(3)輸出 $V_o = +V_Z$ 之期間為 T_1，$V_o = -V_Z$ 之期間為 T_2，求 $T_2／T_1$ 比值。

(4)V_o 對時間之平均值〈 V_o 〉＝？此值在 $V_I = 0$ 及 $V_I = V_Z$ 時各為多大？（題型：OPA 的三角波產生器）

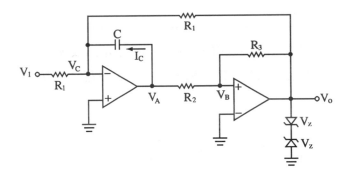

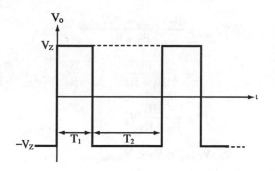

【高考】

解 ☞ :

(1) 用重疊法求 V_B

$$V_B = \frac{R_3 V_A + R_2 V_o}{R_2 + R_3} = 0$$

$$\therefore V_A = -\frac{R_2}{R_3} V_o$$

① 當 $V_o = -V_Z$，則 $V_{tH} = V_{A,max} = \frac{R_2}{R_3} V_Z$

② 當 $V_o = V_Z$，則 $V_{tL} = V_{A,min} = -\frac{R_2}{R_3} V_Z$

即 $V_{tH} < V_A < V_{tL}$

(2) $\because V_B = \frac{R_3 V_A + R_2 V_o}{R_2 + R_3}$

故

① $V_{B,max} = \frac{R_3 V_{A,max} + R_2 V_{o,max}}{R_2 + R_3} = \left(\frac{R_3}{R_2 + R_3}\right)\left(\frac{R_2}{R_3}\right)V_Z + \left(\frac{R_2}{R_2 + R_3}\right)V_Z$

$$= \frac{2R_2}{R_2 + R_3} V_Z$$

②$V_{B,min} = \dfrac{R_3 V_{A,min} + R_2 V_{o,min}}{R_2 + R_3}$

$$= \left(\dfrac{R_3}{R_2 + R_3} \right) \left(-\dfrac{R_2}{R_3} \right) V_Z + \left(\dfrac{R_2}{R_2 + R_3} \right) \left(-V_Z \right)$$

$$= \dfrac{-2R_2}{R_2 + R_3} V_Z$$

即 $V_{B,min} < V_B < V_{B,max}$

(3)用節點法分析知

$$\left(\dfrac{1}{R_1} + \dfrac{1}{R_1} \right) V_C - \dfrac{V_I}{R_1} - \dfrac{V_o}{R_1} = I_C \cdots\cdots ①$$

$V_C = 0 \cdots\cdots ②$

由聯立方程式①，②知

$$I_C = -\dfrac{V_I}{R_1} - \dfrac{V_o}{R_1} = C \dfrac{d(V_A - V_C)}{dt} = C \dfrac{dV_A}{dt} = C \dfrac{\triangle V_A}{\triangle t}$$

由下圖波形分析知

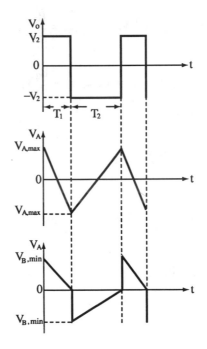

①在 $0 \leq t \leq T_1$ 時，

$$C \frac{\triangle V_A}{\triangle t} = C \frac{V_{A,min} - V_{A,max}}{T_1} = (\frac{-C}{T_1})(\frac{2R_2}{R_3}V_Z) = -\frac{V_I}{R_1} - \frac{V_Z}{R_1}$$

$$\therefore T_1 = (2C\frac{R_1R_2}{R_3})(\frac{V_Z}{V_Z + V_I})$$

②在 $T_1 \leq t \leq T_2$ 時，

$$C \frac{\triangle V_A}{\triangle t} = C \frac{V_{A,max} - V_{A,min}}{T_2} = (\frac{C}{T_2})(\frac{2R_2}{R_3}V_Z) = -\frac{V_I}{R_1} + \frac{V_Z}{R_1}$$

$$\therefore T_2 = (2C\frac{R_1R_2}{R_3})(\frac{V_Z}{V_Z - V_I})$$

故

$$\frac{T_2}{T_1} = \frac{V_Z + V_I}{V_Z - V_I}$$

(4) $\because \langle V_o \rangle = \frac{V_Z T_1 - V_Z T_2}{T_1 + T_2} = V_Z \frac{(1 - \frac{T_2}{T_1})}{(1 + \frac{T_2}{T_1})} = -V_I$

故

①當 $V_I = 0$ 時，$\langle V_o \rangle = 0$

②當 $V_I = V_Z$ 時，$\langle V_o \rangle = -V_Z$

---

§15−4〔題型八十九〕：脈波產生器及鋸齒波產生器

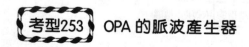

考型253 OPA 的脈波產生器

一、觀念

脈波產生器的特性是:「電路一直維持在穩定狀態,直到觸發訊號
進來後,才會轉態,經過一段時間 T 後,又回到穩定狀態」,因此
又稱為單擊電路(one－shot)或單穩態振盪器。

二、OPA 的脈波產生器

1.單穩態電路

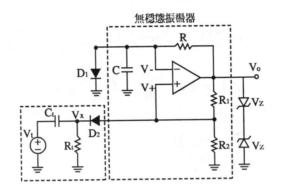

(1)$C_t R_t$ 為微分電路

(2)$R_t \gg R_2$

(3)D_1 為定位器

2.各點波形

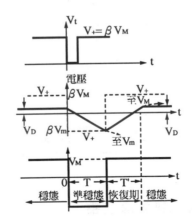

3. 公式整理

(1) $V_C(t) = V_M - (V_M - V_D) e^{-t/RC}$

(2) 準穩態 $T = RC \ln \dfrac{1 + \dfrac{V_D}{V_M}}{1 - \beta} \approx RC \ln \left[\dfrac{1}{1 - \beta} \right]$

(3) 恢復時間 $T' = RC \ln \dfrac{1 + \beta}{1 - \dfrac{V_D}{V_M}}$

(4) 輸入兩脈衝間之最短時間差為 $T + T'$

(5) 其中 $V_O = V_Z + V_D$，$\beta = \dfrac{R_2}{R_1 + R_2}$，$V_M = + V_{sat}$

4. 工作說明

(1) 由電路知，$\beta = \dfrac{R_2}{R_1 + R_2}$，設 $\beta V_M > V_D$，（V_D 為二極體導通電壓）

(2) 在電路穩態時，$V_O = V_M$，此時 D_1：ON，所以 $V_C = V_{D1}$

(3) 當 V_t 負脈波輸入時，則（$V_- = V_D$）$> V_+$，故 $V_O = V_m$

(4) 此時 V_m 對 C 充電，直至 $V_C = \beta V_m$ 時，$V_O = V_M$，故 D_1：ON，$V_C = V_D$

(5) 其中 $V_M \approx + V_{sat}$，$V_m = - V_{sat}$

考型254 BJT 的脈波產生器

一、單穩態電路—

1. 電路

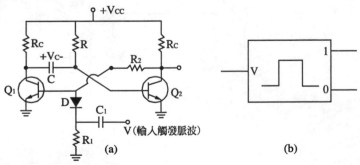

(a)　　　　　　　　　　(b)

2.工作流程

　(1)穩態時：Q_2：ON，Q_1：OFF，$V_0 = V_{CE(ON)}$

　　　充電路徑：①$V_{CC} \rightarrow R_C \rightarrow C \rightarrow Q_2$

　　　　　　　　②$V_C = V_{CC} - V_{BE(sat)}$

　(2)觸發狀態：D：ON，Q_2：OFF，$Q_1 = sat$（ON）

　　　　　　　$V_0 = V(1)$

　　　　　　　$V_{B2} = -V_C + V_{CE1} = V_{CE(sat)} - V_{CC} + V_{BE(sat)}$

　(3)觸發後

　　　反向充電：①$V_{CC} \rightarrow R \rightarrow C \rightarrow Q_1 \Rightarrow V_{B2} \uparrow$，

　　　　　　　　②$V_{B2} = V_{BE(sat)} \Rightarrow Q_2$：sat

　　　此時電路回至穩態。

3.公式整理

　　　脈波寬度 $T = RC \ln \dfrac{2V_{CC} - V_{BE(sat)} - V_{CE(sat)}}{V_{CC} - V_{BE(sat)}}$

二、單穩態電路二

　1.電路

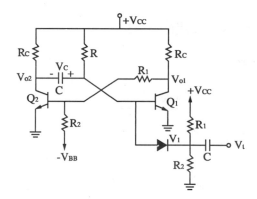

2. 各點波形

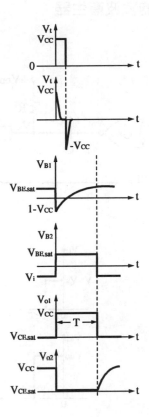

3. 公式整理

$$(1)\, V_1 = V_{CE1,\,sat}\frac{R_2}{R_1 + R_2} - V_{BB}\frac{R_1}{R_1 + R_2}$$

$$(2)\, T = RC\, \ln\frac{2V_{CC} - 1}{V_{CC} - V_t} \approx RC\, \ln 2$$

考型255 CMOS 的脈波產生器

一、單穩態電路

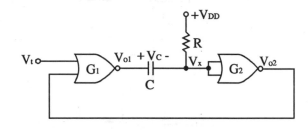

二、波形

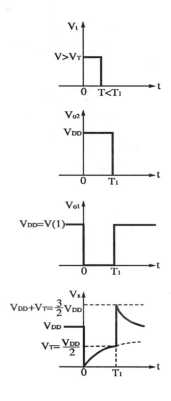

三、公式整理

求脈寬（T）

$$V_C(T_1) = V_t = V_{DD} - (V_{DD} - 0)e^{-T_1/RC}$$

$$\Rightarrow T_1 = RC \ln \frac{V_{DD}}{V_{DD} - V_t}$$

(1) $V_t = \frac{1}{2}V_{DD}$ 時，$T_1 = RC \ln 2$

(2) $V_t = \frac{2}{3}V_{DD}$ 時，$T_1 = RC \ln 3$

考型256 555計時器的脈波產生器

一、單穩態電路

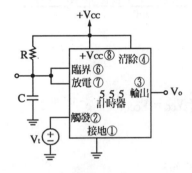

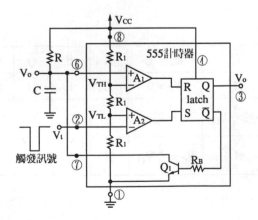

二、波形

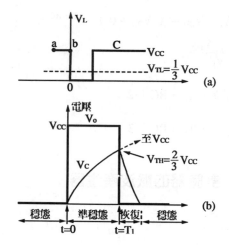

(a)

(b)

三、公式整理

因爲

$$V_C（T）= V_{tH} = \frac{2}{3} V_{CC} = V_{CC}（1 - e^{-T/RC}）$$

所以

脈波的脈寬 $T = RC \ln 3$

四、工作過程

觸發訊號	V_t	電容 C	R	S	$\overline{Q}$	Q_1	V_0
a 點	H	$V_C = 0$	L	L	H	ON	L
b 點	小於$\frac{1}{3}V_{CC}$	充電	L	H	L	OFF	H
c 點	H	$V_C = \frac{2}{3}V_{CC}$	H	L	H	ON	L

電容式的鋸齒波產生器

基本電路

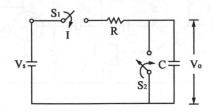

 電晶體的鋸齒波產生器

一、基本電路

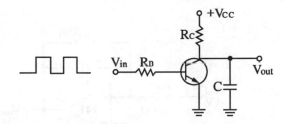

二、輸出及輸入波形

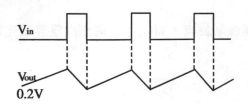

三、實際電路

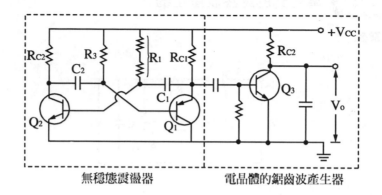

無穩態震盪器   電晶體的鋸齒波產生器

考型259 密勒積分式的鋸齒波產生器

一、基本電路

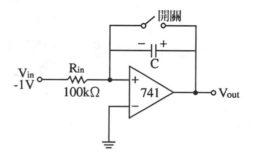

欲得一個線性鋸齒波,需使用定電流向電容器充電。

二、實際電路

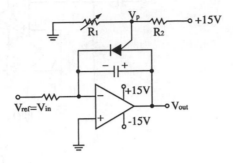

利用 PUT 取代手控開關

歷屆試題

32. As shown in Fig. A is an ideal OP AMP with positive and negative output saturation voltages, V and $-V$, respectively.

(1) When $V_s = 0$ for a long time, what is the (steady state) value of V_A and V_o? ($0 < V_R < V$)

(2) At $t = 0$, a positive, short duration pulse with amplitude greater than V_R as shown in Fig. (3) is applied at S. A pulse can then be generated at the output. Plot the waveform of V_o (t) and V_A (t) for ($0 \leq t < \infty$), assuming $R_1 C_1 = \ll t_1 \ll RC$.

(3) Find the duration T of the output pulse in terms of R, C, V and V_R.

（題型：OPA 的脈波產生器）

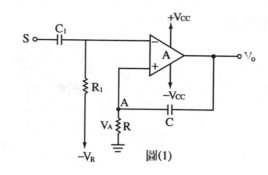

圖(1)

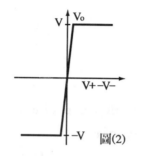

圖(2)

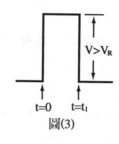

圖(3)

簡譯

理想 OPA，其正、負飽和值為 + V 和 − V，

(1)在 $V_s = 0$ 經過一段很長的時間後，求 V_A 和 V_o 的穩定值（ $0 < V_R < V$ ）。

(2)在 $t = 0$ 時，將一個振幅大於 V_R 的脈衝〔如圖(3)〕加於 S 端，請繪出 $V_o(t)$ 及 $V_A(t)$ 的波形圖。（假設 $R_1 C_1 < t_1 < RC$ ）

(3)求週期 T 以 R，C，V 和 V_R 來表示。

解☞ :

(1)在穩定狀態時，

$V_+ = 0$，$V_- = -V_R \rightarrow V_+ > V_-$ 故 $V_o = + V$

(2)

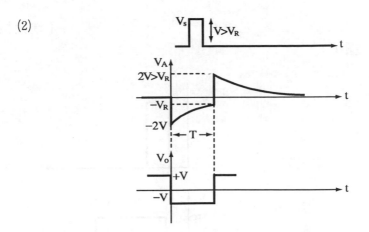

(3) $V_A(t) = V_A(\infty) - [V_A(\infty) - V_A(o)]e^{-t/RC}$

$= 0 - [0 - (-2)]e^{-t/RC} = -2e^{-t/RC}$

在 $t = T$ 時，$V_A(T) = -V_R$

$\therefore V_A(T) = -2e^{-\frac{T}{RC}} = -V_R$

故 $T = RC\ln\left(\dfrac{2V}{V_R}\right)$

---

33. CMOS 反相器，其 $V_{T+} = \dfrac{2V_{DD}}{3}$，$V_{T-} = \dfrac{V_{DD}}{3}$，①繪出當 V_{in} 輸入觸發訊號時，V_{o1}，V_x，V_{o2} 之相對應的波形。（各閘之輸入端視為阻抗無限大）。②並計算其輸出之脈波寬度。（**題型：CMOS 的脈波產生器**）

解☞ :

(1)

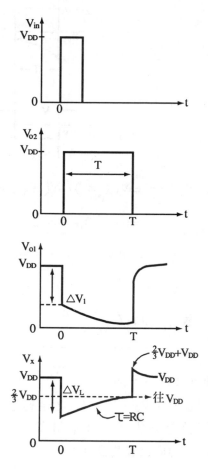

(2) $T = RC\ln\dfrac{V_{DD}}{V_{DD}-V_T} = RC\ln\dfrac{V_{DD}}{V_{DD}-\dfrac{2}{3}V_{DD}} = RC\ln 3$

34. 有一電路如圖所示，若 $R_2 = 3R_1$，$V_{D1} = V_{D2} = 0.7V$，$R_3 C_1 = 100$msec，$R_4 \gg R_1$，$C_2 R_4 \ll R_3 C_1$

(1)試繪出 V_A，V_B，V_C，及 V_D 之工作電壓波形，並標上電壓數據。

(2)此為什麼電路？並求其工作週期 T 值。（**題型：OPA 的脈波產生器**）

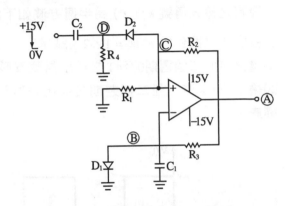

（$R_2 = 3R_1$，$V_{D1} = V_{D2} = 0.7V$，$R_3 C_1 = 100$msec，$R_4 \gg R_1$，$C_2 R_4 \ll R_3 C_1$）

【工技電子所】

解☞：

(1)詳見〔考型253〕

(2)此為單穩態振盪器，可產生脈波。

其工作週期 T：

$$T \approx R_3 C_1 \ln \left(\frac{1}{1 - \beta} \right) = (100m) \ln \left(\frac{1}{1 - 0.25} \right) = 28.77\text{ms}$$

其中

$$\beta = \frac{R_1}{R_1 + R_3} = \frac{R_1}{R_1 + 3R_1} = \frac{1}{4} = 0.25$$

35.(1)試求脈衝響應

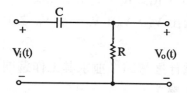

設圖之輸入信號 V_i（t）為半週方波如下圖所示。若 RC 值與脈波寬 T 之關係為 $e^{-\frac{T}{RC}} = 1 / 2$，試求

(2)繪出前面二個週期0至4T 之輸出信號波形 V_o（t）。

(3)繪出 t→∞ 時，任二個週期之輸出信號波形。（題型：脈衝響應）

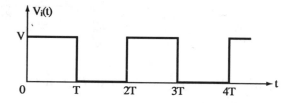

解☞：

(1)∵ V_o（S）$= \dfrac{R}{R + \dfrac{1}{SC}} V_I$（S）$= \dfrac{SCR}{1 + SCR} V_I$（S）

$= \left[1 - \dfrac{\dfrac{1}{RC}}{S + \dfrac{1}{RC}} \right] V_I$（S）

脈衝輸入時 $V_I(S) = 1$

$$\therefore V_o(S) = 1 - \frac{\dfrac{1}{RC}}{S + \dfrac{1}{RC}}$$

故 $V_o(t) = L^{-1}[V_o(S)] = \delta(t) - \dfrac{1}{RC}e^{-t/RC}$

(2)

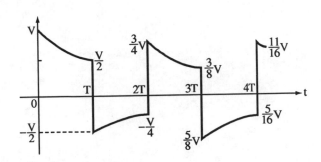

(3) $(V_{t\to\infty} \times \dfrac{1}{2} - V) \times \dfrac{1}{2} + V = V_{t\to\infty}$

$\Rightarrow V_{t\to\infty} = \dfrac{2}{3}V$

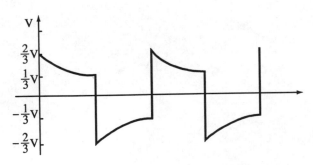

CH16 BJT 數位邏輯電路
(BJT：Digital Logic Circuit)

§16-1〔題型九十〕：
數位邏輯的基本概念及設計

考型260 數位邏輯基本概念

一、邏輯族的種類

1. BJT邏輯族
   - (1)RTL：電阻－電晶體邏輯（Resistor–Transistor Logic）
   - (2)DTL：二極體－電晶體邏輯（Diode–Transistor Logic）
   - (3)TTL：電晶體－電晶體邏輯（Transistor–Transistor Logic）
   - (4)ECL：射極耦合邏輯（Emitter–Coupled Logic）
   - (5)I^2L：積體注入邏輯（Integrated–Injection Logic）
   - (6)ISL：積體蕭特基邏輯（Integrated Schottky Logic）
   - (7)STL：蕭特基電晶體邏輯（Schottky Transistor Logic）
   - (8)CML：電流模式邏輯（Current–Mode Logic）

2. MOS邏輯族
   - (1)NMOS
   - (2)PMOS
   - (3)CMOS
   - (4)HCMOS

3. 砷化鎵邏輯族
   - (1)DCFL：直接耦合場效體邏輯（Direct–Couple FET Logic）
   - (2)FL：場效體邏輯（FET Logic）
   - (3)SDFL：蕭特基二極體場效體邏輯
   - (4)BFL：緩衝式場效體邏輯

二、MOS 邏輯族與 BJT 邏輯族的特性比較

〈表1〉

	BJT	MOS
輸入電阻	較小	極大
增益頻寬積（GB）	較大	較小
操作速度	較快	較慢
輸出準位 V（0）	V（0）$\neq$0	CMOS 的 V（0）＝0
推動能力	較大	較小
功率消耗	較大	CMOS 較省電

三、BJT 邏輯族特性比較

〈表2〉

	飽和邏輯族	非飽和邏輯族
邏輯族元件	RTL, DTL, TTL	ECL, STTL
高位階 V（1）	在截止區	在截止區
低位階 V（0）	在飽和區	在主動區
雜訊邊界（NM）	較大	較小
功率損失	較小	較大
速度	較慢	較快

四、MOS 邏輯族特性比較

〈表3〉

PMOS	NMOS	CMOS	BiCMOS
速度較慢	1.優點：元件密度高 2.缺點：耗電 3.主要以空乏型負載為主	1.優點： ①振幅大 ②省電（$1\mu W$ 以下） 2.是目前 VLSI 的主要元件。	1.兼俱 CMOS 的省電特性及振幅大 2.亦俱 BJT 的大推動力及速度快 3.速度較 CMOS 快，但較 CMOS 耗電。

MOS 邏輯族的工作特性分類

1. 比例型：輸出電壓 V_O 與 MOS 的通道電阻有關者。一般 NMOS 邏輯族皆為此型。

2. 非比例型：輸出電壓 V_O 與 MOS 的通道電阻無關者。一般 CMOS 邏輯族皆為此型。

五、積體電路等級

〈 表4 〉

類別	簡稱	閘個數	功能
小型積體電路 （ SSI ）	Small – Scale Integrated	10個閘以下	基本閘
中型積體電路 （ MSI ）	Medium Scale Integrated	10～100個閘	多工器
大型積體電路 （ LSI ）	Large Scale Integrated	100～1000個閘	小型微處理器
超大型積體電路 （ VLSI ）	Very Large Scale Integrated	1000個閘以上	大型微處理器

六、各類 BJT 邏輯族比較

〈 表5 〉

類　別	適　用　目　的
TTL	具各種不同型的數位電路 耗電 電路複雜
ECL	適用於需高速度的電路
MOS	適用於需高密度的電路
CMOS	適用於需耗電低的電路
I^2L	適用於需高密度的電路

七、綜論比較

〈表6〉

參數 \ 邏輯	RTL	DTL	HTL	TTL	ECL	MOS	CMOS
基本閘	NOR	NAND	NAND	NAND	OR 或 NOR	NAND	NOR，或 NAND
扇出	（最小）5	8	10	10	25	20	＞50（最大）
扇出數	高	頗高	正常	甚高	高	低	低
每閘功率的散逸（單位：mW）	12	8 – 12	55	12 – 22	40 – 55	0.2 – 10	靜態時為0.01，1MHz 時，為1
雜訊	正常	好	極好	甚好	好	正常	甚好
每閘的傳送延遲（單位：nS）	12	30	90	12 – 6	4 – 1（最快）	300（最慢）	70
頻率（單位：MHz）	8	12 – 30		15 – 60	60 – 400	2	5

八、TTL 系列

〈表7〉

代號	代表意義	扇出	功率消耗（mW）	傳遞延遲（ns）	延遲 – 功率乘積（pJ）
74	標準74系列	10	10	9	90
74L	L 代表：低功率74系列	20	1	33	33
74H	H 代表：高速率74系列	10	22	6	132
74S	S 代表：蕭特基74系列	10	19	3	57
74LS	LS 代表：低功率蕭特基74系列	20	2	9.5	19
74AS	AS 代表：高級蕭特基74系列	40	10	1.5	15
74ALS	ALS 代表：高級低功率蕭特基74系列	20	1	4	4

考型261 基本邏輯閘及布林函數

一、基本邏輯閘

1.緩衝器（BUFFER）

(1)符號

(2)眞值表

A	Y
0	0
1	1

(3)輸出函數

$$Y = A$$

2.反相器（NOT GATE OR INVERTOR）

(1)符號

(2)眞值表

A	Y
0	1
1	0

(3)輸出函數

$$Y = \overline{A}$$

3. 及閘（AND GATE）

(1)符號

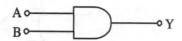

(2)眞值表

A	B	Y
0	0	0
0	1	0
1	0	0
1	1	1

(3)輸出函數

$$Y = A \cdot B$$

4. 或閘（OR GATE）

(1)符號

(2)眞值表

A	B	Y
0	0	0
0	1	1
1	0	1
1	1	1

(3)輸出函數

$$Y = A + B$$

5. 反或閘（NOR GATE）

(1)符號

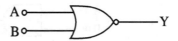

(2)眞值表

A	B	Y
0	0	1
0	1	0
1	0	0
1	1	0

(3)輸出函數

$$Y = \overline{A + B}$$

6. 反及閘（NAND GATE）

(1)符號

(2)眞值表

A	B	Y
0	0	1
0	1	1
1	0	1
1	1	0

(3)輸出函數

$$Y = \overline{A \cdot B}$$

7. 互斥或閘（Exclusive OR GATE，簡稱 XOR GATE）

(1) 符號

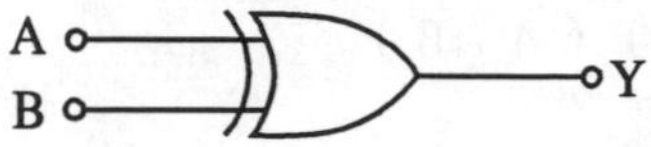

(2) 眞值表

A	B	Y
0	0	0
0	1	1
1	0	1
1	1	0

(3) 輸出函數

$$\boxed{Y = A\overline{B} + \overline{A}B}$$

$$= (\overline{A} + \overline{B})(A + B)$$

$$\boxed{\begin{array}{l} = A \oplus B \\ = A \times B \end{array}}$$

8. 互斥反或閘（Exclusive NOR GATE，簡稱 XNOR GATE）

(1) 符號

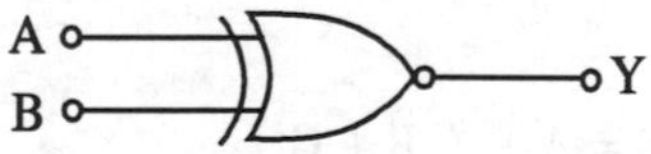

(2) 眞值表

A	B	Y
0	0	1
0	1	0
1	0	0
1	1	1

(3)輸出函數

$$\boxed{Y = \overline{A}B + A\overline{B}}$$

$$= (A + \overline{B})(\overline{A} + B)$$

$$\boxed{\begin{aligned} &= A \odot B \\ &= \overline{A \oplus B} \end{aligned}}$$

二、布林函數代數式

1. OR GATE $\begin{cases} A + 0 = A \\ A + A = A \\ A + \overline{A} = 1 \\ A + 1 = 1 \end{cases}$

2. AND GATE $\begin{cases} A0 = 0 \\ A1 = A \\ AA = A \\ A\overline{A} = 0 \end{cases}$

3. NOT $\begin{cases} A + \overline{A} = 1 \\ \overline{A}\ \overline{A} = 0 \\ A = A \end{cases}$

4. $(A + B) + C = A + (B + C)$

5. $(AB)C = A(BC)$

6. $A(B + C) = AB + AC$

7. $A + AB = A$

8. $A + \overline{A}B = A + B$

9. $(A + B)(A + C) = A + BC$

三、德摩根定理（De Morgan's Laws）

1. $\overline{ABCD\cdots} = \overline{A} + \overline{B} + \overline{C} + \overline{D} + \cdots$

2. $\overline{A + B + C + D + \cdots} = \overline{A}\,\overline{B}\,\overline{C}\,\overline{D}\cdots$

考型262 雜訊邊限（Noise Margin, NM）

一、基本觀念

1. 邏輯系統：可分正邏輯系統及負邏輯系統。本書以正邏輯系統為主。

正邏輯：高電位 = V（1），低電位 = V（0）

負邏輯：高電位 = V（0），低電位 = V（1）

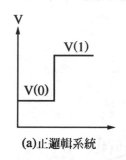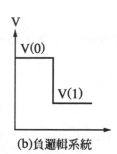

(a)正邏輯系統　　　　　(b)負邏輯系統

2. 設計邏輯電路時，因為所有的元件，均非理想性，所以需考慮

(1)雜訊邊限（Noise Margin, NM）

(2)操作速度（即傳遞延遲：propagation delay）

(3)功率損耗（power disspation）

(4)邏輯功能（即電路的實用性）

二、雜訊邊限

以反相器為例：

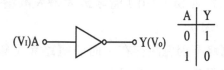

A	Y
0	1
1	0

1. 理想反相器的轉移特性曲線

(1)無傳遞延遲時間

(2)無導通電阻存在

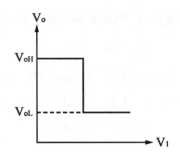

2.實際性的反相器之轉移特性曲線

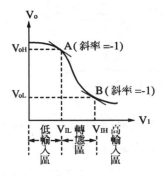

3. V_{OH} , V_{OL} , V_{IH} , V_{IL} 的定義：

(1) $V_{OH} \Rightarrow$ 輸出為邏輯 V（1）時之最小輸出電壓。

(2) $V_{IH} \Rightarrow$ 輸入為邏輯 V（1）時之最小輸入電壓。

(3) $V_{OL} \Rightarrow$ 輸出為邏輯 V（0）時之最大輸出電壓。

(4) $V_{IL} \Rightarrow$ 輸入為邏輯 V（0）時之最大輸入電壓。

4. 雜訊邊限（NM）

(1)定義：電路不因雜訊存在，而使電路產生錯誤的邏輯輸出時之
雜訊的容忍範圍。可分為：

① 高態雜訊邊限（ NM_H ）

② 低態雜訊邊限（ NM_L ）

(2)公式：

①$NM_H = V_{OH} - V_{IH}$

②$NM_L = V_{IL} - V_{OL}$

③$NM = \min\,(\ NM_H,\ NM_L\ )$

註：符號相等：

$NM_H = NM\,(\ 1\ )\ = \triangle 1$

$NM_L = NM\,(\ 0\ )\ = \triangle 0$

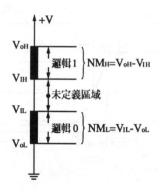

(3)多級邏輯閘正常工作的條件

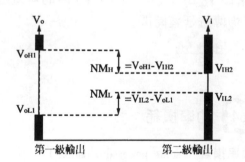

正常工作的條件：

①$V_{OL1} \leq V_{IL2}$

②$V_{OH1} \geq V_{IH2}$

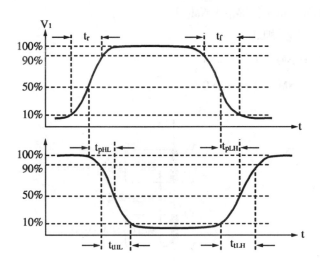

考型263 傳遞延遲（propagation delay）

以反相器爲例：

名詞解釋

1. t_{PHL}：輸出 V_0 由 V（1）→V（0）時的傳遞延遲時間。

2. t_{PLH}：輸出 V_0 由 V（0）→V（1）時的傳遞延遲時間。

3. t_{pd}：平均傳遞延遲時間

$$t_{pd} = \frac{t_{PLH} + t_{PHt}}{2}$$

考型264 功率損耗

1. **靜態功率損耗**（static power dissipation）：輸出在 V（1）或 V（0）時之功率損耗：

⑴P（0）⇒輸出在 V（0）時之功率損耗。

⑵P（1）⇒輸出在 V（1）時之功率損耗。

⑶t（0）⇒輸出在 V（0）時之時間。

(4)$t(1) \Rightarrow$ 輸出在 $V(1)$ 時之時間。

P_{ave}（平均靜態之功率損耗）$= \dfrac{P(0) \cdot t(0) + P(1) \cdot t(1)}{t(0) + t(1)}$

$$= \dfrac{P(0) + P(1)}{2}$$

一般而言：$t(0) = t(1)$

2. **動態功率損耗**（dynamic power dissipation, P_D）：

輸出由 $V(1) \rightarrow V(0)$ 之瞬間或由 $V(0) \rightarrow V(1)$ 令瞬間的功率損耗

(1)此時，猶如電容充、放電效率，即

$$W_{C充電} + W_{C放電} = C(V^+)^2$$

(2)所以計算1秒內的動態功率損耗，為

$$P_D = f \cdot CV^{+2}$$

(3)除了 CMOS 為動態損耗外，其他邏輯電路（NMOS, DTL, TTL, ECL ……）主要為靜態功率損耗。

3. **延遲 – 功率積**（Delay – Power Prodcut, DP）

$$DP = t_{pd}P_D$$

(1)DP 值可代表邏輯電路的基本特性。DP 值愈小，代表特性愈佳。

(2)但若設計延遲時間小，卻會增大功率損耗。兩者難以兼得小值。

4. **扇入**（fan in）（或扇入數）定義為邏輯閘的輸入數目。

5. **扇出**（fan out）（或扇出數）定義為邏輯閘能驅動相同邏輯閘的最大數目。

6. **循環時間**（t_{cyc}）定義為邏輯電路連續轉態兩次所需的時間。

歷屆試題

1. Consider the Schottky clamped transistor shown in Fig. Assume that $\beta_F = 10$, $V_{BE} = 0.75V$, and $V_D = 0.3V$. (1) For no load, $I_L = 0$. Find the diode cur-

rent I_D. (2) Determine the maximum load current that the transistor can sink and still remain at the edge of saturation.（題型：蕭特基電晶體的等效電路）

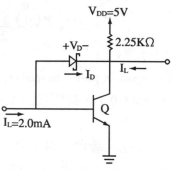

簡譯

圖中電路之 $\beta = 10$，$V_{BE} = 0.75V$，$V_D = 0.3V$，(1)求 $I_L = 0$時，電流 I_D，(2)求電晶體維持在飽和邊緣的最大負載電流。

解☞： 1.此電晶體必在主動區，所以

$$I_{in} = 2mA = I_D + I_B \cdots\cdots ①$$

$$I_C = \beta_F I_B = 10I_B = I_D + I_L + \frac{V_{CC} - V_{CE}}{2.25K}$$

$$\rightarrow 10I_B = I_D + I_L + \frac{5 - 0.45}{2.25K} = I_D + I_L + 2.02mA \cdots\cdots ②$$

其中 $V_{CE} = V_{CB} + V_{BE} = -V_D + V_{BE} = -0.3 + 0.75 = 0.45V$

2.解聯立方程式，得

$$I_D = 1.635mA - 0.09I_L$$

(1)無載時 $I_L = 0 \rightarrow I_D = 1.635mA$

(2)I_L 最大時$\rightarrow I_D = 0$ $\therefore I_{L, \, max} = 18.17mA$

2. The Schottky transistor can be represented by the following circuit,

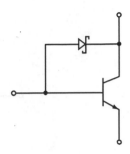

Please draw the cross – section of the transistor structure.（題型：基本觀念）

【交大電子所】

解☞：

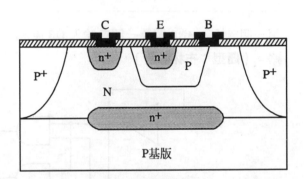

---

3. Following the above question, what is the main advantage of the Schottky transistor？（題型：基本觀念）

【交大電子所】

解☞：蕭特基電晶體不在飽和區工作，所以關閉時間極短。這是最主要的優點。

---

4. Explain briefly why Schottky transistors never work in the saturation mode.（題型：基本觀念）

【交大控制所】【交大電子所】【成大電機所】

解☞：

　　1.蕭特基等效電路：

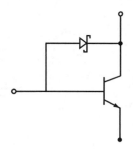

　　2.因為蕭特基二極體的順向壓降為0.5V，此電晶體 V_{BE} 來的小，
　　故使得 V_{BC} 一直維持在逆偏下，所以不會進入主動區。

5.用一個二輸入 AND 閘及一個二輸入 OR 閘和一個反相器簡化下列電
　路。（題型：布林函數）

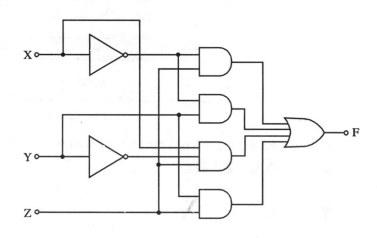

解☞：

　　1.$F = \overline{X}Y + \overline{X}Z + YZ + X\overline{Y}Z$

2.

YZ \ X	0	1
00		
01	1	1
11	1	1
10	1	

$\therefore F = Z + \overline{X}Y$

3.

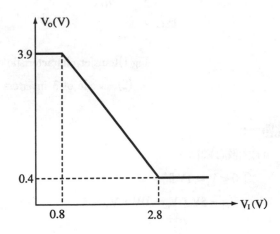

---

6. Generally, which of the following logic gates has the smallest propagation delay time ?
(A)TTL (B)ECL (C)NMOS (D)CMOS（題型：傳遞延遲比較）

解☞：(B)

【成大控制所】

---

7. Consider the transfer characteristic of an inverter shown in Fig. Find its noise margins NM_L and NM_H.（題型：雜訊邊限）

解☞ :

1. $NM_H = V_{OH} - V_{IH} = 3.9 - 2.8 = 1.1V$

2. $NM_L = V_{IL} - V_{OL} = 0.8 - 0.4 = 0.4V$

---

8. Three inverters are cascade. Each has the same transfer characteristic as given Fig.(1)

(1)Determine and sketch the transfer characteristic of the cascade.

(2)Determine the noise margin of the single and the cascaded stage. (題型 : 雜訊邊限)

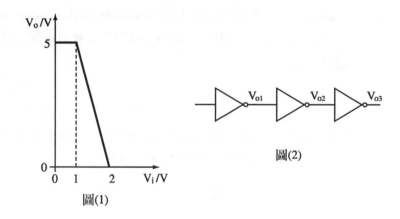

圖(1)

圖(2)

Fig(1)transfer characteristic

(2)cascade of 3 inverters

解☞ :

(1)由圖(1)知：

①$0 \le V_i \le 1V$ 時，

$V_{o1} = 5V$，$V_{o2} = 0V$，$V_{o3} = 5V$

②$V_i \geq 2V$ 時

    $V_{o1} = 0V$，$V_{o2} = 5V$，$V_{o3} = 0V$

③$1V \leq V_i \leq 2V$

    $V_{o1} = 10 - 5V_i$，令$1V \leq 10 - 5V_i \leq 2V \rightarrow 1.6V \leq V_i \leq 1.8V$

    故知 V_{o1}由2V 至1V→V_{o2}由0V 至5V，若 V_{o2}為1V 至2V 時，則
此時 $V_{o1} = 1.8V$ 至1V，所以
$1.6V \leq 10 - 5V_i \leq 1.8V \rightarrow 1.64V \leq V_i \leq 1.68V$

④轉移曲線

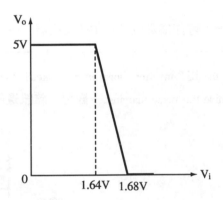

(2) 1.對單級而言

    $NM_H = V_{OH} - V_{IH} = 5 - 2 = 3V$

    $NM_L = V_{IL} - V_{OL} = 1 - 0 = 1V$

  2.對串級而言

    $NM_H = V_{OH} - V_{IH} = 5 - 1.68 = 3.32V$

    $NM_L = V_{IL} - V_{OL} = 1.64 - 0 = 1.64V$

---

9. What are the uses of a circuit which has a transfer characteristic as shown？

（題型：基本邏輯閘）

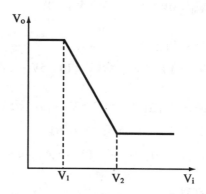

【清大電機所】

解☞：可作為數位電路中的反相器

---

10. For the BJT inverter shown in Fig. sketch the transfer characteristics and determine the noise margins. （題型：雜訊邊限）

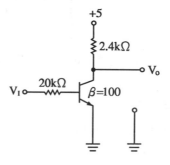

【成大電機所】

解☞： 1. $V_{OH} = V_{CC} = 5V$

$V_{OL} = V_{CE(\,sat\,)} = 0.2V$

$V_{IL} = V_{BE(\,cut-in\,)} = 0.6V$

若 Q 位於飽和區與主動區的界線時，可求 V_{3H}

$$V_{IH} = I_B\,(\,20K\,) + V_{BE\,(\,sat\,)} = (\,20\mu\,)\,(\,20K\,) + 0.8 = 1.2V$$

其中

$$I_{C\,,\,EOS} = \frac{V_{CC} - V_{CE\,(\,sat\,)}}{2.4K} = 2mA$$

$$\therefore I_{B\,,\,EOS} = \frac{I_C}{\beta} = \frac{2m}{100} = 20\mu A$$

2.$NM_H = V_{OH} - V_{IH} = 5 - 1.2 = 3.8V$

 $NM_L = V_{IL} - V_{OL} = 0.6 - 0.2 = 0.4V$

3.轉移曲線

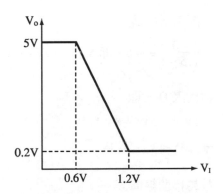

11.下圖(1)爲二個反相器串接，Q_1，Q_2的電壓增益如圖(2)，

(1)繪出 V_{il}對 V_{o2}的轉移曲線。

(2)欲使得圖(3)中，V_{il}由0激發至1，及由1激發至0所須之最小雜訊振
幅。（題型：基本觀念）

(1)

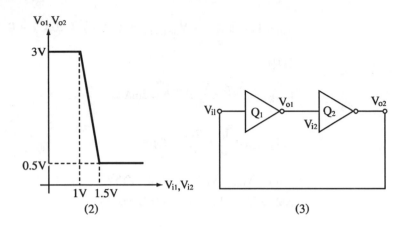

(2)

(3)

【高考】

解☞：圖(2)斜率為

(1) $-\dfrac{3-0.5}{1.5-1} = -5$，即 $V_{o1} = -5V_{i1} + 8 = V_{i2}$

再代入 Q_2，即

$-1V < -5V_{i1} + 8 < 1.5V$

$\rightarrow 1.3V \leq V_{i1} \leq 1.4V$

故轉移曲線為：

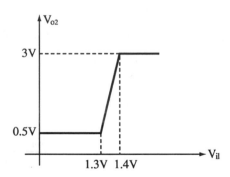

(2)由0激發至1，最小雜訊振幅為

$V_{IH} - V_{OL} = 1.4 - 0.5 = -0.9V$

由1激發至0，最小雜訊振幅為

$V_{IL} - V_{OH} = 1.3 - 3 = -1.7V$

12.下圖為射極耦合 Schmitt 電路 V_{BE}（ act ）$= 0.7V$，$V_{BE (sat)} = 0.8V$，$V_{CE (sat)} = 0.2V$，β 值極大，⑴繪出 $V_o／V_I$ 轉移曲線⑵求 V_{OH}，V_{OL}，V_{IH}，V_{IL}。（**題型：數位電路分析**）

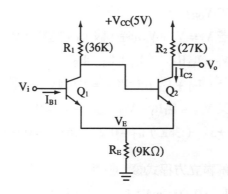

【高考】

解☞：

1.求 V_{OL}

若 $V_I \approx 0V$ 時，Q_1：OFF，設 Q_2 在飽和區

$\because I_{B1} = 0$，$I_{C1} = 0$，$I_{E1} = 0$

$\therefore V_{CC} - I_{B2}R_1 - V_{BE2 (sat)} - I_{E2}R_E = 0$

→$5 - (36K) I_{B2} - 0.8 - (I_{B2} + I_{C2}) (9K) = 0$……①

又 $V_{CC} - I_{C2}R_2 - V_{CE2 (sat)} - I_{E2}R_E = 0$

→$5 - (27K) I_{C2} - 0.2 - (I_{B2} + I_{C2}) (9K) = 0$……②

解聯立方程式①，②得

$I_{B2} = 0.07mA$，$I_{C2} = 0.116mA$

$$V_E = I_{E2}R_E = (I_{B2} + I_{C2})R_E = (0.07m + 0.116m)(9K) = 1.674V$$

$$\therefore V_{OL} = V_E + V_{CE2(sat)} = 1.674 + 0.2 = 1.874V$$

驗證：

$$\therefore \frac{I_{C2}}{I_{B2}} = \frac{0.116m}{0.07m} = 1.66 < \beta$$

故 Q_2 確在飽和區

2.求 V_{OH} 及 V_{IH}

若 $V_I = V_E + V_{BE1}$ 時，設 Q_1：飽和，Q_2：OFF，則

$$V_E = I_{E1}R_E = (I_{B1} + I_{C1})R_E$$

$$\rightarrow (I_{B1} + I_{C1})(9K) = 1.674V \cdots\cdots ③$$

又 $V_{CC} - I_{C1}R_1 - V_{CE1(sat)} - V_E = 0$

$$\rightarrow 5 - (36K)I_{C1} - 0.2 - 1.674V = 0 \cdots\cdots ④$$

解聯立方程式③，④得

$$I_{B1} = 0.0992mA，I_{C1} = 0.0868mA$$

$$\therefore \frac{I_{C1}}{I_{B1}} = \frac{0.0868m}{0.0992m} = 0.875 \angle \beta$$

$\therefore Q_1$ 確在飽和區，故知

$$V_{OH} = V_{CC} = 5V，$$

$$V_{IH} = V_E + V_{BE1} = 1.674 + 0.8 = 2.474V$$

3.求 V_{IL}

$\because V_{CE1} = V_{CB1} + V_{BE1}$，而 V_{BE1} 為固定值，故知當 V_I 減小時，V_{CE1} 會增加。因此 V_I 由 V_{IH} 逐漸下降至，$V_{CE1} = V_{BE1}$ 即 V_{CB1} 即 $V_{CB1} = 0V$。

此時的 $V_I = V_{IL}$。（I_{B1} 可忽略，Q_1 在主動區）

$V_{IL} = V_{BE1} + I_{E1}R_E = V_{BE1} + I_{C1}R_E$

$\rightarrow V_{IL} = 0.7 + （9K）I_{C1}\cdots\cdots⑤$

$V_{CC} - I_{C1}R_1 - V_{CB1} - V_{IL} = 0$

$\rightarrow 5 - （36K）I_{C1} - V_{IL} = 0\cdots\cdots⑥$

解聯立方程式⑤，⑥得

$V_{IL} = 1.56V$

4.轉移曲線

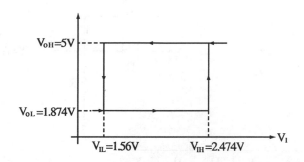

13.試求出 TTL 族系中，一個74LS 系列的邏輯閘可推動幾個74F 系列的邏輯閘。74LS 與74F 系列的電流特性如下：

74LS 系列：$I_{OH} = 0.4mA$；$I_{OL} = 8mA$；$I_{IH} = 20\mu A$；$I_{IL} = -0.4mA$

74F 系列：$I_{OH} = -0.4mA$；$I_{OL} = 20mA$；$I_{IH} = 20\mu A$；$I_{IL} = -0.6mA$

（題型：扇出數 N）

解☞：

1.正常工作時，推動電流 $I \geq NI_I$，I_I為流入下一級的電流

∴ $I_{OH} \geq N_H I_{IH}$ $I_{OL} \geq N_L I_{IL}$

2.故 $N_H \leq \dfrac{I_{OH}}{I_{IH}} = \dfrac{0.4m}{20\mu} = 20$ $N_L \leq \dfrac{I_{OL}}{I_{IL}} = \dfrac{8m}{0.6m} \approx 13$

∴ $N = min〔N_H，H_L〕= 13$閘

§16-2〔題型九十一〕：DL. TL. RTL 數位邏輯電路

考型265 DL 數位邏輯電路設計

DL：Diode Logic（二極體邏輯閘）

一、電路

1. **OR GATE**

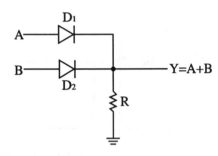

A	B	D_1	D_2	Y
0	0	OFF	OFF	0
0	1	OFF	ON	1
1	0	ON	OFF	1
1	1	ON	ON	1

2. **AND GATE**

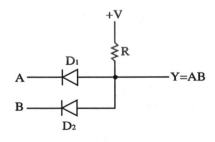

A	B	D_1	D_2	Y
0	0	ON	ON	0
0	1	ON	OFF	0
1	0	OFF	ON	0
1	1	OFF	OFF	1

考型266 TL 數位邏輯電路設計

TL：Transistor Logic（電晶體邏輯閘）

一、電路

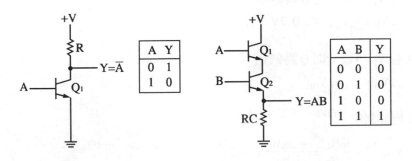

1. NOT GATE

A	Y
0	1
1	0

$Y=\overline{A}$

2. AND GATE

A	B	Y
0	0	0
0	1	0
1	0	0
1	1	1

$Y=AB$

二、邏輯電路分析

〔例〕求 BJT 反相器的 V_{OH}，V_{IL}，V_{IH}，V_{OL}，（設 $V_{BE(sat)} = 0.7V$，

$V_{CE(sat)} = 0.2V$）

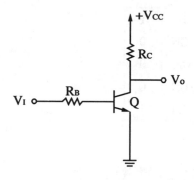

1.此電路為飽和邏輯電路

$$\therefore i_B \geq \frac{i_C}{\beta}$$

2.若 $V_I > V_{IH}$，則 Q 為飽和

$$\therefore V_O = V_{CE(sat)} = 0.2V = V_{OL}$$

3.若 $V_I < V_{BE}$，則 Q 為截止

$$\therefore V_O = V_{CC} = V_{OH}$$

4.轉態斜率

$$M = \frac{V_O}{V_I} = \frac{i_O R_C}{i_B R_B} = \frac{-\beta i_B R_C}{i_B R_B} = -\beta \frac{R_C}{R_B}$$

5.轉移曲線

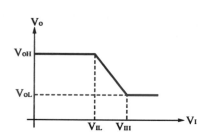

6.結果

　(1)$V_{OH} = V_{CC}$

(2)$V_{IL} = V_{BE(sat)} = 0.7V$

(3)$V_{OL} = V_{CE(sat)} = 0.2V$

(4)依斜率分析，可得

$$V_{IH} = \left[\frac{V_{CC} - 0.2V}{\beta R_C} \right] R_B + 0.7V$$

〔例〕設 $\beta = 100$，$V_{CE(sat)} = 0.3V$，$V_{BE(sat)} = 0.7V$，求下圖反相器的

(1)V_{OH}(2)V_{OL}(3)V_{IL}(4)V_{IH}(5)雜訊邊限(6)扇出數

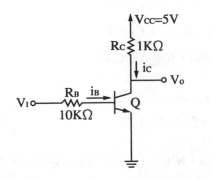

一、當 $V_I < 0.7V$ 時，Q：OFF

∴$i_B = i_E = i_C = 0 \Rightarrow V_O = V_{CC} = V_{OH} = 5V$，而 $V_{IL} = V_{BE} = 0.7V$

二、當 Q 在作用區，則

$i_C = \beta i_B$

所以 $V_O = V_{CC} - i_C R_C$

由此可知，當 $V_i \uparrow$，$i_B \uparrow$，$i_C \uparrow$，$V_O \downarrow$

∴$V_O < 0.7V$ 時，Q 在飽和區

三、故知 Q 在飽和區時，

1.$V_{OL} = V_{CE(sat)} = 0.3V$

2.求 V_{IH}〔在飽和邊緣點（the edge of saturation，EOS）〕時

∵$I_C = \frac{V_{CC} - V_{CE(sat)}}{R_C} = \beta I_B$

$$I_B = \frac{V_{IH} - V_{BE}}{R_B}$$

$$I_{C(EOS)} = \beta I_{B(EOS)}$$

$$\therefore V_{IH} = V_{BE} + [\, R_B \,] \, [\, \frac{V_{CC} - V_{CE(sat)}}{\beta R_C} \,] \approx 1.2V$$

3.雜訊邊限

$$NM_H = V_{OH} - V_{IH} = 5 - 1.2 = 3.8V$$

$$NM_L = V_{IL} - V_{OL} = 0.7 - 0.3 = 0.4$$

$$\therefore NM = min [\, NM_H \,,\, NM_L \,] = 0.4V$$

4.邏輯擺幅（logic swing）

$$LS = V_{OH} - V_{OL} = 5 - 0.3 = 4.7V$$

四、扇出數（fan out，N），（以下用雜訊邊限，求扇出數）

1.若 N = 1，則

$$V_{OH} = V_{BE} + [\, \frac{R_B}{R_B + R_C} \,] \, [\, V_{CC} - V_{BE} \,]$$

$$= 0.7 + (\, \frac{10K}{1K + 10K} \,)\,(\, 5 - 0.7 \,)$$

$$= 4.6V$$

$$\therefore NM_H = V_{OH} - V_{IH} = 4.6 - 1.2 = 3.4V$$

由此可知 NM_H 隨扇出數 N 越多而減小。

2.欲求最大扇出數時，則令 $NM_H = 0$

$$\because NM_H = V_{OH} - V_{IH} \Rightarrow V_{OH} = V_{IH}$$

3.此時，求 V_{OH}，可由下圖分析得知

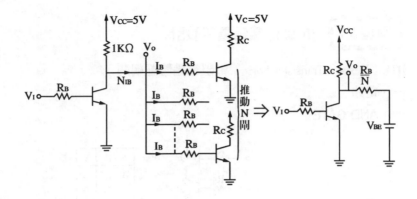

$$\therefore V_{OH} = V_{BE} + \left[\frac{R_B / N}{R_C + R_B / N} \right] \left[V_{CC} - V_{BE(sat)} \right]$$

又知 $V_{IH} = V_{BE} + \left(\frac{R_B}{R_C} \right) \left[\frac{V_{CC} - V_{CE(sat)}}{\beta} \right]$

$\because$ 令 $NM_H = 0$，$\therefore V_{OH} = V_{IH}$

故 $N \le \beta \left[\frac{V_{CC} - V_{BE(sat)}}{V_{CC} - V_{CE(sat)}} \right] - \frac{R_B}{R_C}$

$\therefore N \le (100) \left[\frac{5 - 0.7}{5 - 0.3} \right] - \frac{10K}{1K} = 81.5$

選 $N = 81$個閘

五、轉移曲線

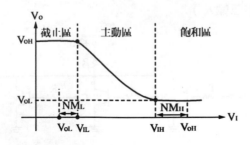

考型267 RTL 數位邏輯電路設計

RTL：Resistor Transistor Logic（電阻電晶體邏輯閘）

一、電路

1. AND GATE

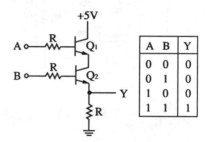

A	B	Y
0	0	0
0	1	0
1	0	0
1	1	1

$$Y = AB$$

2. NAND GATE

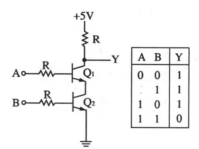

A	B	Y
0	0	1
	1	1
1	0	1
1	1	0

$$Y = \overline{AB}$$

3. NOR GATE（三輸入）

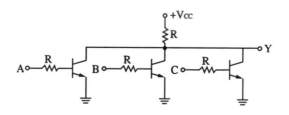

A	B	C	Y
0	0	0	1
0	0	1	0
0	1	0	0
0	1	1	0
1	0	0	0
1	0	1	0
1	1	0	0
1	1	1	0

$$Y = \overline{A + B + C}$$

4. NOR GATE（二輸入）

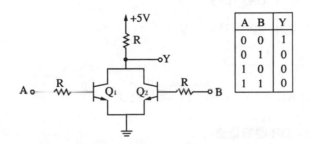

A	B	Y
0	0	1
0	1	0
1	0	0
1	1	0

5. OR GATE

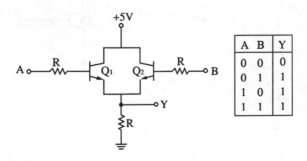

A	B	Y
0	0	0
0	1	1
1	0	1
1	1	1

並聯時，由集極輸出為 NOR，由射極輸出為 OR

6. **Wired – AND 邏輯電路**

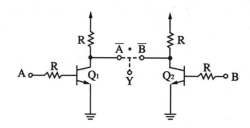

A	B	Q_1	Q_2	Y
0	0	OFF	OFF	1
0	1	OFF	ON	0
1	0	ON	OFF	0
1	1	ON	ON	0

(1) $Y = \overline{A} \cdot \overline{B} = \overline{A + B}$

(2) 例：RTL，I^2L，DTL，TTL均是此類

7. **Wired – OR 邏輯電路**

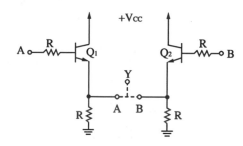

A	B	Q_1	Q_2	Y
0	0	OFF	OFF	0
0	1	OFF	ON	1
1	0	ON	OFF	1
1	1	ON	ON	1

(1)Y = A + B

(2)例：ECL 均是此類

二、判斷邏輯功能的記憶法

1.Q_1，Q_2串聯時，若由正相端（E 極）拉出，則爲 AND，若由反相端（C 極）拉出，則爲 NAND。

2.Q_1，Q_2並聯時，若由正相端（E 極）拉出，則爲 OR，若由反相端拉出，則爲 NOR

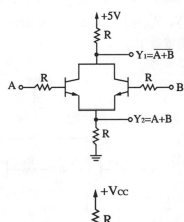

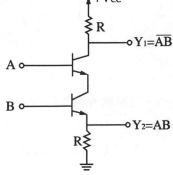

三、RTL 邏輯電路的特性

優點：

1.電路簡單

2.V_{CC}值小

缺點：

1.扇出（fan out）小

2.輸出電壓 V_{OH}及雜訊邊限 NM_H 會隨扇出數 N 增加而減小

歷屆試題

14.For two – input RTL gate as shown below, when driving N identical gates, answer the following questions.

(1)Find the logic function of this RTL gate, i.e., Y = ? .

(2)Let $V_{BE} = 0.7V$, $V_{CC} = 5V$, find V_{OH} in terms of N, R_c. and R_B. （題型：RLT 邏輯電路）

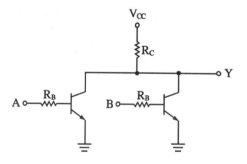

【清大電機所】

簡譯

二輸入的 RTL 電路，當驅動 N 個相同閘時，

(1)求 Y 的邏輯函數。

(2)$V_{BE} = 0.7V$，$V_{CC} = 5V$，以 N，R_C，R_B 表示 V_{OH}值。

解☞ :

(1)$Y = \overline{A} \ \overline{B} = \overline{\overline{\overline{A}} + \overline{\overline{B}}} = \overline{A + B}$

(2)推動 N 閘時的等效電路

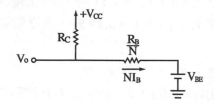

$$NI_B = \frac{V_{CC} - V_{BE}}{R_C + \dfrac{R_B}{N}}$$

$$V_{OH} = V_{BE} + (\ NI_B\ )\ (\ \frac{R_B}{N}\ ) = V_{BE} + (\ V_{CC} - V_{BE}\ )\ \frac{\dfrac{R_B}{N}}{R_C + \dfrac{R_B}{N}}$$

$$= 0.7 + (\ 4.3\ )\ (\ \frac{R_B}{R_B + NR_C}\ )$$

15.The inverter shown below is required to drive N identical gates. Let $V_{BE(\ sat\ )}$
= 0.8V and $V_{BE(\ sat\ )}$ = 0.2V

(1)For what value of β_f does $V_I = V\ (1) = 2.8V$ just barely saturates the transistor ?

(2)Give $V_I = V\ (\ 0\ ) = 0.3V$, evaluates its fan – out N, assuming that each of these stages is barely saturated. (題型：RLT 邏輯電路)

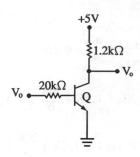

簡譯

反相器驅動 N 個相同的閘，$V_{BE(sat)} = 0.8V$，$V_{CE(sat)} = 0.2V$

(1)當 $V_I = V（1） = 2.8V$ 時，求電晶體剛進入飽和區的 β_F 值。

(2)當 $V_I = V（0） = 0.3V$ 時，求每個電晶體剛進入飽和區的扇出數 N。

解☞：

(1)$V_I = V（1） = 2.8V$，設 Q 在飽和區

$$I_B = \frac{V_I - V_{BE(sat)}}{20K} = \frac{2.8 - 0.8}{20K} = 0.1mA$$

$$I_C = \frac{V_{CC} - V_{CE(sat)}}{1.2K} = \frac{5 - 0.2}{1.2K} = 4mA$$

$$\because \beta_{F,mat} \geq \frac{I_C}{I_B} \left（ = \frac{4m}{0.1m} = 40 \right）$$

$$\therefore \beta_{F,min} = 40$$

(2)扇出 N 級的等效電路：（設被驅動的電晶體均在飽和區）

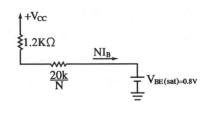

$$I_B = \frac{I_C}{\beta_{F(min)}} = \frac{4m}{40} = 0.1mA$$

$$\therefore V_{CC} - NI_B \left（ 1.2K + \frac{20K}{N} \right） - V_{BE(sat)} = 0$$

即$5 -（0.1m）\left（ 1.2K + \frac{20K}{N} \right） N - 0.8 = 0$

$$\therefore N = 18.3 ，取 N = 18$$

16.如圖所示，β = 100，試計算其電壓轉換特性（V_o 對於 V_I）。（題型：RTL 邏輯電路）

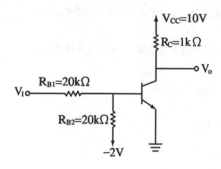

【特高】

解☞ :

    1.取戴維寧等效電路

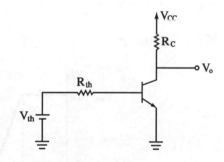

$$V_{th} = \frac{R_{B2}V_I + R_{B1}(-2)}{R_{B1} + R_{B2}} = \frac{(20K)V_I - (20K)(2)}{20K + 20K} = 0.5V_I - 1$$

$$R_{th} = R_{B1} /\!/ R_{B2} = 20K /\!/ 20K = 10K\Omega$$

    2.求 V_{IH}（Q 介於飽和區及主動區之界線）

$$\therefore I_{C(EOS)} = \frac{V_{CC} - V_{CE(EOS)}}{R_C} = \frac{10 - 0.3}{1K} = 9.3mA$$

$$I_{B(EOS)} = \frac{I_{C(EOS)}}{\beta} = \frac{9.3m}{100} = 93\mu A$$

$$V_{th} = I_{B(EOS)} R_{th} + V_{BE} = 0.5V_{IH} - 1$$

$$\rightarrow (93\mu)(10K) + 0.7 = 0.5V_{IH} - 1$$

$$\therefore V_{IH} = 5.26V$$

3.求 V_{IL}

$$V_{th} = V_{BE}$$
$$\rightarrow 0.5V_{IL} - 1 = 0.7$$
$$\therefore V_{IL} = 3.4V$$

4.$V_{OH} = V_{CC} = 10V$

$$V_{OL} = V_{CE(sat)} = 0.3V$$

5.轉移特性曲線

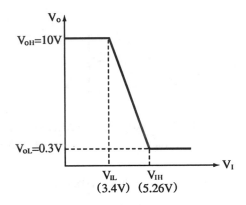

17. $\beta = 100$，試畫出其電壓轉換曲線（題型：RTL 邏輯電路）

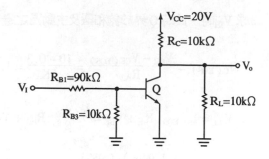

解☞ :

1. 取戴維寧等效電路

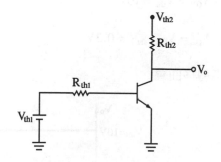

$$V_{th1} = \frac{R_{B2}}{R_{B1} + R_{B2}} V_I = \frac{10K}{90K + 10K} V_I = 0.1 V_I$$

$$R_{th1} = R_{B1} // R_{B2} = 90K // 10K = 9K\Omega$$

$$V_{th2} = \frac{R_L}{R_C + R_L} V_{CC} = \left(\frac{10K}{10K + 10K} \right) (20) = 10V$$

$$R_{th2} = R_C // R_L = 10K // 10K = 5K\Omega$$

2. 求 V_{IL} 時，令 $V_{th1} = V_{BE}$ 即

$$0.1V_{IL} = 0.7V \therefore V_{IL} = 7V$$

3.求 V_{IH} 時，此時 Q 界於飽和區及主動區之邊界。（ $V_{CE(sat)} = 0.3V$ ）

$$\therefore I_{C(EOS)} = \frac{V_{th2} - V_{CE(EOS)}}{R_{th2}} = \frac{10 - 0.3}{5K} = 1.94mA$$

$$\therefore V_{th1} = I_{B(EOS)} R_{th} + V_{BE} = \frac{I_{C(EOS)}}{\beta} R_{th1} + V_{BE}$$

$$\rightarrow 0.1V_{IH} = \frac{(1.94m)(9K)}{100} + 0.7 = 0.8746V$$

$$\therefore V_{IH} = 8.746V$$

4. $V_{OH} = V_{th2} = 10V$

$$V_{OL} = V_{CE(sat)} = 0.3V$$

5.轉移曲線

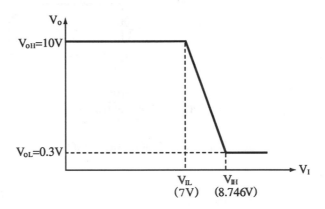

§16 – 3〔題型九十二〕：DTL. HTL 數位邏輯電路

考型268 DTL 數位邏輯電路設計

DTL：Diode Transistor Logic（二極體電晶體邏輯閘）

一、電路

NAND GATE

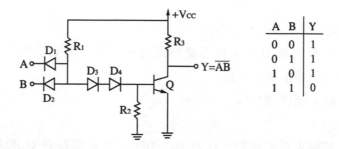

A	B	Y
0	0	1
0	1	1
1	0	1
1	1	0

(1) D_3，D_4 可提高雜訊免疫力

(2) R_2 越小，速度越快，但扇出數變小

(3) 工作狀態

A	B	D_1	D_2	D_3	D_4	Q	Y
0	0	ON	ON	OFF	OFF	OFF	1
0	1	ON	OFF	OFF	OFF	OFF	1
1	0	OFF	ON	OFF	OFF	OFF	1
1	1	OFF	OFF	ON	ON	sat	0

二、改良型的 DTL

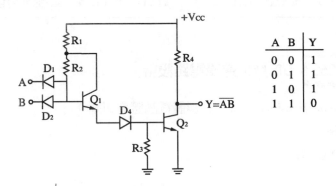

A	B	Y
0	0	1
0	1	1
1	0	1
1	1	0

⑴優點：

　　①以 Q_1 代替 D_3，可提高輸出電流，因而增加扇出數

　　②雜訊邊限 NM 較高

⑵缺點：操作速度慢

　　理由：

　　①若輸入為低態時，Q_1 及 D_4：OFF，此時儲存在 Q_2 的基極電流須經 R_3 放電。

　　②Q_2 輸出具有電容性負載效應。

考型269　HTL 數位邏輯電路設計

HTL：High Threshold Logic（高臨界邏輯閘）

一、電路

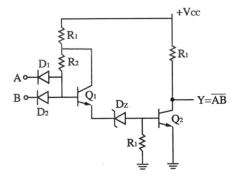

A	B	Y
0	0	1
0	1	1
1	0	1
1	1	0

二、特性

(1)以 D_Z 替代 D_4，可提高扇出數。（即雜訊邊限 NM，可提高）

(2)提高 V_{CC} 為15V，所以功率損失為邏輯族中最高的。

歷屆試題

18. For the integrated positive DTL gate shown, the inputs are obtained from the outputs of similar gates, and its output drives similar gates. For $h_{FE(min)} = 30$, calculate the fan-out of this gate. （題型：DTL 邏輯電路）

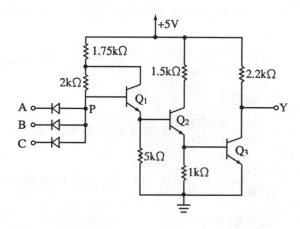

【台大電機所】

解☞：

(1)若 $V_A = V_B = V_C = V(1)$，則 $Y = V(0)$，此時所有輸入二極體均 OFF，Q_1：act，設 Q_2，Q_3：sat，$V_{BE(act)} = 0.7V$ 及 $V_{BE(sat)} = 0.8V$，則

$$V_P = V_{BE3(sat)} + V_{BE2(sat)} + V_{BE1(act)} = 0.8 + 0.8 + 0.7 = 2.3V$$

$$I_{B1} = \frac{V_{CC} - V_P}{2K + (1 + h_{FE})(1.75K)} = \frac{5 - 2.3}{2K + (1 + 30)(1.75K)} = 48\mu A$$

$$I_{B2} = (1 + h_{FE}) I_{B1} - \frac{V_{BE2(sat)} + V_{BE3(sat)}}{5K}$$

$$= (1 + 30) (48\mu) - \frac{0.8 + 0.8}{5K} = 1.168mA$$

$$I_{C2} = \frac{V_{CC} - V_{CE2(sat)} - V_{BE3(sat)}}{1.5K} = \frac{5 - 0.2 - 0.8}{1.5K} = 2.667mA$$

(2)在未動負載時

$$I_{B3} = I_{E3} - \frac{V_{BE3(sat)}}{1K} = I_{B2} + I_{C2} - \frac{V_{BE3(sat)}}{1K}$$

$$= 1.168m + 2.667m - \frac{0.8}{1K} = 3.035mA$$

$$I_{C3} = \frac{V_{CC} - V(0)}{2.2K} = \frac{5 - 0.2}{2.2K} = 2.182mA = I_3$$

驗證：

$$\frac{I_{C2}}{I_{B2}} = \frac{2.667m}{1.168m} = 2.28 < h_{FE}，故 Q_2確在 sat。$$

$$\frac{I_{C3}}{I_{B3}} = \frac{2.182m}{3.035m} = 0.719 < h_{FE}，故 Q_3確在 sat。$$

(3)推動 N 級時

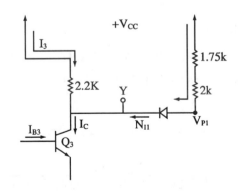

$$V_{P1} = V(0) + V_D = 0.2 + 0.7 = 0.9V$$

$$I_C = h_{FE}I_{B3} \geq I_3 + NI_1 = 2.182m + N\frac{V_{CC} - V_{P1}}{1.75K + 2K}$$

即

$$(30)(3.035m) \geq 2.182m + N\frac{5-0.9}{3.75K}$$

$$\therefore N \leq 81.31$$

故取 $N_{max} = 81$

---

19. In the integrated DTL gate of Fig. the parameters are： $R_1 = 1.6k\Omega$, $R_2 = 2.15k\Omega$, $R_3 = 5k\Omega$, $R_C = 6k\Omega$, and $V_{CC} = 5V$.

(1) Calculate $h_{FE(min)}$ for a fan - out of $N = 20$.

(2) Calculate the power dissipation of the gate in the two possible states.

(題型：DTL 邏輯電路)

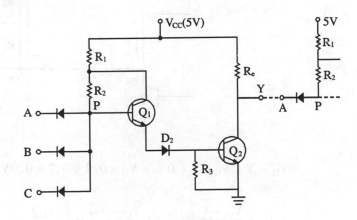

【高考】【台大電機所】

解☞：

(1) 若 $V_A = V_B = V_C = V(1)$ ，則所有輸入二極體均 OFF，此
時 $Y = V(0)$

設 Q_1：Act，Q_2：Sat，D_2：ON，故

$$V_P = V_{BE2\,(\,sat\,)} + V_{D2} + V_{BE1\,(\,act\,)} = 0.8 + 0.7 + 0.7 = 2.2V$$

$$I_{B1} = \frac{V_{CC} - V_P}{R_2 + (\,1 + h_{FE}\,)\,R_1} = \frac{5 - 2.2}{2.15K + (\,1 + h_{FE}\,)\,(\,1.6K\,)}$$

$$= \frac{2.8}{3.75K + (\,1.6K\,)\,h_{FE}}$$

$$I_{B2} = (\,1 + h_{FE}\,)\,I_{B1} - \frac{V_{BE2\,(\,sat\,)}}{R_3} = (\,1 + h_{FE}\,)\,I_{B1} - \frac{0.8}{5K}$$

$$= \frac{2.2K + (\,2.544K\,)\,h_{FE}}{3.75K + (\,1.6K\,)\,h_{FE}}$$

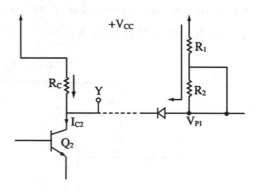

$$V_{P1} = Y + V_D = V\,(\,0\,) + V_D = 0.2 + 0.7 = 0.9V$$

$$\therefore I_{C2} = \frac{V_{CC} - V_{CE2\,(\,sat\,)}}{R_C} + \frac{V_{CC} - V_{P1}}{R_1 + R_2} = \frac{5 - 0.2}{6K} + \frac{5 - 0.9}{1.6K + 2.15K}$$

$$= 22.67mA$$

$\because Q_2$：sat

$$\therefore h_{FE} \geq \frac{I_{C2}}{I_{B2}}$$

$$\rightarrow h_{FE} I_{B2} = \left[\frac{2.2K + (2.544K) h_{FE}}{3.75K + (1.6K) h_{FE}} \right] h_{FE} \geq 22.67mA$$

故 $h_{FE} \geq 15.54 \rightarrow h_{FE(min)} = 15.54$

$(2) P(1) = V_{CC} \left(\frac{V_{CC} - V_{P1}}{R_1 + R_2} \right) = (5) \left(\frac{5 - 0.9}{1.6K + 2.15K} \right)$

$$= 5.5mW$$

$$P(0) = V_{CC} \left[(1 + h_{FE}) I_{B1} + \frac{V_{CC} - V(0)}{R_C} \right]$$

$$= 5 \left[(1 + 15.54) \left(\frac{2.8}{3.75K + (1.6K)(15.54)} \right) + \frac{5 - 0.2}{6K} \right]$$

$$= 12.1mW$$

---

20. 如圖所示，假設二極體與 NPN 電晶體開始導通之電壓 $V_D = V_{BE}$
 $= 0.7V$，$V_{BE(sat)} = 0.8V$，$V_{CE(sat)} = 0.1V$，$\beta_F = 50$，$V_{CC} = 5V$
 (1)求此邏輯功能，$Y = ?$
 (2)求 V_{IL}，V_{IH}。
 (3)求當 $A = B = V_{OH}$時，V_{CC}所提供之電流。
 (4)求扇出數。
 (5)將圖中之所有二極體改成蕭特基二極體，NPN 電晶體為蕭特
 基電晶體，且設蕭特基二極體之 $V_{D(turn-on)} = 0.5V$，求此時
 之 V_{IH}，V_{OL}。（題型：DLT 邏輯電路）

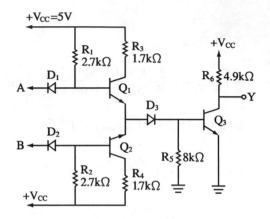

【 交大電子所 】

解☞：

(1)①只要 V_A 及 V_B 有一個為 V（1）時→Y = V（0）

②若 $V_A = V_B = V（0）$ 時→Y = V（1）

③故知 $Y = \overline{A + B}$

(2)①求 V_{IL} 時→Y = V（1）→（ Q_1 , Q_3 ：act ）

$$V_{IL} = V_{BE1} + V_{D3} + V_{BE3} - V_{D1} = 0.7 + 0.7 + 0.7 - 0.7$$
$$= 1.4V$$

②求 V_{IH} 時→Y = V（0）→（ Q_1 , Q_3 ：sat ）

$$V_{IH} = V_{BE1(sat)} + V_{D3} + V_{BE3(sat)} - V_{D1} = 0.8 + 0.7 + 0.8 - 0.7$$
$$= 1.6V$$

(3)$V_A = V_B = V_{OH} = 5V$→D_1 , D_2 ：OFF , D_3 ：ON , Q_1 , Q_2 , Q_3 ：sat .

$$V_{B1} = V_{B2} = V_{BE1(sat)} + V_{D3} + V_{BE3(sat)} = 0.8 + 0.7 + 0.8$$
$$= 2.3V$$

$$V_{C1} = V_{C2} = V_{CE1\,(\,sat\,)} + V_{D3} + V_{BE3\,(\,sat\,)} = 0.1 + 0.7 + 0.8$$
$$= 1.6V$$

$$V_{C3} = V_{CE3\,(\,sat\,)} = 0.1V$$

所以

$$I_{B1} = I_{B2} = \frac{V_{CC} - V_{B1}}{R_1} = \frac{5 - 2.3}{2.7K} = 1mA$$

$$I_{C1} = I_{C2} = \frac{V_{CC} - V_{C1}}{R_3} = \frac{5 - 1.6}{1.7K} = 2mA$$

$$I_{C3} = \frac{V_{CC} - V_{CE3\,(\,sat\,)}}{R_6} = \frac{5 - 0.1}{4.9K} = 1mA$$

故由 V_{CC}所提供的電流為
$$I = I_{B1} + I_{B2} + I_{C1} + I_{C2} + I_{C3} = 7mA$$

(4)求扇出數時→ Y = V (0) 即 $V_A = V_B$ = V (1) = 5V
故 Q_3維持在飽和區

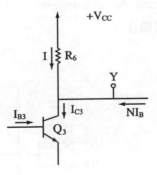

$$\therefore \beta_F I_{B3} \ge I_{C3} = I + NI_B \,,\ 即$$

$$\beta_F \left(I_{E1} - \frac{V_{BE3\,(\,sat\,)}}{R_5} \right) \ge \frac{V_{CC} - V_{CE3\,(\,sat\,)}}{R_6} + N \frac{V_{CC} - V_{BE1\,(\,sat\,)}}{R_1}$$

$$\rightarrow (50) \left(I_{B1} + I_{C1} - \frac{0.8}{8K} \right) \geq \frac{5-0.1}{4.9K} + N \left(\frac{5-0.8}{2.7K} \right)$$

$$\therefore (50)(2.9m) \geq 1m + (1.56m)N$$

故 $N \leq 92.57$ 取 $N_{max} = 92$

(5)蕭特基電晶體一定在主動區內工作，且 $V_{CE} = 0.2V$

$\therefore V_{OL} = V_{CE} = 0.2V$

$$V_{IH} = V_{BE1} + V_{D3} + V_{BE3} - V_{D1} = 0.7 + 0.5 + 0.7 - 0.5 = 1.4V$$

---

21. An integrated DTL gate is shown below

Transistor：$V_{BE(sat)} = 0.8V$　　　Diodes：$V_{(conducting)} = 0.7V$

　　　　　$V_{r(cutin)} = 0.5V$　　　　　　　　$V_{r(cutin)} = 0.6V$

　　　　　$V_{CE(sat)} = 0.2V$

(1)Please verify the circuit function as a positive NAND gate.

(2)Calculate the maximum fan-out of $h_{FE(min)} = 30$

(3)Calculate the noise margins, NM（0）and NM（1）（題型：DTL 邏輯電路）

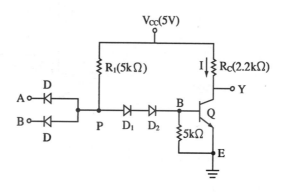

【清大電機所】

解☞ :

(1)

A	B	D_A	D_B	D_1	D_2	Q	Y
0	0	ON	ON	OFF	OFF	OFF	1
0	1	ON	OFF	OFF	OFF	OFF	1
1	0	OFF	ON	OFF	OFF	OFF	1
1	1	OFF	OFF	ON	ON	sat	0

故知此爲 NAND

(2)當 $V_A = V_B = V (1)$ ，$\rightarrow V_o = V (0)$

$\therefore V_P = V_{BE (sat)} + V_{D2 (ON)} + V_{D1 (ON)} = 0.8 + 0.7 + 0.7 = 2.2V$

$I_B = \dfrac{V_{CC} - V_P}{R_1} - \dfrac{V_{BE (sat)}}{5K} = \dfrac{5 - 2.2}{5K} - \dfrac{0.8}{5K} = 0.4mA$

$I = \dfrac{V_{CC} - V_{CE (sat)}}{R_C} = \dfrac{5 - 0.2}{2.2K} = 2.18mA$

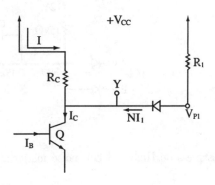

$V_{P1} = V (0) + V_D = 0.2 + 0.7 = 0.9V$

$\therefore h_{FE} \geq \dfrac{I_C}{I_B}$

$\therefore h_{FE} I_B \geq I_C = I + NI_1$

$\rightarrow h_{FE (min)} I_B = I + N (\dfrac{V_{CC} - V_{P1}}{R_1})$

即（30）（0.4m）$\geq 2.18m + N (\dfrac{5-0.9}{5K})$

$\therefore N \leq 11.97$

取 $N_{max} = 11$

(3)$V_{IL} = 0.5 + 0.6 + 0.6 - 0.7 = 1V$

$V_{IH} = 0.8 + 0.7 + 0.7 - 0.7 = 1.5V$

$V_{OH} = 5V$

$V_{OL} = 0.2V$

$\therefore NM (0) = V_{IL} - V_{OL} = 1 - 0.2 = 0.8V$

$NM (1) = V_{OH} - V_{IH} = 5 - 1.5 = 3.5V$

22.(1)Describe the purpose and operation of C_1.

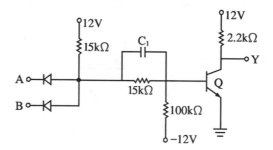

(2)Express dc High and Low noise margins. $V_{NH} = ?$ $V_{NL} = ?$

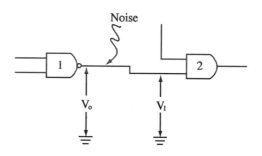

(3)Give two output stage types of TTL IC, which type can not make wired log-
ic？ Why？

(4)Give you a NAND gate IC as shown, please implement $Y = \overline{A}B + AC$（題
型：DTL 邏輯電路）

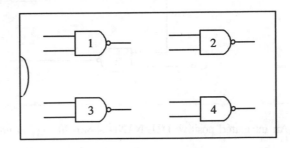

【清大電機所】

解☞：

(1)C_1的作用，可提高電晶體由關到開的速率

(2)High noise margin V_{NH}：確保 G_2的輸出為 High 時，此時 G_1之最小
輸入值（V_I）。

Low noise margin V_{NL}：確保 G_2的輸出為 Low 時，此時 G_1之最大輸
入值（V_I）。

(3)

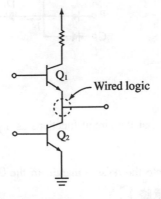

此電路不能做 wired logic。因若接成上圖，則會形成一高一低的

輸出，而使電晶體因大電流而燒燬。

(4)$Y = \overline{A}B + AC = (\overline{\overline{A} + \overline{B}})(\overline{\overline{A} + \overline{C}}) = (\overline{\overline{\overline{AB}}})(\overline{\overline{AC}})$

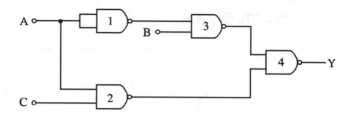

23.An integrated positive DTL NAND shown in Fig. is not loaded by a following stage. Some parameters are defined as follows：$V_{BE(sat)} = 0.8V$, V_r (transistor) $= 0.5V$, and $V_{CE(sat)} = 0.2V$. The drop across a conducting diode is $0.7V$ and V_r (diode) $= 0.6V$. The inputs of this switch are obtained from the outputs of similar gate.

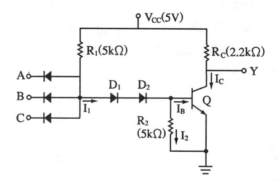

(1)Verify that the circuit functions as a positive NAND and calculate $h_{FE(min)}$

(2)Calculate the noise – margin in the 0 state and the 1 state. **(題型：DTL 邏輯電路)**

【 中山電機所 】

解☞：

(1) 1.若輸入 A、B、C中，有一為低態（V（0）= 0.2V）

$\therefore V_P = V（0）+ V_D = 0.2 + 0.7 = 0.9V$

但推動 D_1，D_2，Q，至少需

$V_{D1} + V_{D2} + V_{BE} = 0.6 + 0.6 + 0.5 = 1.7V$

故 D_1，D_2，Q 為 OFF

$\therefore Y = V（1）$

2.若 $V_A = V_B = V_C = V（1）$，則所有 D 均 OFF

而 D_1，D_2：ON，且 Q：飽和，此時 Y = V（0）

3.$V_P = V_{D1} + V_{D2} + V_{BE（sat）} = 0.7 + 0.7 + 0.8 = 2.2V$

$$\therefore I_1 = \frac{V_{CC} - V_P}{R_1} = \frac{5 - 2.2}{5K} = 0.50mA$$

$$I_B = I_1 - I_2 = I_1 - \frac{V_{BE（sat）}}{R_2} = 0.56m - \frac{0.8}{5K} = 0.4mA$$

$$I_C = \frac{V_{CC} - V_{CE（sat）}}{R_C} = \frac{5 - 0.2}{2.2K} = 2.182mA$$

$$h_{FE（min）} = \frac{I_C}{I_B} = \frac{2.182m}{0.4m} = 5.5$$

4.由1、2，可知此為 NAND 閘

(2) $V_{OH} = V（1）= 5V$

$V_{OL} = V（0）= 0.2V$

$V_{IL} = - V_D + V_{D1（r）} + V_{D2（r）} + V_{BE（r）} = -0.7 + 0.6 + 0.6 + 0.5$

$= 1V$

$V_{IH} = - V_D + V_{D1} + V_{D2} + V_{BE（sat）} = -0.7 + 0.7 + 0.7 + 0.8 = 1.5V$

$\therefore NM_H = V_{OH} - V_{IH} = 5 - 1.5 = 3.5V$

$NM_L = V_{IL} - V_{OL} = 1 - 0.2 = 0.8V$

§16-4〔題型九十三〕：TTL數位邏輯電路

考型270 TTL數位邏輯電路設計

TTL：Transistor Transistor Logic

一、電路

(1)圖騰式

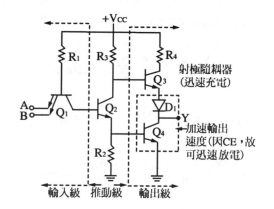

特性：

①Q_1為（多射級電晶體），取代 DTL 之輸入二極體，可提高 IC 之裝填密度。

②Q_2為（分相電晶體），以控制 Q_3、Q_4兩電晶體形成互補動作。

③D_1可提高雜訊邊限，避免將 Q_4燒毀。

④圖騰式

　優點：

　a.低功率損耗

　b.速度快

　缺點：無法作 Wired AND 功能

⑤開集極式

　　優點：可作 Wired AND 功能

　　缺點：速度慢

(2)開集極式

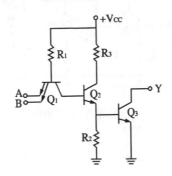

(3)Tri－state 三態輸出式

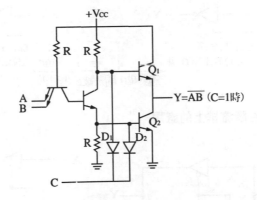

特性：

①C = 0，則 D_1，D_2：ON，使 Q_1、Q_2均 OFF，故輸出浮接。

②C = 1，則 D_1，D_2：OFF，電路正常工作。

③三態閘可用於匯流排上，控制其兩點間之接通或斷路。

二、三態 NOT 閘及緩衝器

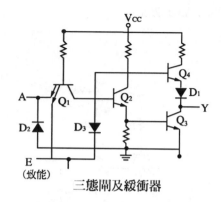

三態閘及緩衝器

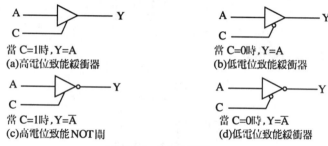

當 C=1時,Y=A
(a)高電位致能緩衝器

當 C=0時,Y=A
(b)低電位致能緩衝器

當 C=1時,Y=$\overline{A}$
(c)高電位致能NOT閘

當 C=0時,Y=$\overline{A}$
(d)低電位致能緩衝器

三態NOT閘及緩衝器

三、三態閘在匯流排上的應用

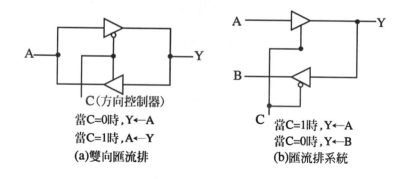

C(方向控制器)
當C=0時,Y←A
當C=1時,A←Y
(a)雙向匯流排

當C=1時,Y←A
當C=0時,Y←B
(b)匯流排系統

四、TTL邏輯閘電路

1. NAND 閘

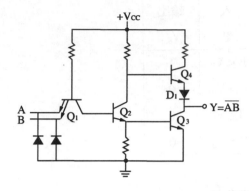

真值表

輸	入	輸出
A	B	Y
$A \leq V_{IL}$	$B \leq V_{IL}$	1
$A \leq V_{IL}$	$B \geq V_{IH}$	1
$A \geq V_{IH}$	$B \leq V_{IL}$	1
$A \geq V_{IH}$	$B \geq V_{IH}$	0

2. NOR 閘

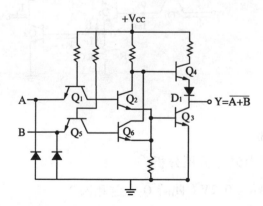

眞值表

輸	入	輸出
A	B	V_{out}
$A \leq V_{IL}$	$B \leq V_{IL}$	1
$A \leq V_{IL}$	$B \geq V_{IH}$	0
$A \geq V_{IH}$	$B \leq V_{IL}$	0
$A \geq V_{IH}$	$B \geq V_{IH}$	0

五、邏輯電路分析

〔例〕設 $V_{D(ON)} = 0.7V$，$V_{BE(sat)} = V_{BE(act)} = 0.7V$，

$V_{CE(sat)} = 0.1V \approx 0.3V$，$\beta_R = 0.02V$

求下圖 TTL電路的 V_{OH}，V_{IH}，V_{OL}，V_{IL}及 NM_H，NM_L

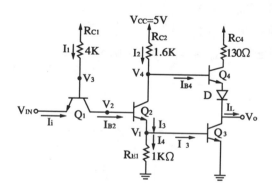

〔解〕

一、各區分析

V_I 由0V 至5V，分區分析

< I > $V_{IN} = 0.2V$（此時 Q_1在飽和區）

　　1. $\because V_3 = V_{BE1} + V_I = 0.7 + 0.2 = 0.9V$

$$\therefore I_1 = \frac{V_{CC} - V_{C3}}{R_{C1}} = \frac{5 - 0.9}{4K} = 1.03mA$$

2. 此時 Q_2：OFF（ $\because V_3 < V_{BC1} + V_{BE1}$ ）

$\therefore I_{B2} = 0$，$I_{B3} = 0$，故知 Q_3：OFF

3. $\because V_2 = V_I + V_{CE1(sat)} = 0.2 + 0.1 = 0.3V$

且 $I_2 = I_{B4}$

故知 Q_4 及 D 爲 ON

$\therefore V_0 = V_{CC} - I_2 R_{C2} - V_{BE4} - V_D$

$= 5 - （0）（1.6K）- 0.7 - 0.7 = 3.6V$

註：

Q_4：ON 是在主動區或在飽和區，需視 I_L 大小而定。

若 I_L 極小，則 $I_2 \approx 0$，可忽略。

< II > 設 $V_{IN} = 0.5V$（由分析可知 $0.5V \leq V_{IN} \leq 1.2V$ 時，Q_1 在飽和區）

1. $\because V_3 = V_{BE1} + V_I = 0.7 + 0.5 = 1.2V$

$\therefore I_1 = \frac{V_{CC} - V_3}{R_{C1}} = \frac{5 - 1.2}{4K} = 0.95mA$

又 $V_2 = V_I + V_{CE1(sat)} = 0.5 + 0.2 = 0.7V$

此時 Q_2 順偏在主動區

2. $\because V_2 < V_{BE2} + V_{BE3} \Rightarrow 0.7V < 1.4V$

$\therefore Q_3$：OFF，故 $I_{B3} = 0$，且 I_3 極小，所以 $I_{C2} \approx 0$

故知 $I_2 \approx I_{B4}$ 即 Q_4 及 D 爲 ON

但

$V_{in} \uparrow \Rightarrow V_2 \uparrow$，$I_3 \uparrow$，$I_{C2} \uparrow$，$I_2 \uparrow \Rightarrow V_0 \downarrow$

（ $\because$ D 具有限流作用約30mA），（此區 V_0 是由3.6V開

始下降）

<Ⅲ> 設 $V_{IN} = 1.2V$（由分析可知，$1.2V \leq V_{IN} \leq 1.4V$ 時，Q_1 在飽和區）

1. $\because V_3 = V_{BE1} + V_I = 0.7 + 1.2V = 1.9V$

$$\therefore I_1 = \frac{V_{CC} - V_3}{R_{C1}} = \frac{5 - 1.9}{4K} = 0.775mA$$

又 $V_2 = V_I + V_{CE1(sat)} = 1.2 + 0.2 = 1.4V$

$\therefore Q_2$ 及 Q_3 在主動區（$\because V_2 \geq V_{BE2} + V_{BE3}$）

2. 故 $I_{C2} \approx I_{E2} = \frac{V_{BE3}}{R_{E2}} = \frac{0.7}{1K} = 0.7mA$

$\because I_{C2} \approx I_{B4}$

$\therefore V_{C2} \approx V_{CC} - I_{C2}R_{C2} = 5 - (0.7m)(1.6K) = 3.88V$

又 $I_2 \approx I_{C2}$，故知

$V_O = V_{CC} - I_2 R_{C2} - V_{BE4} - V_D$

$\quad = 5 - (0.7m)(1.6K) - 0.7 - 0.7 = 2.48V$

（此即為 <Ⅱ> 區，V_O 的上限，為 <Ⅲ> 區 V_O 的下限）

<Ⅳ> 若 $V_{in} \geq 1.4V$

此時 Q_1 在反向主動區，（電路分析時，將 E、C 對調視為在順向主動區）。Q_3 在飽和區（$\because V_{IN} + V_{CE1} > V_{BE2} + V_{BE3}$）

1. 設 $V_I = 5V$，此時

$V_1 = V_{BE3} = 0.7V$

$V_2 = V_{BE2} + V_{BE3} = 1.4V$

$V_3 = V_{BC1} + V_2 = 2.1V$

$$\therefore I_1 = \frac{V_{CC} - V_3}{R_{C1}} = \frac{5 - 2.1}{4K} = 0.73mA$$

而 $I_i = \beta_R I_1 = 14.6\mu A$

2. $\because I_{B2} = (1 + \beta_R) I_1 = 0.75mA$

使得 Q_2 飽和

又 $V_4 = V_{CE2(sat)} + V_{BE3} = 0.2 + 0.7 = 0.9V$

$\therefore Q_4$：OFF

3. 而 $I_2 = \dfrac{V_{CC} - V_4}{R_{C2}} = \dfrac{5 - 0.9}{1.6K} = 2.6mA$

$I_3 = I_{B2} + I_2 = 2.6m + 0.75m = 3.35mA$

$I_4 = \dfrac{V_{BE3}}{R_{E2}} = \dfrac{0.7}{1K} = 0.7mA$

$\therefore I_{B3} = I_3 - I_4 = 3.35m - 0.7m = 2.65mA$

4. 故知 Q_3 飽和

$\therefore V_0 = V_{CE3(sat)} = 0.1V$

即 $V_0 = V_{OL}$

二、結果整理

	V_I	Q_1	Q_2	Q_3	Q_4	D	V_0
Ⅰ	$0 \sim 0.5V$	sat	OFF	OFF	ON	ON	$V_{OH} = 3.6V$
Ⅱ	$0.5 \sim 1.2V$	sat	act	OFF	ON	ON	$3.6 \sim 2.5V$
Ⅲ	$1.2 \sim 1.4V$	sat	act	act	ON	ON	$2.5 \sim 0.1V$
Ⅳ	$1.4 < V_{in}$	R－act	sat	sat	OFF	OFF	$V_{OL} = 0.1V$

由上分析，可得

1. $V_{IL} = 0.5V$

$V_{IH} = 1.4V$

$$V_{OH} = 3.6V$$

$$V_{OL} = 0.1V$$

2. $NM_H = V_{OH} - V_{IH} = 3.6 - 1.4 = 2.2V$

   $NM_L = V_{IL} - V_{OL} = 0.5 - 0.1 = 0.4V$

   $\therefore NM = \min [\ NM_H \ , \ NM_L\ ] = 0.4V$

三、轉移特性曲線

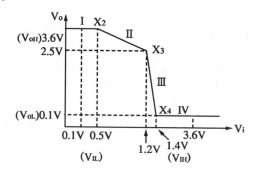

註：注意電晶體在各區的工作狀態

歷屆試題

24. Fig., shows a basic TTL gate, which is composed of a multiemitter transistor Q_1, three identical transistors Q_2, Q_3, Q_4, and a diode D.

(1) Make a sketch, showing the structure of Q_1.

(2) Find I_1, I_{B2}, I_{B3}, and V_o when at least one input is low (0.2V).

(3) Find I_1, I_2, I_3, I_{B2}, I_{B3}, and V_o when all inputs are high (5V), assuming that $h_{FE} = 20$ and h_{FEI} = the inverted – current gain = 0.05.

(4) Find the maximum fan – out if the output of this gate drives similar gates and the input are obtained from similar gates. (題型：TTL邏輯電路)

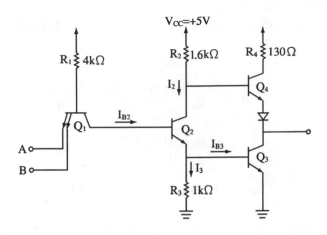

【台大電機所】

解☞：

(1)

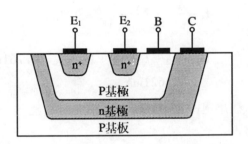

(2)A，B 至少有一個為低態，此時

Q₁：sat，Q₂，Q₃：OFF，Q₄及 D：ON，設 $V_{BE(ON)} = V_{D(ON)} = 0.7V$

$$I_1 = \frac{V_{CC} - V_{B1}}{R_1} = \frac{V_{CC} - V(0) - V_{BE1(sat)}}{R_1} = \frac{5 - 0.2 - 0.7}{4K}$$

$$= 1.025mA$$

∵ Q₂，Q₃：OFF

∴ $I_{B2} = I_{B3} = 0$

$$V_o \cong V_{CC} - V_{BE4(ON)} - V_{D(ON)} = 5 - 0.7 - 0.7 = 3.6V$$

(3)$V_A = V_B = V（1）$時，Q_1：逆向主動區，Q_2，Q_3：sat，Q_4：OFF

$$\therefore I_1 = \frac{V_{CC} - V_{BI}}{R_1} = \frac{V_{CC} - V_{BC1} - V_{BE2（sat）} - V_{BE3（sat）}}{R_1}$$

$$= \frac{5 - 0.7 - 0.7 - 0.7}{4K} = 0.725 mA$$

$$I_{B2} = （1 + h_{FEI}）I_1 = （1 + 0.05）（0.725m）= 0.761 mA$$

$$I_2 = I_{C2} = \frac{V_{CC} - V_{CE2（sat）} - V_{BE3（sat）}}{R_2} = \frac{5 - 0.2 - 0.7}{1.6K} = 2.56 mA$$

$$I_3 = \frac{V_{BE3（sat）}}{R_3} = \frac{0.7}{1K} = 0.7 mA$$

$$I_{B3} = I_{E2} - I_3 = I_{B2} + I_{C2} - I_3 = 0.761m + 2.56m - 0.7m$$
$$= 2.621 mA$$

$$V_o = V_{CE3（sat）} = 0.2V$$

(4)$\because h_{FE} \geq \dfrac{I_{C3}}{I_{B3}}$

$\rightarrow I_{B3} h_{FE} \geq N I_1$

$$\therefore N \leq \frac{I_{B3} h_{FE}}{I_1} = \frac{（2.621m）（20）}{1.025m} = 51.14$$

取 $N_{max} = 51$

---

25. Fig. shows a TTL NAND gate. The input voltage are 5V and 1V, respectively. Find V_{B2}, V_{B3}, and V_o. All transistors are with a β of 50, $V_{BE（act）} = V_{BE（sat）} = 0.7V$, $V_{CE（sat）} = 0.1V$, and the cut – in voltage

of diode D is 0.7V.（題型：TTL邏輯電路）

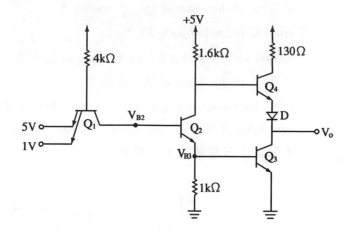

【台大電機所】

解☞：

1. $\because V_{B1} = 1 + V_{BE} = 1 + 0.7 = 1.7V \rightarrow V_{BC1} > 0$

$\therefore Q_1$：飽和區$\rightarrow V_{CE1(sat)} = 0.1V$

$\therefore V_{B2} - 1 + V_{CE1(sat)} = 1 + 0.1 = 1.1V$

故 Q_2：ON

$\therefore V_{B3} = V_{B2} - V_{BE2} = 1.1 - 0.7 = 0.4V$

$\because V_{B3} < V_{BE3} \rightarrow Q_3$：OFF

2. 所以

$$I_{E3} = \frac{V_{B3}}{1K} = \frac{0.4}{1K} = 0.4mA \approx I_{C2}$$

$$\therefore V_o = V_{CC} - (I_{C2})(1.6K) - V_{BE4} - V_D$$
$$= 5 - (0.4m)(1.6K) - 0.7 - 0.7 = 2.96V$$

---

26. $\beta_{min} = 50$

(1) When C is high（$V_C \geq 3V$），

①Find the logic relation between Y and A，B．

②What are the states of Q_5，Q_6 and Q_7？

(2)When C is low（$V_C \simeq 0.2V$），

①Find the voltage V_{B4}（i.e. the base of Q_4）．

②What are the states of Q_3 and Q_4？

(3)Now，the voltage at C gradually increasees from $0.2V$．Find the minimum value of V_C such that the circuit can function as in Part(1)①．

（題型：三態閘式 TTL電路）

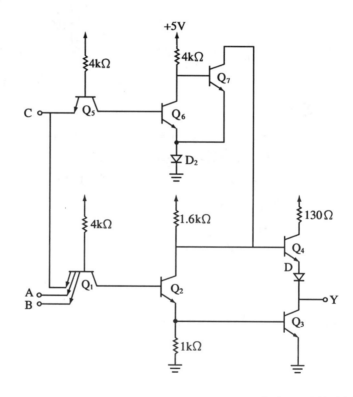

【台大電機所】

簡譯

$\beta_{min} = 50$

(1)當 C 在高態（$V_C \geq 3V$）

　①求 Y 與 A，B 間的邏輯關係。②Q_5，Q_6，Q_7的狀態。

(2)當 C 低態時（$V_C \simeq 0.2V$）

　①求 V_{B4}。②Q_3，Q_4 的狀態。③當 V_C 從 $0.2V$ 開始漸漸增

　　加，求電路執行。

(1)①中功能的 $V_{C(min)}$

解☞ ：

　(1)①$Y = \overline{AB}$

　　　②Q_5：逆向主動區

　　　　Q_6：飽和區

　　　　Q_7：截止區

　(2)①Q_5：飽和區

　　　　Q_6：截止區

　　　　Q_7：飽和區且 D_2：ON

　　　　D_1，Q_2，Q_4：OFF

　　　　所以

　　　　$V_{B4} = V_{CE7,sat} + V_{D2} = 0.2 + 0.7 = 0.9V$

　　　②Q_3，Q_4：截止區

　(3)∵ $V_{B1} = V_C + V_{BE1} = V_{BC1} + V_{BE2} + V_{BE3}$

　　　∴ $V_C = V_{BC1} + V_{BE2} + V_{BE3} - V_{BE1} = 1.4V$

27.圖(1)為開集式 TTL NAND 閘，各 BJT 特性相同，$\beta_F = 50$，$\beta_R = 0.4$，$V_{BE(act)} = 0.7V$，$V_{BE(sat)} = 0.8V$，$V_{CE(sat)} = 0.1V$

當二個開集式接成 Wired – AND，並驅動三個相同的閘，（如圖(2)）

(1)若要驅動輸出電壓於高態邏輯時不低於4V，則可容許之最大

　R_C 值為多少？

(2)當有一驅動閘之輸出電壓為低態邏輯時，若要其輸出保持為

0.1V，則可容許之最小 R_C 值爲何？（題型：TTL邏輯電路）

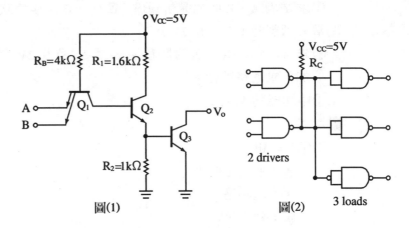

圖(1)　　　　　圖(2)

2 drivers

3 loads

【 交大電子所 】

解☞：

(1)當 $Y = V（1）$ 時→Q_1：逆向主動區，Q_2，Q_3：sat.

$$I_{B1} = \frac{V_{CC} - V_{BC1} - V_{BE2（sat）} - V_{BE3（sat）}}{R_B} = \frac{5 - 0.7 - 0.8 - 0.8}{4K}$$

$$= 0.675mA$$

$$\therefore I_{IH} = \beta_R I_{B1} = （0.4）（0.675m） = 0.27mA$$

又 $V（1） = V_{CC} - NI_{IH}R_C = 5 - （3）（0.27m）R_C \geq 4V$

$$\therefore R_C \leq \frac{5 - 4}{（3）（0.27m）} = 1.23K\Omega$$

故 $R_{C，max} = 1.23K\Omega$

(2)當 $Y = V（0） = V_{CE3（sat）} = 0.1V$ 時

$V（0） = V_{CC} - IR_C = V_{CC} - （I_C - 3I_{IL}）R_C$

$$= V_{CC} - \left[\ \beta_F I_{B3} - 3 \cdot \frac{V_{CC} - V_{BE1（sat）} - V（0）}{R_B}\ \right] R_C$$

$$= 5 - [50I_{B3} - (3) (\frac{5 - 0.7 - 0.1}{4K})] R_C$$

$$\rightarrow 0.1V = 5 - [50I_{B3} - 3.15m] R_C \cdots\cdots ①$$

其中

$$I_{B3} = I_{E2} - \frac{V_{BE3 (sat)}}{R_2} = I_{B2} + I_{C2} - \frac{0.8}{1K}$$

$$= (1 + \beta_R) I_{B1} + \frac{V_{CC} - V_{CE2 (sat)} - V_{BE3 (sat)}}{R_1} - \frac{0.8}{1K}$$

$$= (1 + 0.4) (0.675m) + \frac{5 - 0.1 - 0.8}{1.6K} - \frac{0.8}{1K}$$

$$= 2.7075mA \cdots\cdots ②$$

解聯立方程式①，②得

$$R_{C , min} = 37\Omega$$

28.如圖所示為一蕭特基 TTL 閘電路

(1)說明為何使用蕭特基電晶體？Q_1至 Q_6中有一個並不需為蕭特基電晶體，請指出並說明你的理由。

(2)若各電晶體之 $V_{BE (ON)} = 0.7V$，$V_{BE (cut - in)} = 0.6V$，並設蕭特基電晶體飽和時 $V_{CE} = 0.35V$，試繪出此 TTL 閘之輸出對輸入的轉換特性曲線，並標示各關鍵值。

(3)當輸出電壓 V_o 由 V (0) 轉變為 V (1) 時，會產生一個向電容 C_L 充電的電流，試計算此電流之最大值。（**題型：TTL 邏輯電路**）

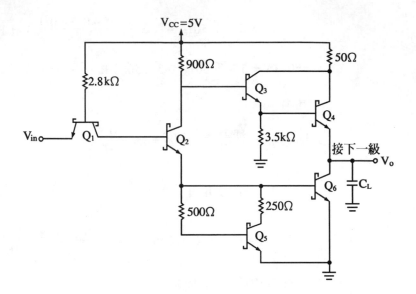

$V_{CC}=5V$

$2.8k\Omega$

900Ω

50Ω

Q_3

Q_4

V_{in} o——Q_1

Q_2

$3.5k\Omega$

接下一級

o V_o

Q_6

C_L

500Ω

250Ω

Q_5

【 交大電子所 】

解☞：

(1) 1. 蕭特基電晶體可改善速度

　2. Q_4不需為蕭特基電晶體，因為 Q_3 之故，所以 Q_4 的 B，C 間之蕭特基二極體並不會導通。

(2) 1. $V_{OL} = V_{CE6(\,sat\,)} = 0.35V$

忽略900Ω 上的極小壓降，則

$V_{OH} = V_{CC} - V_{BE3(\,ON\,)} - V_{BE(\,cut-in\,)} = 5 - 0.7 - 0.6 = 3.7V$

$V_{IH} = V_{BC1} + V_{BE2(\,ON\,)} + V_{BE6(\,ON\,)} - V_{BE1(\,ON\,)}$

$= 0.35 + 0.7 + 0.7 - 0.7 = 1.05V$

$V_{IL} = V_{BC1} + V_{BE2(\,cut-in\,)} + V_{BE6(\,cut-in\,)} - V_{BE1(\,ON\,)}$

$= 0.35 + 0.6 + 0.6 - 0.7 = 0.85V.$

2.轉移特性曲線

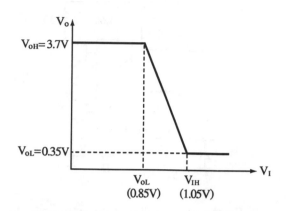

(3)V_o：$V(0) \rightarrow V(1)$時，欲求最大充電電流 I_{CL}，則需

$V_o = V(0) = 0.35V$

$$I_{3.5K} = \frac{V_{BE4} + V_o}{3.5K} = \frac{0.7 + 0.35}{3.5K} = 0.3mA$$

$$V_{B3} = \frac{V_{CC} - V_{BE3(ON)} - V_{BE4(ON)} - V_o}{900} = \frac{5 - 0.7 - 0.7 - 0.35}{900}$$

$$= 3.61mA$$

$$I_{50} = \frac{V_{CC} - V_{CE4} - V_o}{50} = \frac{5 - 0.35 - 0.35}{50} = 86mA$$

$$\therefore I_{CL} = I_{B3} + I_{50} - I_{3.5K} = 3.61m + 86m - 0.3m = 89.31mA$$

---

29. In the 54／74 family TTL gates, there are two kinds of output stages.

(1) For the totem – pole output as shown.

① What kind of logic function does the circuits perform？

② Is it possible to connect the outputs to form Wired logic？ why？

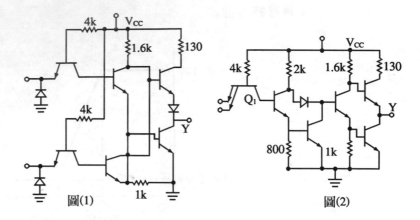

圖(1)　　　　　　　　　　　圖(2)

(2) For the open – collector output stage as shown.

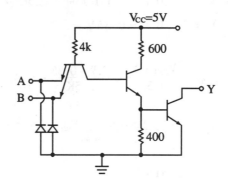

① What kind of logic function?

② If many outputs were tied together through one pull – up resistor R, what kind of wired logic does it perform? (explain how) (**題 型：TTL邏輯電路**)

【交大電子所】

解☞：

　　(1)① 圖(1)：NOR→Y = $\overline{A + B}$

　　　　　圖(2)：AND→Y = AB

　　　② 不能。

因為當許多輸出線連接在一起時，有的是高電位，有的是低電位。故不能形成 Wired – logic。

(2)①NAND→Y = $\overline{AB}$

②形成 Wired – AND

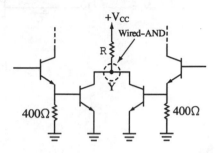

此時，所有的輸出均含同電位

---

30. For a TTL gate shown, assume $\beta_F = 40$, $\beta_R = 0.01$, $V_{BE(\,sat\,)} = 0.75V$, $V_{BE(\,active\,)} = 0.7V$, $V_{BE(\,cut\ in\,)} = 0.6V$, $V_{CE(\,sat\,)} = 0.2V$, neglect reverse saturation currents, $V_{D(\,ON\,)} = 0.7V$, $V_{D(\,cut\ in\,)} = 0.6V$.

(1) For $V_I = 0.2V$ and a load resistor of $1k\Omega$ connected from V_o to GND. Please specify the operation mode of Q_1. Calculate I_2 and V_o.

(2) For $V_I = 4V$ and a load resistor of $1k\Omega$ connected from output to V_{CC}. Please specify the operation mode of Q_1. Calculate I_1 and V_o and I_3.

(3) Two TTL gates, one with $V_I = 0.2V$, one with $V_I = 4V$ have their output shorted. What V_o result？ What current flows in the short circuit？

（題型：TTL邏輯電路）

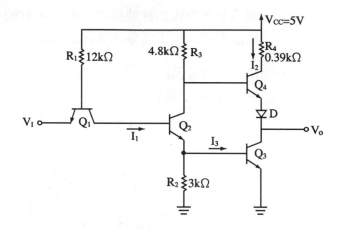

簡譯

如圖 TTL：設 $\beta_F = 40$，$\beta_R = 0.01$，$V_{BE,sat} = 0.75V$，$V_{BE,act} = 0.7V$，$V_{BE,cut-in} = 0.6V$，$V_{CE,sat} = 0.2V$，$V_{D,on} = 0.7V$，$V_{D,cut-in} = 0.6V$

(1)在 $V_I = 0.2V$，且 V_o 至地之間有1kΩ 的負載電阻，指出 Q_1 的工作區域，並求 I_2 與 V_o 值。

(2)在 $V_I = 4V$，且 V_o 至 $+V_{CC}$ 之間有1kΩ 的負載電阻，指出 Q_1 的工作區域，並求 I_1、I_3 與 V_o 值。

(3)若將二個 TTL 閘的輸出端短路，其中一個 $V_I = 0.2V$，另一個 $V_I = 4V$，求 V_o 與短路線上之電流值。

解☞：

(1) 1.$V_I = 0.2V$ 時→Q_1：飽和，Q_2 及 Q_3：截止，設 Q_4 在飽和區

$V_{CC} - I_2R_4 - V_{CE4(sat)} - V_{D(ON)} - I_{E4}R_L = 0$

→$5 - (0.39K)I_2 - 0.2 - 0.7 - (I_2 + I_{B4})(1K) = 0$……①

$I_{B2}R_3 + V_{BE4(sat)} = I_2R_4 + V_{CE4(sat)}$

→$(4.8K)I_{B2} + 0.75 = (0.39K)I_2 + 0.2$……②

2.解聯立方程式①，②得

$$\begin{cases} I_2 = 2.87\text{mA} \\ I_{B4} = 0.12\text{mA} \end{cases} \rightarrow \because \beta > \dfrac{I_2}{I_{B4}} \quad \therefore Q_4 確在飽和區，$$

3.故知

$$V_o = I_{E4}R_L \doteqdot （I_2 + I_{B4}）（1\text{K}） = 3\text{V}$$

(2) 1.$V_I = 4\text{V}$ 時→Q_1：逆向主動區　Q_2 及 Q_3：飽和，Q_4：截止。

$$I_{B1} = \frac{V_{CC} - I_{BC1} - V_{BE2（sat）} - V_{BE3（sat）}}{12\text{K}}$$

$$= \frac{5 - 0.7 - 0.75 - 0.75}{12\text{K}} = 0.23\text{mA}$$

$$I_1 = （1 + \beta_B）I_{B1} = （1 + 0.01）（0.23\text{m}） = 0.235\text{mA}$$

$$I_{C2} = \frac{V_{CC} - V_{CE2（sat）} - V_{BE3（sat）}}{4.8\text{K}} = \frac{5 - 0.2 - 0.75}{4.8\text{K}} = 0.84\text{mA}$$

$$\therefore I_3 = I_1 + I_{C2} - \frac{V_{BE3（sat）}}{3\text{K}} = 0.235\text{m} + 0.84\text{m} - \frac{0.75}{3\text{K}}$$

$$= 0.83\text{mA}$$

$$V_o = V_{CE3（sat）} = 0.2\text{V}$$

流經負載 R_L 之電流

$$I_L = \frac{V_{CC} - V_o}{R_L} = \frac{5 - 0.2}{1\text{K}} = 4.8\text{mA}$$

(3)因為 TTL 具有（Wired – AND）的特性

$$\therefore V_o = 0.2\text{V}$$

故其短路電流 I_s

$$I_s = I_{B4} + I_2 = \frac{V_{CC} - V_{BE4\,(\,sat\,)} - V_{D\,(\,ON\,)} - V_{CE\,(\,sat\,)}}{R_3}$$

$$+ \frac{V_{CC} - V_{BE4\,(\,sat\,)} - V_D - V_{CE3\,(\,sat\,)}}{R_4}$$

$$= \frac{5 - 0.75 - 0.7 - 0.2}{4.8K} + \frac{5 - 0.2 - 0.7 - 0.2}{0.39K} = 10.7\text{mA}$$

31. Obtain the output function produced by the TTL gate circuit shown below.

（題型：TTL邏輯電路）

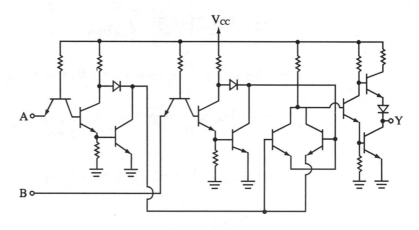

【交大電子所】

解☞：

$$Y = A \oplus B$$

故知，此為 Exclusive – OR

32. 有一 TTL電路如圖所示，假設 $\beta_F = 40$，$\beta_R = 0.5$，$V_{BE\,(\,act\,)} = 0.7V$，$V_{BE\,(\,sat\,)} = 0.8V$，$V_{CE\,(\,sat\,)} = 0.2V$．

(1)假設扇出為零，試完成下列表格之填寫（題型：TTL邏輯電路）

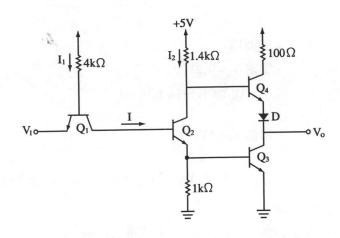

工作情況 輸入狀況	Q_1	Q_2	Q_3	Q_4	I
(1)					
(2)					
(3)					

①當 $V_I = 0.2V$

②當 $V_I = 5V$

③當 V_I 由5V 變為0.2V 之瞬間

(2)試求最大扇出（max. fanout）。

【交大電子所】

解☞：

(1) 1.

工作情況 輸入狀況	Q_1	Q_2	Q_3	Q_4	I
$V_I = 0.2V$	飽和區	截止區	截止區	作用區	0mA
$V_I = 5V$	反向 作用區	飽和區	飽和區	截止區	1.0125mA
V_I 由5V 變至0.2V 之瞬間	作用區	截止區	飽和區	飽和區	−41mA

2. I 的計算

①當 $V_I = 0.2V$

　　∵ Q_2：OFF→I = I_{B2} = OA

②當 $V_I = 5V$

$$I_{B1} = \frac{V_{CC} - V_{B1}}{4K} = \frac{V_{CC} - V_{BC1} - V_{BE2 \,(\, sat \,)} - V_{BE3 \,(\, sat \,)}}{4K}$$

$$= \frac{5 - 0.7 - 0.8 - 0.8}{4K} = 0.675mA$$

∴ $I = I_{C1} = (1 + \beta_R)I_{B1} = -(1 + 0.5)(0.675m) = 1.0125mA$

③當 V_I 由5V 變爲0.2V 之瞬間

$$I_{B1} = \frac{V_{CC} - V_{B1}}{4K} = \frac{V_{CC} - V(\,0\,) - V_{BE1 \,(\, act \,)}}{4K} = \frac{5 - 0.2 - 0.7}{4K}$$

$$= 1.025mA$$

∴ $I = -\beta_F I_{B1} = (\,-40\,)\,(\,1.025m\,) = -41mA$

(2)求最大扇出數 N 時，$V_I = 5V$，$I_{B2} = 1.0125mA$

$$I_{C2} = \frac{V_{CC} - V_{CE2 \,(\, sat \,)} - V_{BE3 \,(\, sat \,)}}{1.4K} = \frac{5 - 0.2 - 0.8}{1.4K} = 2.86mA$$

$$I_{B3} = I_{E2} - \frac{V_{BE3 \,(\, sat \,)}}{1K} = I_{B2} + I_{C2} - \frac{0.8}{1K} = 1.0125m + 2.86m - 0.8m$$

$$= 3.0725mA$$

∵ Q_3 需維持在飽和區

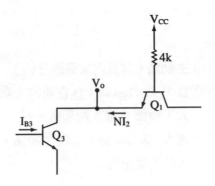

$$I_L = \frac{V_{CC} - V_{BE1\,(\,sat\,)} - V\,(\,0\,)}{4K} = \frac{5 - 0.7 - 0.2}{4K} = 1.025mA$$

$\therefore \beta_F I_{B3} \geq NI_L$，即

$$(\,40\,)\,(\,3.0725m\,) \geq N\,(\,1.025m\,)$$

故 $N \leq \dfrac{(\,40\,)\,(\,3.0725m\,)}{1.025m} = 119.8$

取 $N_{max} = 119$

---

33. For the TTL inverter shown assume $\beta_F = 100$,

(1) At the instant when V_I changes from 5V to 0.2V, what is the operating mode of Q_1？

(2) Why can the Q_2 be quickly turned off？（題型：TTL邏輯電路）

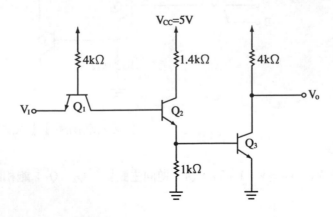

解☞ :

(1)在主動區（詳見內文電路分析）

(2)①當 V_I 為 High 時：Q_1 在逆向主動區，因此使 Q_2 的基極電流極大，而使 Q_2 進入飽和區。

②當 V_I 為 Low 時：Q_1 在主動區，因此迅速對 Q_2 基極放電而使 Q_2 進入截止區。

---

34. For the TTL gate shown, if the inputs are obtained from the outputs of similar gates and $h_{FE(min)} = 20$, $h_{FEI} = 0.5$.

(1) When all inputs are high, find the state of each transistor and all currents and voltages of the circuit.

(2) Repeat(1) if at least one input is low.

(3) Calculate the maximum fan – out for proper operation. (題型：TTL邏輯電路)

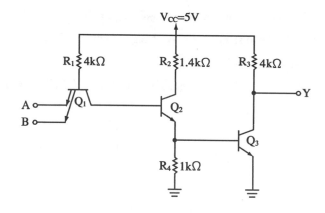

解☞ :

(1)$V_A = V_B = V（1）$ 時，Q_1：逆向主動區，Q_2，Q_3：飽和區，並設

$$V_{BE(sat)} = 0.7V \text{ , } V_{BE(sat)} = 0.8V \text{ , } V_{CE(sat)} = 0.2V$$

$$V_{B1} = V_{BC1} + V_{BE2(sat)} + V_{BE3(sat)} = 0.7 + 0.8 + 0.8 = 2.3V$$

$$I_{B1} = I_{R1} = \frac{V_{CC} - V_{B1}}{R_1} = \frac{5 - 2.3}{4K} = 0.675mA$$

$$I_{B2} = I_{C1} = (1 + h_{FEI})I_{R1} = (1 + 0.5)(0.675m) = 1.013mA$$

$$V_{C2} = V_{CE2(sat)} + V_{BE3(sat)} = 0.2 + 0.8 = 1V$$

$$I_{C2} = I_{R2} = \frac{V_{CC} - V_{C2}}{R_2} = \frac{5 - 1}{1.4K} = 2.857mA$$

$$I_{E2} = I_{B2} + I_{C2} = 1.013m + 2.857m = 3.07mA$$

$$I_{C3} = I_{R3} = \frac{V_{CC} - V_{BE3(sat)}}{R_3} = \frac{5 - 0.2}{4K} = 1.2mA$$

$$Y = V_{CE3(sat)} = 0.2V$$

(2)若 $V_A = V(0)$，$V_B = V(1)$，或 $V_A = = V(1)$，$V_B = V(0)$，則

Q_1：飽和區，Q_2，Q_3：截止區（設 $V(0) = 0.1V$）

$$V_{B1} = V(0) + V_{BE1(sat)} = 0.1 + 0.8 = .9V$$

$$I_{B1} = I_{R1} = \frac{V_{CC} - V_{B1}}{R_1} = \frac{5 - 0.9}{4K} = 1.025mA$$

$$V_{B2} = V_{CE1(sat)} + V(0) = 0.2 + 0.1 = 0.3V$$

$$I_{C2} = I_{R2} = I_{E2} = I_{C3} = 0A$$

$$Y = 5V$$

(3) $\because 1.2mA + (1.025mA)N \leq (3.07mA)(h_{FE(min)})$

$\therefore N \leq 58.7 \rightarrow N_{max} = 58$

35. A TTL NAND gate with a totem – pole output stage is shown in Fig. Explain the function of R_3, R_{C4} and diode D_o. (題型：TTL邏輯電路)

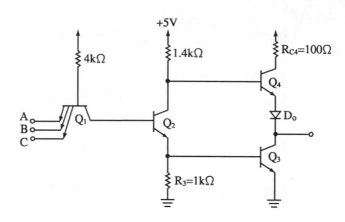

【 交大電信所 】

解☞：

1. R_3：為 Q_3基極放電的路程

2. R_{C4}：①限制流進 Q_4的電流

　　　　②在 Q_4導通，而 Q_3仍飽和的狀況下，可限制供應電流。
　　　　促使工作正常。

3. D_o：在 Q_2及 Q_3都在飽和區時，D_o可避免 Q_4也進入飽和區。

---

36. For the TTL logic gate circuit show below, for input high (5V)，assume $V_{BE(on)} = 0.7V$. $V_{CEsat} = 0.2V$, $\beta_R = 0.02$, please calculate

(1) The base voltage for Q_1, Q_2, Q_3, Q_4

(2) The base current for Q_1, Q_2, Q_3, Q_4 (題型：TTL邏輯電路)

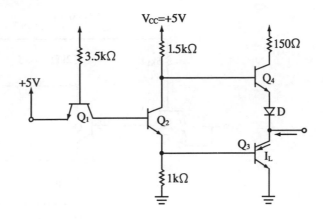

解☞：參閱同類型電路分析

(1)$V_{B1} = 2.1V$

$V_{B2} = 1.4V$

$V_{B3} = 0.7V$

$V_{B4} = 0.9V$

(2)$I_{B1} = 0.83mA$

$I_{B2} = 0.85mA$

$I_{B3} = 2.88mA$

$I_{B4} = 0$

---

37. Both inputs of the TTL gate are ties together as shown. The transistors are identical and have $\beta_R = 0.5$. Determine $\beta_{F(min)}$ for proper operation. Assume that Q_2 and Q_3 saturate for $V_s = V(1)$. (題型：TTL邏輯電路)

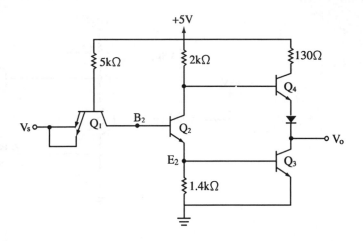

解☞：

1.當 $V_s = V(1)$ 時，Q_1：逆向主動區，Q_2及 Q_3：飽和區，Q_4：OFF

$\because V_{B1} = V_{BC1} + V_{BE2} + V_{BE3} = 0.7 + 0.7 + 0.7 = 2.1V$

$\therefore V_{B1} = \dfrac{V_{CC} - V_{B1}}{5K} = \dfrac{5 - 2.1}{5K} = 0.58mA$

$I_{B2} = (1 + \beta_R) I_{B1} = (1.5)(0.58m) = 0.87mA$

2.$V_{C2} = V_{CE2} + V_{BE3} = 0.2 + 0.7 = 0.9V$

$I_{C2} = \dfrac{V_{CC} - V_{C2}}{2K} = \dfrac{5 - 0.9}{2K} = 2.05mA$

$\therefore \beta_{F(min)} = \dfrac{I_{c2}}{I_{B2}} = \dfrac{2.05m}{0.87m} = 2.36$

38.Please draw a circuit transistor for a 3 – input TTL NAND gate with a totem –
pole output. (題型：TTL邏輯電路)

【 交大控制所 】

解☞：

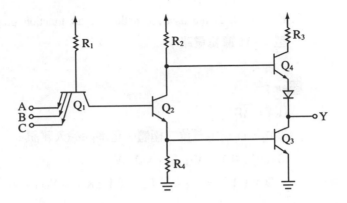

39.Consider the following TTL circuit：

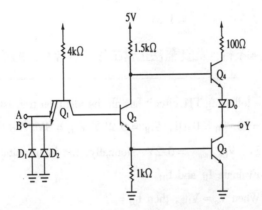

Assume that all transistors are identical and have the following parameters：
the reverse current gain $\beta_R = 0.5$； and $V_{BE} = 0.7V$ if the base – emitter
junction is forward – biased. Also assume the voltage drop across a forward –
biased diode is $V_D = 0.7V$.

(1)What is the logic relation between output Y and inputs A and B？

(2)What is the function of D_1 and D_2？

(3)Determine the logic levels, i.e., the voltage of V（0） and V（1） of the
   output Y when it is connected to the input of an identical gate.

(4)If diode D_o is not used, can this circuit function properly？ why？（題型：TTL邏輯電路）

解☞：

(1)$Y = \overline{AB}$

(2)D_1，D_2為定電位二極體，可消除輸入雜訊

(3)①$V（0）\approx V_{CE（sat）} = 0.2V$

②$V（1）= V_{CC} - （I_{B4}）（1.5K）- V_{BE4} - V_D$

$$= V_{CC} - （\frac{I_{DO}}{1+\beta}）（1.5K）- V_{BE4} - V_D$$

$$\approx 5 - 0.7 - 0.7$$

$$= 3.6V$$

(4)不行。如此無法正常工作，且會有大的功率損失。

40.The following TTL circuit has all the identical transistors with the parameters：
$\beta_F = 50$, $\beta_R = 0.01$, $V_{OL} = 0.2V$, $V_{OH} = 3V$, $V_{D（on）} = 0.7V$, $V_{BE（on）} = 0.7V$, $V_{CE（sat）} = 0.2V$. Normally, the input voltage of logic 0 is 0.2V.

(1)Evaluate I_{IL} and I_{IH}.

(2)When $V_o = V_{OL}$, then $I_{B3} = $?

(3)According to (1) and (2), what is the fan – out if it is connected to the same gates when $V_o = V_{OL}$?

(4)When $V_o = V_{OH}$, is Q_4 in active mode？ Explain your answer.

(5)When $V_o = V_{OH}$, $I_{E4} = $?

(6)According to (1) and (5), what is the fan – out if it is connected to the same gates when $V_o = V_{OH}$？（題型：TTL邏輯電路）

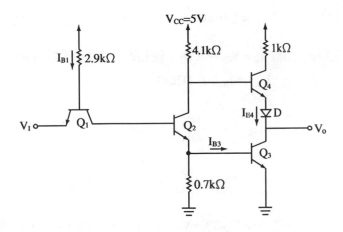

解☞：

(1) 1.當 $V_I = 0.2V = V（0）時，Q_2$：截止區，所以 $I_{C1} = 0A$

故 $I_{IL} = I_{B1} = \dfrac{V_{CC} - V_{BE1} - V_I}{2.9K} = \dfrac{5 - 0.7 - 0.2}{2.9K} = 1.41mA$

2.當 $V_I = 3V = V_{OH}$時，Q_1在逆向主動區

故 $I_{B1} = \dfrac{V_{CC} - V_{BC1} - V_{BE2} - V_{BE3}}{2.9K} = 1mA$

$\therefore I_{IH} = \beta_R I_{B1} = （0.01）（1m） = 0.01mA$

(2) 當 $V_o = V_{OL} = 0.2V$ 時→$V_I = V（1），由(1)題知 I_{B1} = 1mA$

$\therefore I_{B2} = （1 + \beta_R）I_{B1} = （1 + 0.01）（1mA） = 1.01mA$

$I_{C2} = \dfrac{V_{CC} - V_{CE2（sat）} - V_{BE3（on）}}{4.1K} = \dfrac{5 - 0.2 - 0.7}{4.1K} = 1mA$

故 $I_{B3} = I_{B2} + I_{C2} - I_{0.7K} = I_{B2} + I_{C2} - \dfrac{V_{BE3（ON）}}{0.7K}$

$= 1.01m + 1m - 1m$

$$= 1.01\text{mA}$$

(3)當 $V_o = V_{OL}$ 時，Q_3：飽和區，且由(2)題知 $I_{B3} = 1.01\text{mA}$

$$\therefore I_{C3} = NI_{IL} = 1.41N\text{mA}$$

$$\because \beta_F \geq \frac{I_{C3}}{I_{B3}} = \frac{1.41N}{1.01} = 1.396N$$

$$\therefore N \leq \frac{\beta_F}{1.396} = \frac{50}{1.396} = 35.82 \text{，即 } N_{max} = 35$$

(4)當 $V_o = V_{OH}$ 時 $\rightarrow V_I = V(0) = 0.2V$，$Q_2$，$Q_3$：在截止區，設 Q_4 在主動區，則

$$I_{B4} = \frac{V_{CC} - V_{BE4} - V_D - V_o}{4.1K} = \frac{5 - 0.7 - 0.7 - 3}{4.1K} = 0.146\text{mA}$$

$$\therefore I_{C4} = \beta_F I_{B4} = (50)(0.146m) = 7.32\text{mA}$$

而 $V_{C4} = V_{CC} - I_{C4}(1K) = 5 - (7.32)(1K) = -2.32V$

故知假設錯誤，所以 Q_4 應在飽和區。

驗證：

$$I_{C4} = \frac{V_{CC} - V_{BE4(\,sat\,)} - V_D - V_o}{1K} = \frac{5 - 0.2 - 0.7 - 0.7}{1K} = 1.1\text{mA}$$

$$\frac{I_{C4}}{I_{B4}} = \frac{1.1m}{0.146m} = 7.53 < \beta_F \quad \therefore \text{所設無誤。}$$

(5)由(4)題知，Q_4 在飽和區，故知

$$I_{E4} = I_{B4} + I_{C4} = 0.146m + 1.1m = 1.246\text{mA}$$

(6)當 $V_o = V_{OH}$ 時，由(1)知 $I_{IH} = 0.01\text{mA}$

此時 $I_{E4} \geq NI_{IH}$

$$\therefore N \le \frac{I_{E4}}{I_{IH}} = \frac{1.246m}{0.01m} = 124.6$$

即 $N_{max} = 124$

---

41. In what condition（s）can TTL outputs from different gates be wired – together, and what is（are）the wired function（s）？（題型：TTL邏輯電路）

解☞：

要接成 Wired 的型式，需形成 Wired – AND

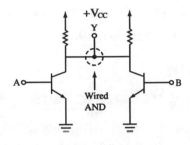

---

42. As shown in the Figure, the circuit has the following parameters： $V_{D, on} = 0.8V$, $V_{CE, sat} = 0.2V$, and $V_{BE, on} = 0.7V$ $\beta = 50$. All transistors are either at off state or at saturation state. List the detailed procedure to answer the following questions.

(1) If $V_I = 4V$, find $V_o = ?$ V

(2) If $V_I = 0V$, find $V_o = ?$ V

(3) Why diode D is necessary in order to prevent Q_3 and Q_4 on at the same time？（題型：TTL邏輯電路）

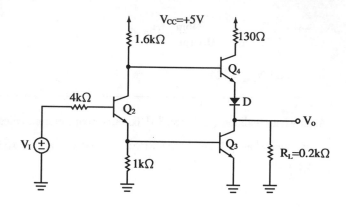

【清大電機所】

解☞：

(1)當 $V_I = 4V$ 時（ Q_2 ， Q_3：sat， Q_4：OFF，D：OFF）

$\therefore V_o = V_{CE3(sat)} = 0.2V$

驗證

$$I_{B2} = \frac{V_I - V_{BE2(sat)} - V_{BE3(sat)}}{4K} = \frac{4 - 0.7 - 0.7}{4K} = 0.65mA$$

$$I_{C2} = \frac{V_{CC} - V_{CE2(sat)} - V_{BE3(sat)}}{1.6K} = \frac{5 - 0.2 - 0.7}{1.6K} = 2.56mA$$

$$I_{B3} = I_{E2} - \frac{V_{BE3(sat)}}{1K} = I_{B2} + I_{C2} - \frac{0.7}{1K}$$

$$= (0.65m + 2.56m - 0.7m) = 2.51mA$$

$$\because \frac{I_{C2}}{I_{B2}} = \frac{2.56m}{0.65m} = 3.94 < \beta$$

$\therefore Q_2$ ， Q_3確在飽和區

(2) $V_I = 0V$ 時（ Q_2 ， Q_3：OFF， Q_4：sat，D：ON）

$$V_{CC} - I_{B4}(1.5K) - V_{BE4(sat)} - V_D - I_{E4}R_L = 0$$

$$\rightarrow 5 - (1.5K) I_{B4} - 0.7 - 0.8 - (I_{B4} + I_{C4})(0.22K) = 0$$

$$\rightarrow 3.5 - (1.72K) I_{B4} - (0.22K) I_{C4} = 0 \cdots\cdots ①$$

$$V_{CC} - I_{C4}(130) - V_{CE4(sat)} - V_D - I_{E4}R_L = 0$$

$$\rightarrow 5 - 130 I_{C4} - 0.2 - 0.8 - (I_{B4} + I_{C4})(0.22K) = 0$$

$$\rightarrow 4 - (0.22K) I_{B4} - (0.35K) I_{C4} = 0 \cdots\cdots ②$$

解聯立方程式①②，得

$$I_{B4} = 0.623mA，I_{C4} = 11.04mA$$

$$\therefore V_o = I_{E4}R_L = (I_{B4} + I_{C4}) R_L$$

$$= (0.623m + 11.04m)(0.22K)$$

$$= 2.57V$$

(3)當 Q_2，Q_3：sat 時，因 D 之故，使得 Q_4在截止區，所以 Q_3及 Q_4 不會同時導通。

---

43. The circuit shown is sometimes used as an inverter in TTL logic chips. The transistors used are identical and have $\beta_F - 25$ and $\beta_R = 0.5$. For V (0) = 0.2V and V (1) = 3.5V

(1) Verify that the circuit behaves as an inverter.

(2) Determine the base and collector current in each transistor for $V_s = V (0)$ and $V_s = V (1)$.

(3) What is the fan – out of the circuit？

(4) Obtain the voltage transfer characteristics. （題型：TTL邏輯電路）

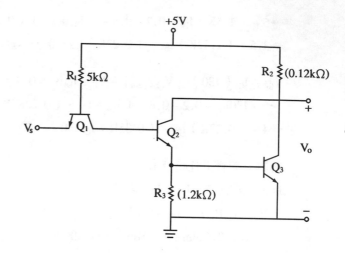

【中山電機所】

簡譯

TTL電路中，$\beta_F = 25$，$\beta_R = 0.5$，V（0）$= 0.2V$，V（1）$= 3.5V$

(1)說明電路具反相器功能。

(2)求 $V_s = V（0）$ 和 $V_s = V（1）$ 時，每一個電晶體的 I_B，I_C 值。

(3)求扇出數。

(4)繪出 $V_o／V_I$ 轉移曲線。

解☞：

(1) 1.若 $V_s = V（0）= 0.2V$ 時，Q_2，Q_3：OFF，Q_1：飽和

∴ $V_o = V（1）$

2.若 $V_s = V（1）$ 時，Q_2，Q_3：ON，Q_1：逆向主動區

∴ $V_o = V（0）$

故知此邏輯為 $V_o = \overline{V_s}$，即反相器。

(2) 1.當 $V_s = V（0）= 0.2V$ 時（Q_1：sat，Q_2，Q_3：OFF）

$$I_{B1} = \frac{V_{CC} - V_{BE（sat）} - V_s}{R_1} = \frac{5 - 0.8 - 0.2}{4K} = 1mA$$

$\because Q_2 , Q_3 : OFF$

$\therefore I_{C1} = I_{C2} = I_{C3} = I_{B2} = I_{B3} = 0A$

2.當 $V_s = V (1) = 3.5V$ 時（ Q_1：逆向主動區，Q_2：sat，Q_3：Act ）

$$I_{B1} = \frac{V_{CC} - V_{BE2 (sat)} - V_{BE3 (act)}}{R_1} = \frac{5 - 0.7 - 0.8 - 0.7}{4K} = 0.7mA$$

$$I_{B2} = - I_{C1} = (1 + \beta_R) I_{B1} = (1 + 0.5) (0.7m) = 1.05mA$$

3.$I_{B3} = \frac{V_{BE3 (act)}}{R_3} = \frac{0.7}{1.2K} = 0.58mA$

$$I_{R2} = \frac{V_{CC} - V_{CE2 (sat)} - V_{BE3 (act)}}{R_2} = \frac{5 - 0.2 - 0.7}{0.12K} = 34.17mA$$

$\because I_{R2} = I_{C2} + \beta_F I_{B3}$

$\rightarrow I_{C2} + 25 I_{B3} = 34.17mA \cdots\cdots ①$

又 $I_{B2} + I_{C2} = I_{B3} + I_{R3}$

$\rightarrow 1.05mA + I_{C2} = I_{B3} + 0.58mA \cdots\cdots ②$

解聯立方程式①，②得

$I_{B3} = 1.33mA$，$I_{C2} = 0.87mA$

$I_{C3} = \beta_F I_{B3} = (25) (1.33m) = 33.25mA$

(3)當 $V_s = V (0) = 0.2V$ 時→$V_o = V (1) = 3.5V$

此時 Q_1：逆向主動區，Q_2：sat，Q_3：act，則

已知 $I_{B1} = 0.7mA$

$\therefore I_{IH} = \beta_R I_{B1} = (0.5) (0.7m) = 0.35mA$

$$I_L = \frac{V_{CC} - V_o}{R_2} = \frac{5 - 3.5}{0.12K} = 12.5mA$$

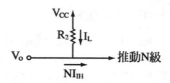

$$\therefore N = \frac{I_L}{I_{IH}} = \frac{12.5m}{0.35m} = 35.7$$

取 $N = 35$

(4) 1.設 $V_{BE(ON)} = 0.7V$，則 Q_2，Q_3介於截止及導通邊界，而 Q_1介於飽和邊緣時，

$$V_s = V_{BE2} + V_{BE3} - V_{CE1(sat)} = 0.7 + 0.7 - 0.2 = 1.2V$$

$$I_{C2} \approx I_{E2} = \frac{V_{BE3}}{R_3} = \frac{0.7}{1.2K} = 0.58mA \approx I_{R2}$$

$$\therefore V_o = V_{CC} - I_{R2}R_2 = 5 - (0.58m)(0.12K) = 4.93V$$

2.求 V_{OL}及 V_{IH}

當 $V_s = 1.4V = V_{IH}$

$$V_{OL} = V_{CC} - (I_{C2} + I_{C3})R_2 = 5 - (0.87m + 33.25m)(0.12K)$$
$$= 0.906V$$

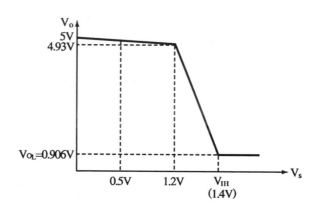

44. For the circuit shown in Figure, both inputs of the TTL gate are tied together. The transistor are identical and have $\beta_R = 0.3$. (1) Determine the minimum β_F of Q_2 such that Q_2 and Q_3 are saturated for $V_s = V\,(\,1\,)$. (2) Sketch the voltage transfer characteristics. (3) What are the noise margins. （題型：TTL邏輯電路）

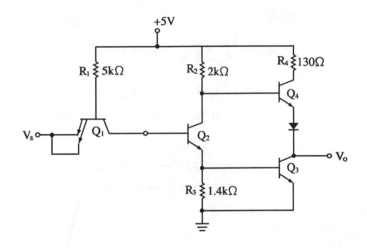

【技師】【中山電機所】

解☞ :

(1)由題意知，當 $V_s = V\,(\,1\,)$ 時 Q_2 及 Q_3 在飽和區，而 Q_1 在逆向主動區，設（ $V_{BE\,(\,ON\,)} = 0.7V$ ）

$$I_{B1} = \frac{V_{CC} - V_{B1}}{R_1} = \frac{V_{CC} - V_{BC1} - V_{BE2\,(\,sat\,)} - V_{BE3\,(\,sat\,)}}{R_1}$$

$$= \frac{5 - 0.7 - 0.7 - 0.7}{5K} = 0.58mA$$

$$\therefore I_{B2} = I_{C1} = (\,1 + \beta_R\,)\,I_{B1} = (\,1 + 0.3\,)\,(\,0.58m\,) = 0.754mA$$

$$I_{C2} = \frac{V_{CC} - V_{CE2(sat)} - V_{BE3(sat)}}{R_2} = \frac{5 - 0.2 - 0.7}{2K} = 2.05mA$$

$$\therefore \beta_{F,min} = \frac{I_{C2}}{I_{B2}} = \frac{2.05m}{0.754m} = 2.718$$

(2)設 Q_1：sat，Q_2：act，Q_3介於 act 及 OFF 邊緣，Q_4：ON

則 $V_s = V_{BE3} + V_{BE2} - V_{CE1} = 0.7 + 0.7 - 0.2 = 1.2V$

此時

$$I_{C2} \approx I_{E2} = \frac{V_{BE3}}{R_3} = \frac{0.7}{1.4K} = 0.5mA \approx I_{R2}$$

$$\therefore V_o = V_{CC} - I_{R2}R_2 - V_{BE4} - V_D$$
$$= 5 - (0.5m)(2K) - 0.7 - 0.7 = 2.6V$$

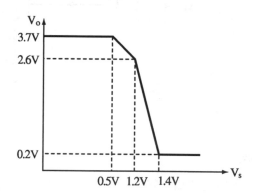

(3)$NM_H = V_{OH} - V_{IH} = 3.7 - 1.4 = 2.3V$

$NM_L = V_{IL} - V_{OL} = 0.5 - 0.2 = 0.3V$

45.Explain briefly (1) what is the totem－pole output structure for a TTL NAND gate？ (2) what is the advantage of this structure. （題型：TTL邏輯電路）
【成大電機所】

解☞ :

(1)

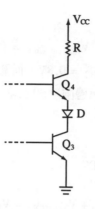

(2)此結構最大優點爲 :

　　①可快速對負載電容充放電。

　　②因爲 Q_3 及 Q_4 不會同時導通，所以功率損耗低。

46.The BJT in the circuit shown in the figure begins to conduct at $V_{BE} = 0.7$ and
is fully conducting at $V_{BE} = 0.8V$. The same applies to D_7. The Schottky
diodes have a voltage drop of $0.5V$.

(1)What is the logic function performed ?

(2)Find the noise margins.

(3)Find the current drawn from the supply when A is high, B is high, and C is
low. (題型：蕭特基 TTL)

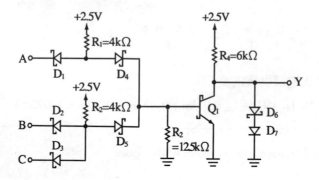

簡譯

已知 BJT 的 $V_{BE(cut-in)} = 0.7V$，$V_{BE(ON)} = 0.8V$，$V_{D7(cut-in)} = 0.7V$，$V_{D7(ON)} = 0.8V$，而蕭特基二極體的壓降為0.5V，求(1)邏輯功能。(2)雜訊邊限。(3)求當 A，B 為高態時，C 為低態時之電源所供給電流。

解☞ :

(1) $Y = \overline{A + BC}$

(2) $V_{IH} = V_{D4} + V_{BE1(ON)} - V_{D1} = 0.5 + 0.8 - 0.5 = 0.8V$

$V_{OH} = V_{D6} + V_{D7} = 0.8 + 0.5 = 1.3V$

$V_{IL} = V_{D4} + V_{BE1(cut-in)} - V_{D1} = 0.5 + 0.7 - 0.5 = 0.7V$

$V_{OL} = V_{CE1} = V_{BE1(ON)} - V_{BC1} = V_{BE1(ON)} - V_D = 0.8 - 0.5 = 0.3V$

$\therefore NM_H = V_{OH} - V_{IH} = 1.3 - 0.8 = 0.5V$

$NM_L = V_{IL} - V_{OL} = 0.7 - 0.3 = 0.4V$

(3) $\because A = B = V(1)$，且 $C = V(0)$ 時 $\rightarrow Y = V(0)$

$\therefore I_{R1} = \dfrac{V_{CC} - V_{D4} - V_{BE1(ON)}}{R_1} = \dfrac{2.5 - 0.5 - 0.8}{4K} = 0.3mA$

$I_{R2} = \dfrac{V_{CC} - V_{D3} - V(0)}{R_2} = \dfrac{2.5 - 0.5 - 0.3}{4K} = 0.425mA$

$I_{R4} = \dfrac{V_{CC} - V(0)}{R_4} = \dfrac{2.5 - 0.3}{6K} = 0.37mA$

故電源供應電流 I

$I = I_{R1} + I_{R2} + I_{R4} = 0.3m + 0.425m + 0.37m = 1.092mA$

---

47. For a TTL logic gate as shown in the figure.

(1)What is the relationship between output Y and inputs A, B, C?

(2)Please evaluate the high level（ V（ 1 ）） and low level（ V（ 0 ）） of output voltage.

(3)Please evaluate the average static power dissipation per gate. （題型：TTL 邏輯電路）

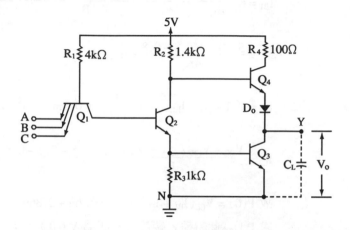

【成大電機所】

簡譯

TTL電路：(1)求輸出 Y 與輸入 A，B，C 間的關係。(2)計算輸出電壓的 V（1）和 V（0）。(3)求每個閘的平均靜態功率損耗。

解☞：

(1)此為 NAND 邏輯閘

∴ $Y = \overline{ABC}$

(2)設 $V_{CE(sat)} = 0.2V$ ，$V_{BE(cut-in)} = 0.5V$ ，$V_{BE(sat)} = 0.8V$ ，

$V_{DO(cut-in)} = 0.6V$ ，$\beta_F = 50$

$V（0） = V_{CE3(sat)} = 0.2V$

$V（1） = V_{CC} - I_{R2}R_2 - V_{BE4(cut-in)} - V_{DO(cut-in)}$

$\approx V_{CC} - V_{BE4(cut-in)} - V_{DO(cut-in)}$

$$= 5 - 0.5 - 0.6 = 3.9V$$

$(3) \because P_{av} = \dfrac{1}{2} [P (0) + P (1)]$

1.求 $P (0) \rightarrow$ 此時 $A = B = C = V (1)$ ，即 $Y = V (0)$

$$I_{B1} = \frac{V_{CC} - V_{B1}}{R_1} = \frac{V_{CC} - V_{BC1} - V_{BE2 (sat)} - V_{BE3 (sat)}}{R_1}$$

$$= \frac{5 - 0.6 - 0.8 - 0.8}{4K} = 0.7 mA$$

$$I_{B2} = (1 + \beta_R) I_{B1} = (1 + \frac{1}{50}) (0.7m) = 0.714 mA$$

$$I_{C2} = \frac{V_{CC} - V_{CE2 (sat)} - V_{BE3 (sat)}}{R_2} = \frac{5 - 0.2 - 0.8}{1.4K} = 2.86 mA$$

故 $P(0) = V_{CC}(I_{B1} + I_{C2}) = (5)(0.7m + 2.86m) = 17.8 mW$

求 $P(1) \Rightarrow$ 此時輸入端若有一個為 $V (0)$ ，則 $Y = V(1)$

2.$P(1) = V_{CC} (I_{B1} + I_{R2} + I_{R4}) \approx V_{CC}I_{B1}$

$$= V_{CC}[\frac{V_{CC} - V(0) - V_{BE1}}{R_1}] = 5[\frac{5 - 0.2 - 0.7}{4K}] = 5.125 mW$$

3.故 $P_{av} = \dfrac{1}{2} [P (0) + P (1)]$

$$= \frac{1}{2} [17.8m + 5.125m] = 11.463 mW$$

48.A TTL gate with a totem – pole output is shown in Fig. (1) The transfer charac-teristics ($V_o - V_I$) of this gate is illustrated in Fig. (2) Please calculate the values of V_{OH}, V_{OB}, V_{OL}, V_{IL}, V_{IB}, and V_{IH}. (20%) (題型：TTL邏輯電路)

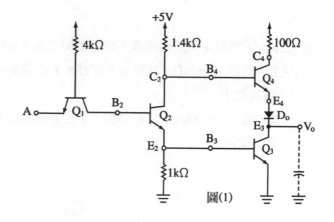

圖(1)

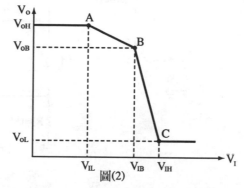

圖(2)

【成大電機所】

解☞:

$$V_{oh} = V_{CC} - V_{BE4\,(\,cut-in\,)} - V_{D\,(\,cut-in\,)} = 5 - 0.6 - 0.6 = 3.8V$$

$$V_{OL} = V_{CE\,(\,sat\,)} = 0.1V$$

$$V_{IL} = V_{BE2\,(\,cut-in\,)} - V_{CE1\,(\,sat\,)} = 0.6 - 0.1 = 0.5V$$

$$V_{IH} = V_{BE2\,(\,sat\,)} + V_{BE3\,(\,sat\,)} = 0.7 + 0.7 = 1.4V$$

49.Fig.(1)是一典型的 TTL反相器,我們將此反相器連接至一 LED 驅動
電路。已知 LED 的順偏電壓為1.7V,電晶體 Q 之 β = 100。

(1)在 Fig.(2)電路中之反相器如 Fig.(1)所示,計算通過 LED 之電流

I_C。

(2)在 Fig.(3)電路中，某糊塗學生將反相器之輸入端接在 LED 驅動電路上。假設 $R_b = 2k\Omega$，計算 I_C；此外，Y 之邏輯準位爲何？（0，1，或其他）。

(3)同(2)，若 $R_b = 100k\Omega$，則 I_C 爲何？Y 之邏輯準位爲何？（**題型：TTL邏輯電路**）

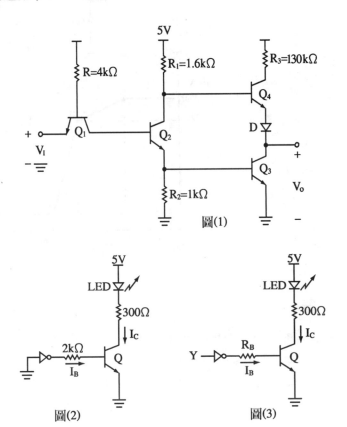

圖(1)

圖(2)   圖(3)

【中央電機所】

解☞：

(1)$I_C = 10.3mA$

(2)$Y = V(0)$,$I_C = 10.3mA$

(3)$Y = V(0)$,$I_C = 0.7mA$

$V_{IB} = V_{BE2(sat)} + V_{BE3(cut-in)} - V_{CE1(sat)} = 0.7 + 0.6 - 0.1 = 1.2V$

$\because V_{B3} = V_{BE3(cut-in)} = 0.6V$

$\therefore I_{E2} \approx I_{C2} = \dfrac{V_{BE3(cut-in)}}{1K} = \dfrac{0.6}{1K} = 0.6mA$

$V_{OB} = V_{CC} - I_{C2}(1.4K) - V_{BE4(cut-in)} - V_{D(cut-in)}$

$\quad = 5 - (0.6m)(1.4K) - 0.6 - 0.6 = 2.96V$

註：設

$\quad V_{BE(sat)} = 0.7V$

$\quad V_{BE(cut-in)} = V_{D(cut-in)} = 0.6V$

$\quad V_{CE(sat)} = 0.1V$

---

50. For the TTL 3 – input NAND gate circuit given,

(1)When all three inputs are " High ", what is the voltage at B_2?

(2)When all three inputs are " High ", what is the voltage at B_4?

(3)When one of the inputs is $0.2V$, what is the voltage at B_2?

(4)When one of the inputs is $0.2V$, what is the output voltage？

(5)Why is it necessary to include the diode D_o? （題型：TTL邏輯電路）

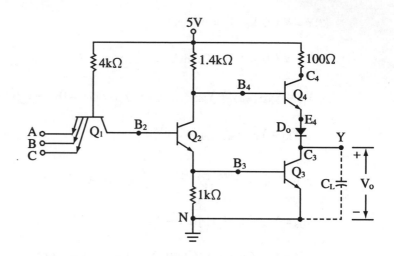

【中正電機所】

解☞：本題電路分析如前例。讀者自行解之。

(1)$V_{B2} = 1.4V$

(2)$V_{B4} = 0.9V$

(3)$V_{B2} = 0.3V$

(4)$V_o = 3.9V$

(5)詳見中冊第八章

---

51. The TTL NAND gate（shown as below）uses a modified totem－pole stage. The BJT parameters are $V_{BE(ON)} = 0.7V$, $V_{BE(sat)} = 0.8V$, $V_{CE(sat)} = 0.2V$, β_F（common－emitter forward short－circuit current gain）$= 20$, and β_R（common－emitter short－circuit reverse current gain）$= 0.5$. Assume that the inputs are derived from the outputs of identical gates.

(1) Given $A = B = C = V(1)$, verify that Q_5 is in the forward－active region.

(2) Determine the fan－out.（題型：改良型 TTL邏輯電路）

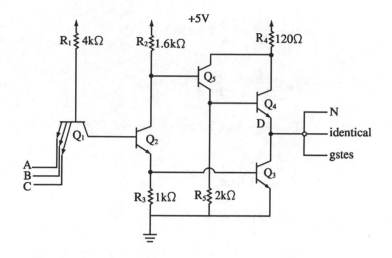

【工技電機所】

解☞：

(1) 1.當 A = B = C = V（1）時，

　　Q_1：逆向主動區，Q_2，Q_3：飽和區，Q_4：截止區，Q_5：主動區。

　　$V_{B1} = V_{BC1} + V_{BE2} + V_{BE3} = 0.7 + 0.8 + 0.8 = 2.3V$

　　$I_{B1} = \dfrac{V_{CC} - V_{B1}}{R_1} = \dfrac{5 - 2.3}{4K} = 0.675mA$

　　$I_{C1} = I_{B2} =（1 + \beta_R）I_{B1} =（1 + 0.5）（0.675m）= 1.01mA$

　2.$V_{C2} = V_{CE2} + V_{BE3} = 0.2 + 0.8 = 1V$

　　$I_{R2} = \dfrac{V_{CC} - V_{C2}}{R_2} = \dfrac{5 - 1}{1.4K} = 2.86mA$

　　$I_{R3} = \dfrac{V_{BE3}}{R_3} = \dfrac{0.8}{1K} = 0.8mA$

　　$\therefore V_{E5} = V_{C2} - V_{BE5} = 1 - 0.7 = 0.3V$

3. $I_{R5} = \dfrac{V_{E5}}{R_5} = \dfrac{0.3}{2K} = 0.15mA$

$I_{B5} = \dfrac{I_{R5}}{1 + \beta_F} = \dfrac{0.15m}{1 + 20} = 7.14\mu A$

$I_{C2} = I_{R2} - I_{B5} = 2.86m - 7.14\mu = 2.85mA$

$\because \dfrac{I_{C2}}{I_{B2}} = \dfrac{2.85m}{1.01m} = 2.82 < \beta_F$

$\therefore Q_2$確在飽和區

$I_{C5} = \beta_F I_{B5} = （20）（7.14\mu）= 0.1428mA = I_{R4}$

$V_{C5} = V_{CC} - I_{R4}R_4 = 5 - （0.1428m）（120）= 4.98V$

4. $\because V_{BC5} = V_{B5} - V_{C5} = V_{C2} - V_{C5} = 1 - 4.98V = -3.98V$

因為 $V_{BE5} > 0$，$V_{BC5} < 0$，所以 Q_5確在主動區，得證之。

(2) 1. 求低態輸入電流 I_{IL}

$$I_{IL} = \dfrac{V_{CC} - V（0）- V_{CE1（sat）}}{R_1} = \dfrac{5 - 0.2 - 0.8}{4K} = 1mA$$

2. $I_{B3} = I_{E2} - I_{R3} = I_{B2} + I_{C2} - I_{R3} = 1.01m + 2.85m - 0.8m = 3.06mA$

3. $\because Q_3$飽和

$\therefore \dfrac{I_{C3}}{I_{B3}} = \dfrac{NI_{IL}}{I_{B3}} = \dfrac{（1m）N}{3.06m} \leq \beta_F$

$\therefore N_{max} = \dfrac{（3.06m）\beta_F}{1m} = \dfrac{（3.06m）（20）}{1m} = 61.26$

取 $N_{max} = 61$

52. 下圖：$V_{CE(sat)} = 0.1V$，$V_{BE(cut-in)} = 0.7V$，$V_{BE(sat)} = 0.8V$，
$V_{D(ON)} = 0.7V$，$\beta_F = 30$，$\beta_R = 0.1$，

(1)求 BP1，BP2，BP3所對應之 V_{in} 和 V_o 值。

(2)當 V_o 由 V(0)至 V(1)時，C_L 之電荷係經由那一個電晶體流入。

(3)當 V_o 由 V(1)至 V(0)時，C_L 之電荷係經由那一個電晶體流
   出。（**題型：TTL邏輯電路**）

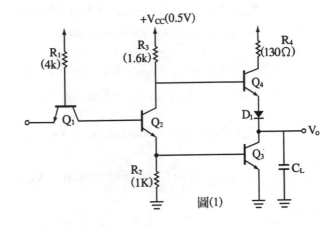

圖(1)

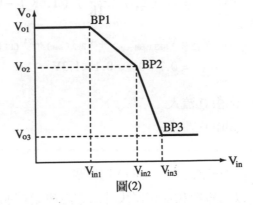

圖(2)

解☞：

(1)由圖(2)知

BP3時：$V_{o3} = V_{OL}$，$V_{in3} = V_{IH}$（Q_1逆向主動區，Q_2，Q_3：sat，Q_4：OFF）

BP1時：$V_{o1} = V_{OH}$，$V_{in1} = V_{IL}$（Q_1：sat，Q_2，Q_3：OFF，Q_4：ON）

BP2時：Q_1：sat，Q_2：act，Q_3：介於 OFF 及 act 轉態點，Q_4：ON。

1. $V_{o3} = V_{OL} = V_{CE3(sat)} = 0.1V$

$V_{in3} = V_{BE3(sat)} \div V_{BE2(sat)} + V_{BC1} + V_{BE1(sat)}$
$= 0.8 + 0.8 + 0.8 - 0.8 = 1.6v$

2. $V_{o1} = V_{OH} = V_{CC} - V_{BE4} - V_{D1} = 5 - 0.7 - 0.7 = 3.6V$

$V_{in1} = V_{IL} = V_{BE2(cut-in)} - V_{CE1(sat)} = 0.7 - 0.1 = 0.6V$

3. $V_{o2} = V_{CC} - I_{C3}R_3 - V_{BE4(cut-in)} - V_{D1(ON)}$

$= V_{CC} - (\frac{\beta_F}{1 + \beta_F})(\frac{V_{BE3(cut-in)}}{R_3})R_3 - V_{BE4(cut-in)} - V_{D1(ON)}$

$= 5 - (\frac{30}{31})(\frac{0.7}{1K})(1.6K) - 0.7 - 0.7 = 2.52V$

$V_{in2} = V_{BE3(cut-in)} + V_{BE2(sat)} - V_{CE1(sat)}$
$= 0.7 + 0.7 - 0.1 = 1.3V$

(2)由 Q_4 流入

(3)由 Q_3 流出

53.(1)何謂三態（Tri-state）邏輯閘。

(2)以二極體和反相器設計三態邏輯閘控制電路，並說明其工作原理。（**題型：TTL邏輯電路**）

【高考】

解☞：詳見內文

54.有 M 個集極開路 AND 閘 Wired – AND，接至 N 個 TTL NAND 閘。（且
TTL 輸入端的 I_{IL}，I_{IH}，V_{IL}，V_{IH}是已知的資料）

(1)欲求 $R_{L(min)}$ 時，則 A_1，A_2，……A_M 何者輸出為低電位或高電位。

(2)為何有 $I_{C(max)}$ 存在。

(3)求 $R_{L(min)}$。**（題型：TTL邏輯電路）**

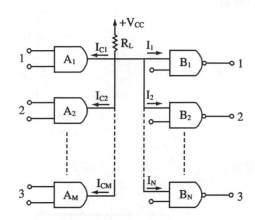

【高考】

解☞：

(1)當 $R_L = R_{L(min)}$ 時，在 $A_1 \sim A_m$ 中，只能有一個輸出為低電位，
（且 $I_C = I_{C(max)}$）而其餘為高電位。

(2)因為當某一 AND 閘輸出低電位時，則輸出級的電晶體必在飽和
區。即

$$\beta \geq \frac{I_C}{I_B} \rightarrow \beta I_B > I_C \quad \therefore I_{C(max)} = \beta I_B$$

(3) $I_{C(max)} = \dfrac{V_{CC} - V_{IL}}{R_{L(min)}} + N I_{IL}$ 故 $R_{L(min)} = \dfrac{V_{CC} - V_{IL}}{I_{C(max)} - N I_{IL}}$

§16 – 5〔題型九十四〕：ECL, I²L 數位邏輯電路

考型271 ECL 數位邏輯電路設計

ECL：Emitter Coupled Logic（射極耦合邏輯閘）

一、電路

1.射極耦合對

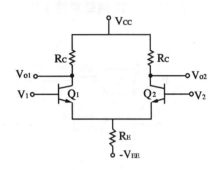

2.ECL 電路

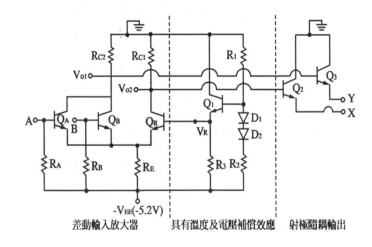

差動輸入放大器　　具有溫度及電壓補償效應　　射極隨耦輸出

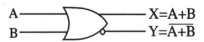

$$X=A+B$$
$$Y=\overline{A+B}$$

二、特性

1. 具 Wire – OR 線接之 OR 之特性。
2. 採非飽合方式工作，所以速度為所有邏輯族中最快的。又稱為電流式邏輯閘（Current Mode Logic）簡稱 CML。
3. 採用負電源。
4. 雜訊邊限小（約175mV），易受干擾。
5. 基本閘為 OR 及 NOR 雙端輸出。（即同時進行補數運算）

三、電路說明

1. Q_R 與 Q_A 或 Q_R 與 Q_B 形成差動放大器
2. Q_1，D_1，D_2，R_1，R_2，R_3 形成具有溫度補償的效應
3. Q_2 和 Q_3 形成兩個射極隨耦器
4. 簡化 V_{IL} 及 V_{IH} 計算，可定義如下：

若 Q_B 載有1%的 I_E，則 Q 載有99%的 I_E，則 $\dfrac{I_{ER}}{I_{EB}} = 99$，又由

$$V_{BER} - V_{BEB} = V_T \ell n \frac{I_{ER}}{I_{EB}} = V_T \ell n 99$$

再利用疊代法，可得 V_{IL} 及 V_{IH} 之相關式

$$\boxed{\begin{aligned} V_{IL} &= V_{REF} - V_T \ell n 99 \\ V_{IH} &= V_{REF} + V_T \ell n 99 \end{aligned}}$$

考型272　I^2L 數位邏輯電路設計

I^2L：Integrated Injection Logic（積體注入式邏輯）

一、電路

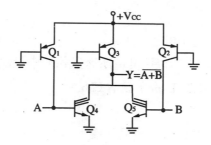

二、符號表示

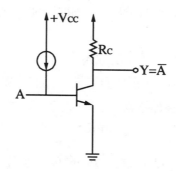

三、特性

1. 被動性電阻都由電晶體取代，製作簡單。密度高，其中 Q_1、Q_2是偏壓電阻，Q_3作爲集極電阻，Q_4與 Q_5是驅動元件。

2. 爲單一輸入多個輸出的結構。

3. 電壓振幅小，雜訊邊限（NM）亦小。

4. 基本閘爲 NOR。

歷屆試題

55. The figure shown is an early ECL circuit, Assume β is very large that the base current can be neglected and $V_{BE(cut-in)} = 0.6V$, $V_{BE(active)} = 0.75V$, $V_{BE(sat)} = 0.8V$

(1) Calculate the logic level at X.

(2) Calculate R_1 so that $V_Y = \overline{V_X}$

(3) Calculate noise margin when output X is at V（0） and also at V（1）.

（題型：ECL 邏輯電路）

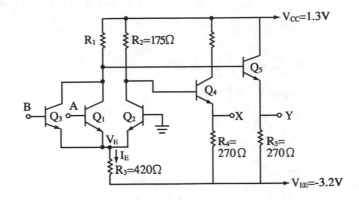

【交大電子所】

解☞：

(1) 1.若 $V_A = V_B = V(0) \rightarrow Q_1$，$Q_3$：OFF，$Q_2$，$Q_4$：Act

$$V_E = V_{B2} - V_{BE2(sat)} = 0 - 0.75 = -0.75V$$

$$I_E = \frac{V_E - V_{EE}}{R_3} = \frac{-0.75 + 3.2}{420} = 5.83mA \approx I_{C2}$$

$$\therefore V_{C2} = V_{CC} - I_{C2}R_2 = 1.3 - (5.83m)(175) = 0.28V$$

故 $X = V_{C2} - V_{BE4(act)} = 0.28 - 0.75 = -0.47V = V(0)$

2.若 $V_A = V(1)$，$V_B = V(0) \rightarrow Q_1$：Act，$Q_2$：OFF

$$\therefore X \cong V_{CC} - V_{BE4(act)} = 1.3 - 0.75 = 0.55V = V(1)$$

(2) $V_E = V_A - V_{BE1(act)} = V(1) - V_{BE1(act)} = 0.55 - 0.75 = -0.2V$

$$\therefore I_E = \frac{V_E - V_{EE}}{R_3} = \frac{-0.2 + 3.2}{420} = 7.14mA$$

$$\because V_Y = \overline{V_X} = V(0)$$

$$\therefore V_{C1} = V_Y + V_{BE5(act)} = V(0) + V_{BE5(act)} = -0.47 + 0.75$$

$$= 0.28V$$

又 $V_{C1} = V_{CC} - I_{C1}R_1 = V_{CC} - I_ER_1 = 1.3 - (7.14m) R_1 = 0.28V$

$\therefore R_1 = 143\Omega$

(3) $V_{OL} = V (0) = -0.47V$

$V_{OH} = V (1) \doteq 0.55V$

$V_{IL} = V_R - V_T\ln99 = 0 - 0.115 = -0.115V$

$V_{IH} = V_R + V_T\ln99 = 0 + 0.115 = 0.115V$

所以

$NM_L = V_{IL} - V_{OL} = -0.115 + 0.47 = 0.355V$

$NM_H = V_{OH} - V_{IH} = 0.55 - 0.115 = 0.435V$

---

56. For the I^2L circuit shown, Y is

(A)AB　(B)A + B　(C)$\overline{AB}$　(D)$\overline{A + B}$　(E)None of the above. （**題型：I²L 邏輯電路**）

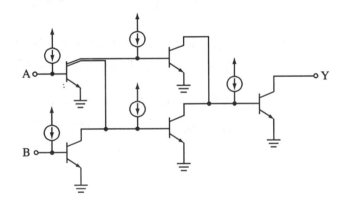

【交大電子所】

解☞：(E)

$Y = \overline{A (A + B)}$

57.For the ECL gate shown, please answer the following questions.

(1)What is the function of blocks 1 and 2 respectively?

(2)Write Boolean function of Y_1 and Y_2.

(3)If A is floating, then it behaves as logic 1 or 0 or high impedance or un-known?

(4)What are the two main purposes of the emitter follower output stage? (題型：ECL 邏輯電路)

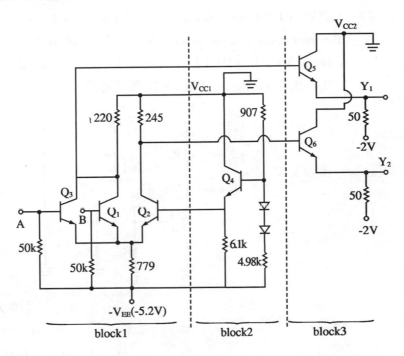

【交大電子所】

解☞：

(1)block1：差動放大器

　block2：具有溫度及電壓補償的偏壓電路

(2)$Y_1 = \overline{A}$

$Y_2 = A + B$

(3)logic 0

(4)①將輸出訊號的位準平移一個 V_{BE} 的壓降

②提供低輸出電阻及大的輸出電流。

58.For the emitter – coupled logic circuit in Fig., each transistor has maximum collector current 5mA, $V_{BE(on)} = 0.75V$, and $\beta_F \gg 1$ so that the base current is negligible. It is known that Q_1 and Q_2 are always active, Let $V(1) = 1.75V > V(0)$ and reference voltage $V_R = [V(1) + V(0)]/2$. The input signal V_I is the output (V_{NOR} or V_{OR}) of an identcal gate and can either be $V(0)$ or $V(1)$. Determine $V(0)$ and the values of R_{C1}, R_{C2}, R_{E1}, R_{E2}, and R_{EE}. (題型：ECL 邏輯電路)

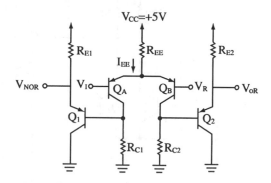

【 交大電信所 】

解☞ :

(1) 1.當 $V_I = V(0)$ 時, Q_A:ON, Q_R:OFF $\rightarrow$ $\begin{cases} I_{CA} = I_{EE} \rightarrow V_{NOR} = V(1) = 1.75V \\ I_{CR} = 0A \rightarrow V_{OR} = V(0) \end{cases}$

$\therefore V_{OR} = V(0) = I_{CR}R_{C2} + V_{EB2} = 0 + 0.75 = 0.75V$

故知 $V_R = \frac{1}{2}[V(1) + V(0)] = \frac{1}{2}(0.75 + 1.75) = 1.25V$

2.令 $I_{EE} = 5mA$，則

$$I_{EE} = \frac{V_{CC} - V_{EBA} - V(0)}{R_{EE}}$$

$$\therefore R_{EE} = \frac{V_{CC} - V_{EBA} - V(0)}{I_{EE}} = \frac{5 - 0.75 - 0.75}{5m} = 700\Omega$$

3.又 $V_{NOR} = V(1) = V_{EB1} + I_{CA}R_{C1} = V_{EB1} + I_{EE}R_{C1}$

$$\therefore R_{C1} = \frac{V_{NOR} - V_{EB1}}{I_{EE}} = \frac{1.75 - 0.75}{5m} = 200\Omega$$

4.令 $I_{E1} = 5mA$

$$\therefore R_{E1} = \frac{V_{CC} - V_{NOR}}{I_{E1}} = \frac{5 - 1.75}{5m} = 650\Omega$$

5.當 $V_I = V(1)$ 時，Q_A：OFF，Q_R：ON

$$\rightarrow \begin{cases} I_{CA} = 0 \rightarrow V_{NOR} = V(0) = 0.75V \\ I_{CR} = I_{EE} \rightarrow V_{OR} = V(1) = 1.75V \end{cases}$$

$$I_{EE} = \frac{V_{CC} - V_{EBR} - V_R}{R_{EE}} = \frac{5 - 0.75 - 1.25}{700} = 4.29mA$$

$$\because V_{OR} = I_{CR}R_{C2} + V_{EB2} = I_{EE}R_{C2} + V_{EB2}$$

$$\therefore R_{C2} = \frac{V_{OR} - V_{EB2}}{I_{EE}} = \frac{1.75 - 0.75}{4.29m} = 233\Omega$$

6.令 $I_{E2} = 5mA$

$$\therefore I_{E2} = \frac{V_{CC} - V_{OR}}{R_{E2}}$$

$$\therefore R_{E2} = \frac{V_{CC} - V_{OR}}{I_{E2}} = \frac{5 - 1.75}{5m} = 650\Omega$$

7. 整理

$V(0) = 0.75V$

$R_{E1} = 650\Omega$

$R_{E2} = 650\Omega$

$R_{EE} = 700\Omega$

$R_{C1} = 200\Omega$

$R_{C2} = 233\Omega$

---

59. In the following circuit, $V_{BE(ON)} = 0.75V$, $V_{D(ON)} = 0.75V$, Assume that the effect of the base current is negligible.

(1) Determine the logic function of outputs Y_1 and Y_2 in terms of inputs A and B.

(2) Compute the approximate value of V_R.

(3) Determine the voltage values of V_{OH} (Logic High) and V_{OL} (logic low)

(4) Explain why R_2 is a little larger than R_1. (題型：ECL 邏輯電路)

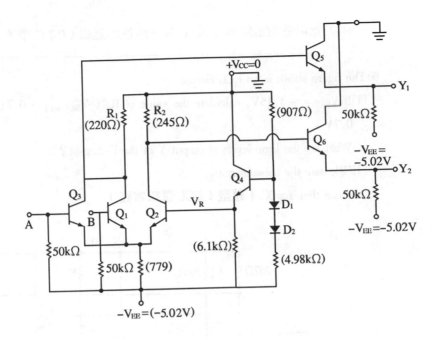

解☞ :

(1)$Y_1 = \overline{A + B}$，$Y_2 = A + B$

(2)$V_R = [\dfrac{V_{CC} - V_{D1} - V_{D2} - (-V_{EE})}{907 + 4.98K}]\,(907) - V_{BE4(ON)}$

$= (\dfrac{0 - 0.75 - 0.75 + 5.02}{907 + 4.98K})\,(907) - 0.75 = -1.29V$

(3)$V_{OH} = -0.75V$

$I_{R2} \approx I_{C2} \approx I_{E2} = \dfrac{V_R - V_{BE2(ON)} - (-V_{EE})}{779} = \dfrac{-1.29 - 0.75 + 5.02}{779}$

$= 3.83mA$

$\therefore V_{OL} = V_{CC} - I_{R2}R_2 - V_{BE6(ON)} = 0 - (3.83m)\,(245) - 0.75$

$= -1.69V$

(4)如此可使 ECL 閘的 Y_1 及 Y_2 有一致性的邏輯（0）位準。

60.The figure shown is an ECL circuit.

(1)If $V_{REF} = -1.15V$, calculate the value of R. ($V_{BE(act)} = 0.7V$, $V_D = 0.7V$)

(2)What are the logic levels at output Y of the ECL gate ?

(3)Calculate the noise margins.

(4)Prove that $\overline{Y} = X$. （題型：ECL 邏輯電路）

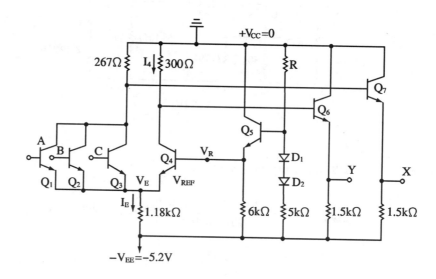

【成大電機所】

解☞：

(1)$I_R = \dfrac{V_{CC} - V_{D1} - V_{D2} - (-V_{EE})}{R + 5K} = \dfrac{5.2 - 1.4}{R + 5K}$

$= \dfrac{3.8}{R + 5K} - I_R R = V_{BE5} + V_{REF}$

$\rightarrow -(\dfrac{3.8}{R + 5K})R = 0.7 - 1.15 \quad \therefore R = 672\Omega$

(2) 1.若 $V_A = V_B = V_C = V(0)$ ，則 Q_1 ， Q_2 ， Q_3 ：OFF， Q_4 ：ON，

$$\therefore I_E = \frac{V_E - (-V_{EE})}{1.18K} = \frac{V_{REF} - V_{BE4(act)} - (-V_{EE})}{1.18K}$$

$$= \frac{-1.15 - 0.7 + 5.2}{1.18K} = 2.84mA \approx I_4$$

故 $Y = V_{CC} - I_4(300) - V_{BE6} = 0 - (2.84m)(300) - 0.7$

$\quad = -1.552V = V(0) = V_{OL}$

2.設 $V_A = V(1)$ ， $V_B = V_C = V(0)$ ，則 Q_1 ：ON， Q_2 ， Q_3 ：

OFF， Q_4 ：OFF

則 $Y = V_{CC} - V_{BE6} = 0 - 0.7 = -0.7V = V(1) = V_{OH}$

(3)簡化 V_{IL} 及 V_{IH} 計算，可定義如下：

若 Q_3 載有1%的 I_E ，則 Q_4 載有99%的 I_E ，則

$\dfrac{I_{E4}}{I_{E3}} = 99$ ，又由

$$V_{BE4} - V_{BE3} = V_T \ln \frac{I_{F4}}{I_{E3}} = V_T \ln 99$$

再利用疊代法，可得 V_{IL} 及 V_{IH} 之相關式

$$\boxed{\begin{array}{l} V_{IL} = V_{REF} - V_T \ln 99 \\ V_{IH} = V_{REF} + V_T \ln 99 \end{array}}$$

$\therefore V_{IL} = V_{REF} - V_T \ln 99 = -1.15 - 0.115 = -1.265V$

$\quad V_{IH} = V_{REF} + V_T \ln 99 = -1.15 - 0.115 = -1.035V$

$\quad V_{OH} = -0.7V$

$\quad V_{OL} = -1.552V$

故 $NM_H = V_{OH} - V_{IH} = -0.7 + 1.035 = 0.335V$

$\quad NM_L = V_{IL} - V_{OL} = -1.265 + 1.552 = 0.287V$

(4) 1.當 V_A，V_B，V_C 均爲 V（0），則 Q_1，Q_2，Q_3：OFF，Q_4：ON

∴ Y = V（0），而 X = V（1）

2.當 V_A，V_B，V_C 其中有一爲 V（1），則 Q_1，Q_2，Q_3至少有一個導通，而 Q_4：OFF

∴ Y = V（1），而 X = V（0）

---

61. As the circuit shown. All transistors have the parameters $h_{FE} = 100$, $V_{CE(sat)}$ = 0.1V, $V_{BE} = 0.6V$ at $I_E = 0.5mA$. Assume. the circuit is symmetrical. (1) For logic swing, determine R_L, R_B, and V_E, (2) Would the circuit work in the conventional ECL mode i.e., one input fixed at V_{ref} and the other driven？ Explain.（題型：ECL 邏輯電路）

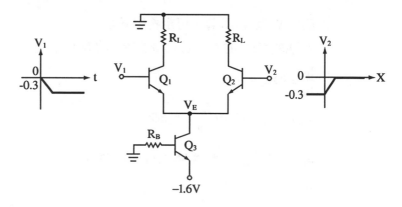

【大同電機所】

解☞：

(1) 1. ∵ Q_3：主動區

∴ $V_{B3} = V_{BE3} + （-1.6）= 0.6 - 1.6 = -1V$

$I_{E3} \cong I_{C3} = I_E = 0.5mA$

∴ $I_{B3} = \dfrac{I_{E3}}{1 + h_{FE}} = \dfrac{0.5m}{1 + 100} = 4.95\mu A$

故 $R_B = \dfrac{V_{B3}}{-I_{B3}} = \dfrac{-1}{-4.95\mu} = 202M\Omega$

2.若 $V_1 = 0V$，$V_2 = -3V$，則

$V_E = V_1 - V_{BE1} = 0 - 0.6 = -0.6V$

$V_{BE2} = V_2 - V_E = -0.3 - (-0.6) = 0.3V < V_{BE(ON)}$

故知 Q_2：$OFF \rightarrow I_{E1} = I_E = 0.5mA$

而 $V_1 = 0V$，$\therefore Q_1$：飽和區

$\therefore R_L = \dfrac{0 - V_{CE1(sat)} - V_E}{I_{E1}} = \dfrac{0 - 0.1 - (-0.6)}{0.5m} = 1k\Omega$

(2)此電路可當 ECL 電路。

理由：

因為 Q_1，Q_2為差動對，若將一輸入端固定為 V_{ref}，則由另一輸入端來驅動。

62.是非題：

(1)TTL的輸入端空接時，可視為 Logic high。

(2)ECL 之所以較 TTL速度快，是因為 ECL 內之 BJT 不會進入飽和區工作。（題型：ECL 邏輯電路）

【中央電機所】

解☞：(1)是，(2)是

63.(1)假設跨在 D_1、D_2、Q_R 和 Q_1基極——射極接面的壓降均為0.75V，忽略 Q_1的基極電流，試計算 V_R 之值。

(2)將輸入端開路，流過 R_E 的電流 I_E 為何？$V_{o2} = ?$ $V_{o1} = ?$（假設 Q_R 的 β 值非常高）（題型：ECL 邏輯電路）

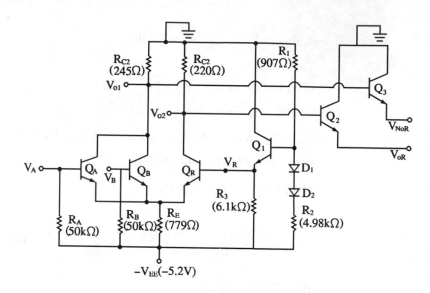

解☞ :

(1) $V_{B1} = (-V_{EE} + V_{D1} + V_{D2}) \dfrac{R_1}{R_1 + R_2}$

$= (-5.2 + 0.75 + 0.75) \dfrac{907}{907 + 4.98K} = -0.57V$

∴ $V_R = V_{B1} - V_{BE1} = -0.57 - 0.75 = -1.32V$

(2) 輸入端開路，則 Q_A，Q_B：OFF，而 Q_R：ON

故 $I_{CR} \approx I_E = \dfrac{V_R - V_{BER} - (-V_{EE})}{R_E} = \dfrac{-1.32 - 0.75 - (-5.2)}{779}$

$= 4mA$

∴ $V_{o2} = 0 - I_{CR}R_{C1} = (-4m)(220) = -0.88V$

$V_{o1} = 0V$

CH17 FET 數位邏輯電路
（FET：Digital Logic Circuit）

§17-1〔題型九十五〕：主動性 NMOS 負載

一、具被動性負載的 NMOS 反相器

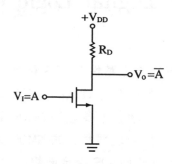

缺點：R_D 浪費 IC 面積

二、具增強型負載的 NMOS 反相器

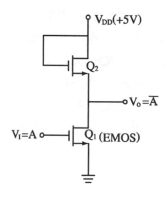

特性：

(1) Q_2 永遠在飽和區

(2) 缺點：V_{OH} 無法達到 V_{DD}

$$V_{OH} = V_{DD} - V_{t2}$$

三、具線性的增強型負載的 NMOS 反相器

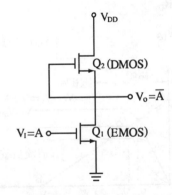

優點：V_{OH}可達 V_{DD}
缺點：需二種直流電壓源

四、具空乏型負載的 NMOS 反相器

優點：
(1)V_{OH}可達 V_{DD}
(2)不需二個電源
(3)雜訊邊限 NM 較大
(4)目前工業界皆使用此型

考型273 具被動性負載的 NMOS 反相器

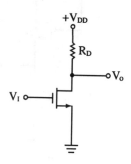

一、繪出直流負載線

$$V_{DD} = I_D R_D + V_{DS}$$

令 $V_{DS} = 0 \rightarrow I_D = \dfrac{V_{DD}}{R_D}$

令 $I_D = 0 \rightarrow V_{DD} = V_{DS}$

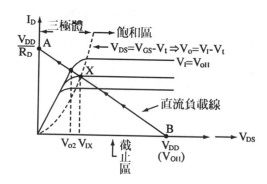

二、各工作區分析

<Ⅰ> 截止區

∵ $V_I < V_t$

∴ $I_D = 0$

故

$$V_o = V_{DS} = V_{DD} = V_{OH} \quad \cdots\cdots ①$$

< Ⅱ > 飽和區

∵ $V_I > V_t$

∴ $V_o = V_{DD} - I_D R_D$

故知，V_I 與 V_o 之關係公式爲

$$V_o = V_{DD} - K（V_{GS} - V_t）^2 R_D \quad \cdots\cdots ②$$

（即 V_o 隨 I_D 的增加而減小，即 V_I 增加，V_o 反而下降）

< Ⅲ > 三極體區（$V_I > V_{IX}$）

$$I_D = K〔2（V_{GS} - V_t）V_{DS} - V_{DS}^2〕 = K〔2（V_I - V_t）V_o - V_o^2〕$$

∵ $V_{DD} = I_D R_D + V_{DS}$

∴ $V_o = V_{DD} - I_D R_D$

故知 V_I 與 V_o 之關係公式爲

$$V_o = V_{DD} - KR_D〔2（V_I - V_t）V_o - V_o^2〕 \quad \cdots\cdots ③$$

< Ⅳ > 分界點的分析

$$V_{IX} - V_t = V_{DD} - K（V_{IX} - V_t）^2 = V_{DD} - KV_{IX}^2 + 2KV_{IX}V_t - KV_t^2$$

∴ $KV_{IX}^2 - V_{IX}（1 - 2KV_t）+（KV_t^2 - V_t - V_{DD}）= 0$

故知，位於邊界點的輸入電壓 $V_I = V_{IX}$，爲：

$$V_{IX} = \frac{（1 - 2KV_t）\pm \sqrt{（1 - 2KV_t）^2 - 4K（KV_t^2 - V_t - V_{DD}）}}{2K}$$

而此分界點的輸出 $V_o = V_{OX}$，爲：

$$V_{OX} = V_{IX} - V_t = （\frac{1}{2K} - 2V_t）\pm \sqrt{\frac{1}{4K^2} + \frac{V_{DD}}{K}}$$

三、轉移特性曲線

   由方程式①，②，③可繪出轉移特性曲線

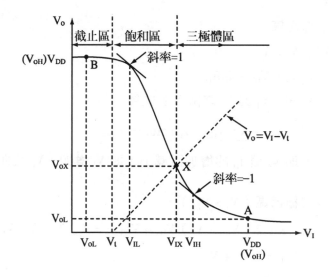

四、整理

	Q	V_o	V_{in}
＜Ⅰ＞	截止區	$V_o = V_{OH} = V_{DD}$	$V_I < V_t$
＜Ⅱ＞	飽和區	$V_o = V_{DD} - K (V_I - V_t)^2 R_D$	$V_t < V_I < V_{IX}$
＜Ⅲ＞	三極體區	$V_o = V_{DD} - KR_D [I (V_I - V_t) V_o - V_o^2]$	$V_I > V_{IX}$

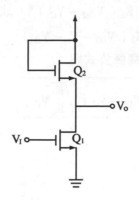 考型274 具增強型負載的 NMOS 反相器

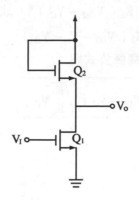

一、繪出直流負載線（Q_1）

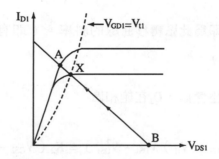

二、各工作區分析

<Ⅰ> Q_1 在截止區（$I_{D1} = 0$），Q_2 在飽和區

   1. $\because V_{GD2} = 0V$

      $\therefore V_{GD2} < V_{t2}$ 故 Q_2 在飽和區

   2. $\because I_{D1} = I_{D2}$

      $\therefore I_{D1} = K_2 (V_{DD} - V_{t2})^2 = K_2 (V_{DD} - V_o - V_{t2})^2 = 0$

   3. 故 $\boxed{V_o = V_{DD} - V_{t2}}$

< Ⅱ > Q_1 及 Q_2 皆在飽和區

　1. $I_{D1} = I_{D2}$，即

　　$K_1 (V_{GS1} - V_{t1})^2 = K_2 (V_{GS2} - V_{t2})^2$，故

　　$K_1 (V_I - V_{t1})^2 = K_2 (V_{DD} - V_o - V_{t2})^2$

　　所以，V_I 與 V_o 之關係公式爲：

$$V_o = - \sqrt{\frac{K_1}{K_2}} V_I + (V_{DD} - V_{t2} + \sqrt{\frac{K_1}{K_2}} V_{t1})$$

　2. 關於 $- \sqrt{\dfrac{K_1}{K_2}}$

　　① 電壓增益 $A_v = \dfrac{V_o}{V_i} = - \sqrt{\dfrac{K_1}{K_2}} = - \sqrt{\dfrac{\frac{\omega_1}{L_1}}{\frac{\omega_2}{L_2}}}$

　　② $- \sqrt{\dfrac{K_1}{K_2}}$ 即爲此區轉移曲線的斜率。（即有斜直線，即具放大器特性）

< Ⅲ > Q_1 在三極體區，Q_2 在飽和區

　$\because I_{D1} = I_{D2}$

　$\therefore K_1 [2 (V_{GS1} - V_{t1}) V_{DS1} - V_{DS1}^2] = K_2 (V_{GS2} - V_{t2})^2$

　故知，V_I 與 V_o 之關係公式，爲

$$K_1 [2 (V_I - V_{t1}) V_o - V_o^2] = K_2 (V_{DD} - V_o - V_{t2})^2$$

三、分界點的分析

　（即三極體區及飽和區的分界點）

　$\because V_{GD1} = V_{t1}$ 即 $V_I - V_o = V_{t1}$

　又知 $V_o = - \sqrt{\dfrac{K_1}{K_2}} V_I + (V_{DD} - V_{t2} + \sqrt{\dfrac{K_1}{K_2}} V_{t1})$

$$故 \begin{cases} V_{IX} = \dfrac{V_{DD} - V_{t2} + \left(1 + \sqrt{\dfrac{K_1}{K_2}}\right) V_{t1}}{1 + \sqrt{\dfrac{K_1}{K_2}}} \\[2em] V_{OX} = V_{IX} - V_{t1} \end{cases}$$

四、轉移特性曲線

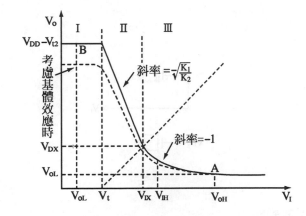

	Q_1	Q_2	V_i
$<\mathrm{I}>$	截止區	飽和區	$V_I < V_{t1}$
$<\mathrm{II}>$	飽和區	飽和區	$V_{t1} < V_I < V_{IX}$
$<\mathrm{III}>$	三極體區	飽和區	$V_I > V_{IX}$

五、解題技巧

1. 判斷 Q_1 及 Q_2 的工作區域。

2. 寫出 I_{D1} 及 I_{D2} 的電流方程式。

3. 利用 $I_{D1} = I_{D2}$ 的關係，求出含 V_{GS1}，V_{GS2}，V_{DS1}，V_{DS2} 的方程式。

4. 將 V_{GS1}，V_{GS2}，V_{DS1}，V_{DS2} 化為 V_I 及 V_o，即可得到 V_I 與 V_o 的方程式。

六、使用增強型負載 NMOS 的特性：

　　1.Q_2的工作區，皆在飽和區內。

　　2.缺點：V_{OH}無法達到 V_{DD}。

考型275　具空乏型負載的 NMOS 反相器

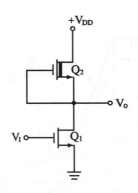

一、各工作區判斷

　　< Ⅰ > ∵ $V_I < V_{t1}$，所以 Q_1 在截止區

　　　　　又 $V_I > V_{t2}$，所以 Q_2 在三極體區

　　< Ⅱ > ∵ $V_I > V_{t1}$，所以 Q_1 在飽和區

　　　　　又 $V_I < V_{th}$，所以 Q_2 在三極體區

　　< Ⅲ > ∵ $V_I = V_{th}$，所以 Q_1 及 Q_2 皆在飽和區

　　< Ⅳ > $V_I > V_{th}$，所以 Q_1 在三極體區，Q_2 在飽和區

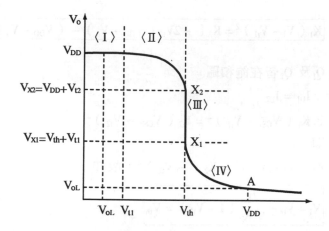

	Q_1	Q_2	V_I
I	截止	三極	$V_I < V_{t1}$
II	飽和	三極	$V_{t1} < V_I < V_{th}$
III	飽和	飽和	$V_I = V_{th}$
IV	三極	飽和	$V_I > V_{th}$

二、各工作區分析

　< I > Q_1：截止區，Q_2：三極體區

　　　因為 Q_1 截止，此時 Q_2 在三極體區，故如一通道電阻 r_{DS2}，而 V_{DD} 經由 r_{DS2} 至輸出處，

$$\boxed{V_o \approx V_{DD} = V_{OH}}$$

　< II > Q_1：飽和區，Q_2：三極體區

　　　$\because I_{D1} = I_{D2}$

　　　$\therefore K_1 \left[V_{GS1} - V_{t1} \right]^2 = K_2 \left[2 \left(V_{GS2} - V_{t2} \right) V_{DS2} - V_{DS2}^2 \right]$

　　　即 V_I 與 V_o 之關係公式為

$$\boxed{K_1 (V_I - V_{t1})^2 = K_2 \left[-2V_{t2} (V_{DD} - V_o) - (V_{DD} - V_o)^2 \right]}$$

< Ⅲ > Q_1 及 Q_2 皆在飽和區

∵ $I_{D1} = I_{D2}$

∴ $K_1 (V_{GS1} - V_{t1})^2 = K_2 (V_{GS2} - V_{t2})^2$

即

$K_1 (V_I - V_{t1})^2 = K_2 (-V_{t2})^2$ ，故知

$$\boxed{V_I = V_{t1} + \sqrt{\frac{K_1}{K_2}} (1 - V_{t1}) = V_{th}}$$

此區，具有放大器特性，其電壓增益為

$A_v = \dfrac{V_o}{V_i} = -\infty$ （ ∵ 轉移特性曲線為垂直線 ）

< Ⅳ > Q_1：三極體區，Q_2：飽和區

∵ $I_{D1} = I_{D2}$

∴ $K_1 \left[2 (V_{GS1} - V_{t1}) V_{DS1} - V_{DS1}^2 \right] = K_2 (V_{GS2} - V_{t2})^2$

故知 V_I 與 V_o 之關係公式為

$$\boxed{K_1 \left[2 (V_I - V_{t1}) V_o - V_o^2 \right] = K_2 (-V_{t2})^2}$$

三、分界點的分析

1.分界點位於 < Ⅱ > 區及 < Ⅲ > 區的交界點：

在 < Ⅲ > 區時，知輸入電壓 $V_I = V_{th}$（切接臨界電壓）

$$V_I = V_{t1} + \sqrt{\frac{K_2}{K_1}} \cdot (| -V_{t2} |) = V_{th}$$

此時輸出 $V_o = V_{x2}$

∵ $V_{GD2} = V_{t2}$

∴ $V_o - V_{DD} = V_{x2} - V_{DD} = V_{t2}$

故知

$$\boxed{V_{x2} = V_{DD} + V_{t2}}$$

2. 分界點位於 < Ⅲ > 區及 < Ⅳ > 區的交界點：

此時輸出 $V_o = V_{x1}$

$\because V_{GD1} = V_{t1}$

$\therefore V_I - V_o = V_I - V_{x1} = V_{th} - V_{x1} = V_{t1}$

故知

$$\boxed{V_{x1} = V_{th} - V_{x1}}$$

四、使用空乏型負載 DMOS 的優點

1. 具有較高的增益

2. 具有急劇變化的電壓轉換特性

3. 具有較高的雜訊邊限

4. 佔較小晶片面積

5. 較高的操作速度

6. $V_{OH} = V_{DD}$，可改善前述以增強型負載的缺點。

歷屆試題

.1. Draw the circuit diagram of

① an NMOS logic inverter using enhancement – type device only.

② an NMOS logic inverter using depletion – type load device, and

③ a CMOS inverter.

Make a comparison among the above three types of MOS logic inverters in terms of ① static power dissipation, and ② static transfer characteristics.

（題型：主動性負載）

【台大電機所】

簡譯

(A)繪出下列電路：

① 具增強型負載的 NMOS 反相器。

②具空乏型負載的 NMOS 反相器。

③CMOS 反相器。

(B)將此三種電路作下列二種比較：

①靜態功率損耗。

②靜態特性曲線。

解☞：詳見內文

2.在 NMOS 反相器中，試比較加強式負載與空乏式負載之優缺點。（**題型：主動性負載**）

解☞：

1.

	加強式負載	空乏式負載
優點	1.IC 製作較簡單	1.在 IC 中佔較小面積 2.速度較快 3.t_{PLH}較小 4.NM 較高
缺點	1.NM 較低 2.t_{PLH}較長	1.成本較高

---

3. For the three types of NMOS inverter shown, assume $M_1 = M_2 = M_3$, V_{TE} = 1V for the enhancement MOS, $V_{TD} = -3V$ fot the depletion MOS, and they are designed to have same $V_{OL} = 0.3V$.

(1)Which one has the poorest noise margin？ why？

(2) Which one has the smallest t_{PLH}（propagation delay from low to high）？ why？（**題型：主動性負載**）

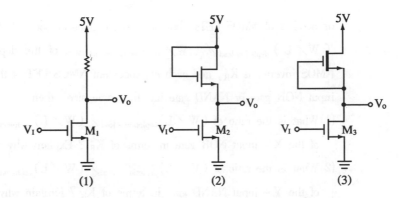

(1)   (2)   (3)

【 交大電子所 】

簡譯

下列三種 NMOS 反相器，其中 $M_1 = M_2 = M_3$，而所有增強型的 $V_{TH} = 1V$，空乏型的 $V_{TD} = -3V$，並且都設計成 $V_{OL} = 0.3V$。(1) 何種的雜訊邊限值最差？爲什麼？(2)何種的 t_{PLH} 最小？爲什麼？

解☞：

(1) type 2的 NM_H 最差。

因爲 type 1及 type 3的 $V_{OH} = 5V$，而 type 2的 $V_{OH} \approx 3.4V$，所以 type 2的 NM_H 最差。

而三者的 V_{OL} 都相同，故 NM_L 相近。

(2) type 3的 t_{PLH} 最小。

因爲 type 3的充電能力最佳，即時間常數 τ 值最小，故 t_{PLH} 最小。

---

4. For the depletion – load NMOS logic circuit, the chip area is the main consideration in this problem. A Boolean function is required to be implemented in either standard NOR gates of NAND gates, but not both. (This means that in the enhancement NMOS part of each gate can be either series

or parallel of NMOS FETs, but not combinations of both.) If the ratio of $(W/L)_{\text{depletion load}}/(W/L)_{\text{enhancement NMOS}}$ of the depletion – load NMOS inverter is K_R, and each enhancement NMOS FET of the multiple – input NOR gate or NAND gate has the same size, then

(1) What is the ratio of $(W/L)_{\text{depletion – load}}/(W/L)_{\text{each enhancement NMOS}}$ of the X – input NOR gate in terms of K_R? Explain why?

(2) What is the ratio of $(W/L)_{\text{depletion – load}}/(W/L)_{\text{each enhancement NMOS}}$ of the Y – input NAND gate in terms of K_R? Explain why?

(3) What kind of gate do you prefer in the depletion – load NMOS logic cir-cuit? (題型：主動性負載)

【清大電機所】

簡譯

在空乏型負載的 NMOS 邏輯電路中，晶片面積大小是重要因素，今設一個布林函數可用標準 NOR 閘或標準 NAND 閘來設計，若空乏型負載 NMOS 反相器的 $(W/L)_{\text{空乏型負載}}/(W/L)_{\text{增強型NMOS}}$ 比為 K_R，而多輸入 NOR 閘或 NAND 閘中的每一個增強型 NMOS 大小均相同，則

(1) X 輸入 NOR 閘的 $(W/L)_{\text{空乏型負載}}/(W/L)_{\text{增強型NMOS}}$ 比值為何？

(2) Y 輸入 NAND 閘的 $(W/L)_{\text{空乏型負載}}/(W/L)_{\text{增強型NMOS}}$ 比值為何？

(3) 何種閘較適用於空乏型負載 NMOS 邏輯電路？

解☞： 1.當 $(W/L)_{\text{空乏型負載}}/(W/L)_{\text{增強型NMOS}} = K_R$ 時，此時 V_{OL} 值相同。

2.當 $(W/L)_{\text{空乏型負載}}/(W/L)_{\text{增強型NMOS}} = \dfrac{K_R}{Y}$ 時，此時 V_{OL} 值相同。

3.NOR 閘。

§17-2〔題型九十六〕：NMOS組合邏輯

考型276 NMOS組合邏輯

一、NMOS邏輯電路

1. NOT GATE：

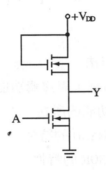

A	Y
0	1
1	0

2. NAND GATE：

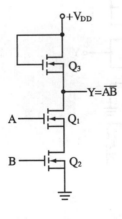

A	B	Q_1	Q_2	Q_3	Y
0	0	OFF	OFF	ON	1
0	1	OFF	ON	ON	1
1	0	ON	OFF	ON	1
1	1	ON	ON	ON	0

3. NOR GATE：

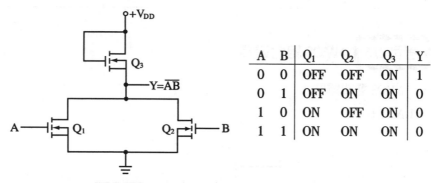

A	B	Q_1	Q_2	Q_3	Y
0	0	OFF	OFF	ON	1
0	1	OFF	ON	ON	0
1	0	ON	OFF	ON	0
1	1	ON	ON	ON	0

二、NMOS 邏輯電路功能的判斷方法

1. 接 V_{DD} 的 NMOS 是作主動性負載，與邏輯功能無關

2. 其餘的 NMOS 才是判斷邏輯功能的所在

(1) 若 NMOS 彼此串接，則具 NAND 的特性

(2) 若 NMOS 彼此並接，則具 NOR 的特性

3. 舉例

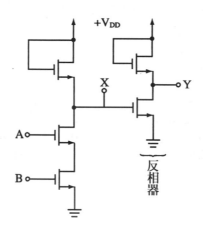

①$X = \overline{AB}$

②$Y = \overline{\overline{AB}} = AB$

5.(1)以空乏型負載 NMOS 設計 $Y = \overline{(A+B)(C+D)}$ 的電路,且只能用一個空乏型負載。(2)在(1)中的電路為比例型或非比例型?(題型:NMOS 邏輯電路設計)

【交大電子所】

解☞:

(1)

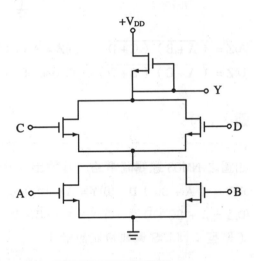

$$Y = \overline{(A+B)(C+D)}$$

(2)比例型

6.What is the logic function performed by the following n – type MOSFET circuit?(題型:NMOS 邏輯電路設計)

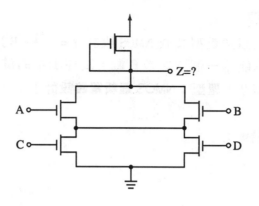

(A)$Z = \overline{(A+B)(C+D)}$ (B)$Z = \overline{AB + CD}$ (C)$Z = \overline{AC + BD}$

(D)$Z = \overline{(A+C)(B+D)}$ (E)none of the above.

【 交大電子所 】

解☞：(A)

---

7. 如圖之 NMOS 邏輯閘電路，其輸出 Y 與各輸入之關係式為

(A)$Y = (A + BC)D$ (B)$Y = A + BC + D$ (C)$Y = (A + BC)\overline{D}$

(D)$Y = A + BC + \overline{D}$ (E)$Y = \overline{A + BC} + \overline{D}$

（ 題型：NMOS 邏輯電路設計 ）

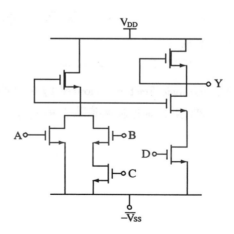

解☞：(D)

8.以 NMOS 及空乏型負載來設計 f = A（BC + BD）的電路。（題型：NMOS 邏輯電路設計）

解☞：

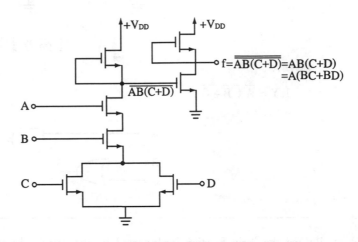

9. An NMOS logic circuit with depletion load as shown, please show the equivalent logic gate diagram for this circuit.（題型：NMOS 邏輯電路設計）

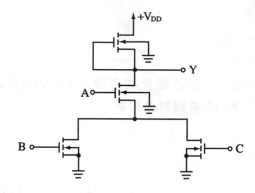

【高考】【大同電機所】

解☞：

1. $Y = \overline{A(B+C)}$

2.

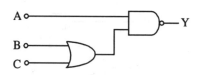

---

10. Find the logic function implemented by the circuit shown in Figure. （題型：NMOS 邏輯電路設計）

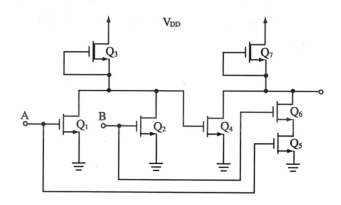

解☞：

$$Y = \overline{\overline{A+B}+AB} = \overline{\overline{\overline{A+B}} \cdot \overline{AB}} = (A+B) \cdot \overline{AB}$$
$$= \overline{A}B + A\overline{B}$$

故為互斥或閘（EXOR）

11.試寫出圖邏輯電路的布林表示式。（題型：NMOS 邏輯族）

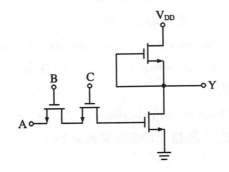

解☞：

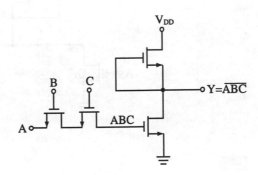

$$Y = \overline{ABC}$$

§17–3〔題型九十七〕：NMOS 數位邏輯電路分析

歷屆試題

12. Fig. shows a depletion load NMOS logic circuit. Q_1 and Q_2 are identical, and $V_t = 1.5V$, $K = 160\mu A / V^2$. Transistor Q_3 is depletion type, and $V_t = -2V$, $K = 20\mu A / V^2$.

(1) Write down the Boolean expression of Y in terms of A and B.

(2) The input voltage levels of A and B are 5 volts, find the drain current of Q_1.

(3) Under the same condition of (2), find the voltage level at output terminal Y. (題型：NMOS 邏輯電路)

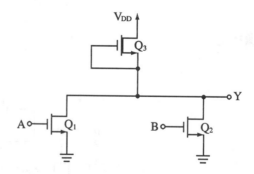

【台大電機所】

簡譯

圖中 Q_1，Q_2完全相同，$V_t = 1.5V$，$K = 160\dfrac{\mu A}{V^2}$，$Q_3$為空乏型，$V_t = -2V$，$K_3 = 20\dfrac{\mu A}{V^2}$，(1)寫出 Y 的布林函數。(2)若 A、B 均為 5V，求 I_{D1}。(3)求(2)中的 Y 值。

解☞：

(1) $Y = \overline{A + B}$

(2) 當 $V_A = V_B = 5V \rightarrow Q_1$，$Q_2$：三極體區，$Q_3$：夾止區

$$I_{D1} = I_{D2} = \frac{1}{2} I_{D3} = \frac{1}{2} K_3 \left[V_{GS3} - V_{t3} \right]^2$$

$$= \frac{1}{2} (20\mu) \left[0 - (-2) \right]^2 = 40\mu A$$

(3) 由上題知 $I_{D1} = 40\mu A$ 又

$$I_{D1} = K_1 \left[2 \left(V_{GS1} - V_{t1} \right) V_{DS1} - V_{DS1}^2 \right]$$

$$= (160\mu) \left[2 (5 - 1.5) Y - Y^2 \right] = 40\mu A$$

$$\therefore Y = 36mA$$

---

13. In the above NMOS NOR latch, if the triggering is S：$0 \rightarrow 1$ and R：$1 \rightarrow 0$ and both transitions occur at the same time，

(A) Q changes from 1 to 0 first and then $\overline{Q}$ changes．

(B) Q changes from 0 to 1 first and then $\overline{Q}$ changes．

(C) Q changes from 0 to 1 at the same time when $\overline{Q}$ changes．

(D) $\overline{Q}$ changes from 1 to 0 first and then Q changes．

(E) $\overline{Q}$ changes from 0 to 1 first and then Q changes．（題型：NMOS 邏輯電路分析）

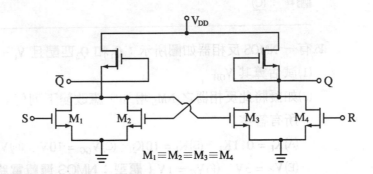

解☞：(D)

---

14. NMOS 反相器及其電壓轉移特性如圖示。A 點為電晶體 Q 介於不導通與導通的臨界點，則：

(A) 由 A 到 B，此電晶體均工作於飽和區。

(B) 由 A 到 B，此電晶體均工作於歐姆區。

(C) 由 A 到 B，此電晶體均工作於飽和區，再工作於歐姆區。

(D) 由 A 到 B，此電晶體均工作於歐姆區，再工作於飽和區。

(E) 無從判定此 NMOS 為增強型或空乏型。（**題型：NMOS 邏輯電路分析**）

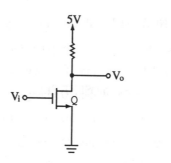
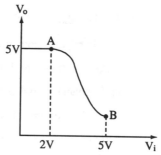

【交大電子所】

解☞：(C)

---

15. 有一 NMOS 反相器如圖所示：Q_1 和 Q_2 匹配且 $V_t = 2V$

(1) 試估算其 V_{OH}

(2) 如擬將此反相器之 NM_L 增加，應改變下列何者為宜。（選出所有答案）

(A) $K_1 = 0.1K_2$ (B) $K_1 = 10K_2$ (C) $V_{GG} = 10V$ (D) $V_{t1} = -3V$

(E) $V_{t2} = 3V$ (F) $V_{t2} = 1V$（**題型：NMOS 邏輯電路**）

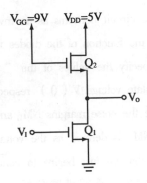

$V_{GG} = 9V$ $V_{DD} = 5V$

Q_2

V_o

V_I Q_1

【交大電子所】

解☞：

(1) $V_{OH} = V_{DD} = 5V$

(2) $\because NM_L = V_{IL} - V_{OL}$

故提高 V_{IL}，降低 V_{OL}，均可提高 NM_L。

故 (B)、(E)

---

16. The following circuit is a n – type MOSFET SCFL（source – coupled FET logic）inverter. Assume all of the FET's are identical except that Q_1 and Q_2 have a gate width four times as large as that of the other FET's. The threshold voltage V_T is $0.0V$. $V_{SS} = -4.0V$, $V_{CS} = -3.5V$, $V_r = -2.0V$. The voltage drop of the diodes is $0.5V$ when the diodes are conducting. The resistance of R is chosen such that the product of I and R（referring to the circuit diagram）is equal to $1.0V$.

（Hint：The function of the circuit is pretty much similar to an ECL inverter. In your analysis, you can assume that all of the FET's are in the saturation region and the drain current is proportional to $\frac{W}{L}(V_{GS} - V_T)^2$ where W is the gate width and L is the channel length）.

(1) Based on your understanding of an ECL inverter, please describe how

the above circuit performs as an inverter.

(2) What is the function of the diodes in the above circuit ?

(3) Please specify the values of the " 1 " state voltage V (1) and the
" 0 " state voltage V (0) respectively ?

(4) What are the noise margins NM_L and NM_H respectively ?

(note : NM_L is defined as the voltage difference between V (0) and
the voltage that Q_1 just begins to conduct ; NM_H is defined likewise.)

（ 題型 ： NMOS 邏輯電路分析 ）

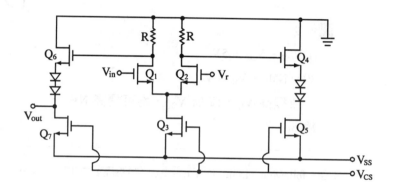

【 交大電子所 】

簡譯

下圖電路爲 n 型 MOSFET SCFL 的反相器。所有 FET 均相同，但
Q_1，Q_2的閘極寬度是其它 FET 的四倍，臨界電壓 $V_T = 0V$，二極
體壓降爲0.5V，IR = 1V，設所有 FET 導通時均於飽和區

(1)說明電路的反相器功能。

(2)二極體的功能。

(3)求 V (0) 和 V (1) 位準值。

(4)求 NM_H 和 NM_L 值。

解 ☞ :

(1)當 V_{in} = V (1) → Q_1 : ON，Q_2 : OFF，此時 V_{out} = V (0)

當 $V_{in} = V（0）\rightarrow Q_1：OFF，Q_2：ON，$此時 $V_{out} = V（1）$

所以此電路爲反相器

(2)二極體提供位準移位的功能

(3) 1.當 $V_{in} = V（0）\rightarrow Q_1：OFF，Q_2：ON，$又

$V_{GS3} = V_{GS5} = V_{GS7} = V_{GS} = V_{CS} - V_{SS} = -3.5 + 4 = 0.5V$

$\therefore V（1）= V_{out} = 0 - V_{GS6} - 2V_D = 0 - 0.5 -（2）（0.5）$

$= -1.5V$

2.當 $V_{in} = V（1）\rightarrow Q_1：ON，Q_2：OFF$

$\therefore V（0）= V_{out} = 0 - IR - V_{GS6} - 2V_D$

$= 0 - 1 - 0.5 -（2）（0.5）= -2.5V$

(4) 1.因爲 Q_2 的寬度爲 Q_3 的4倍，故 $K_2 = 4K_3$。

當 $V_{in} = V（0）$時$\rightarrow Q_1：OFF，Q_2：ON，$又 $I_2 = I_3$

$\therefore V_{GS2} = \dfrac{1}{2} V_{GS3} = 0.25V$

故

$V_{S2} = V_r - V_{GS2} = -2 - 0.25 = -2.25V$

2.Q_1 在剛導通時，此時 $V_{in} = V_{IL}$

$\therefore V_{IL} = V_{in} = V_S + V_T = -2.25 + 0 = -2.25V$

3.當 $V_{in} = V（1）$時$\rightarrow Q_1：ON，Q_2：OFF$

$\therefore V_{GS1} = \dfrac{1}{2} V_{GS3} = 0.25V$

4.Q_2 在剛導通時，此時 $V_{in} = V_{IH}$

$\therefore V_{IH} = V_{in} = V_r + V_{GS1} = -2 + 0.25 = -1.75V$

5.計算 NM_H 及 NM_L

$NM_H = V_{OH} - V_{IH} = -1.5 -（-1.75）= 0.25V$

$NM_L = V_{IL} - V_{OL} = -2.25 -（-2.5）= 0.25V$

17. Following the above question, which of the following statements is correct with respect to the V (0) state noise margin NM_L ?

(A) A > B > C   (B) A > C > B   (C) C > A > B   (D) C > B > A

(E) A = B = C (題型：NMOS 反相器)

【 80年交大電子研究所 】

解☞ : (A)

---

18. In an inverter circuit shown below, three kinds of loads A, B, C are used.

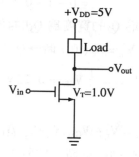

The load characteristics of A, B, C on the I_{DS} of the n – MOSFET are shown below.

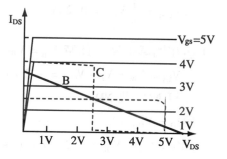

With respect to the V (1) state noise margin NM_H, which of the following is true ?

(A)A > B > C　(B)A > C > B　(C)C > A > B　(D)C > B > A

(E)A = B = C（題型：NMOS 反相器）

【交大電子所】

解☞：(A)

19.已知 NMOS 的 $\dfrac{W}{L} = 1$，$V_T = 2V$，$K = \dfrac{0.5mA}{V^2}$，且偏壓在 $V_{GS} = 4V$，

(1)求飽和區工作時的偏壓電流 I_D 值。

(2)若有 + 0.1V 訊號加在 V_{GS}，求 I_D 的增加值，並計算

$g_m = \dfrac{\triangle i_D}{\triangle V_{GS}}\bigg|_{V_{GS}}$。再求 – 0.1V 訊號加在 V_{GS}的結果。

(3)將上述二個 g_m 值平均後令為 $\hat{g}_m$，並與眞正的 g_m 值比較。

（題型：NMOS 電路分析）

【交大控制所】

解☞：

$(1) i_D = K(\dfrac{W}{L})(V_{GS} - V_T)^2 = (0.5m)(1)(4 - 2)^2 = 2mA$

(2)①加 + 0.1V 時

$V_{GS1} = 4 + 0.1 = 4.1V$

$I_{D1} = K(\dfrac{W}{L})(V_{GS1} - V_T)^2 = (0.5m)(1)(4.1 - 2)^2 = 2.2mA$

$g_{m1} = \dfrac{\triangle i_D}{\triangle V_{GS}} = \dfrac{I_{D1} - I_D}{V_{GS1} - V_{GS}} = \dfrac{2.2m - 2m}{4.1 - 4} = 2mA／V$

②加 – 0.1V 時

$V_{GS2} = 4 - 0.1 = 3.9V$

$I_{D2} = K(\dfrac{W}{L})(V_{GS2} - V_T)^2 = (0.5m)(1)(3.9 - 2)^2 = 1.8mA$

$$g_{m2} = \frac{\triangle i_D}{\triangle V_{GS}} = \frac{I_{D2} - I_D}{V_{GS2} - V_{GS}} = \frac{1.8m - 2m}{3.9 - 4} = 2mA \diagup V$$

$$(3)\hat{g}_m = \frac{1}{2} (g_{m1} + g_{m2}) = \frac{1}{2} (2m + 2m) = 2mA \diagup V$$

$$g_m = 2K(\frac{W}{L})(V_{GS} - V_T) = (2)(0.5m)(1)(4-2)^2 = 2mA \diagup V$$

20.下圖爲電路的增強型與空乏型 MOS 輸出特性曲線：(1)求 Y 的邏輯功能。(2)求邏輯位準。（**題型：NMOS 邏輯電路分析**）

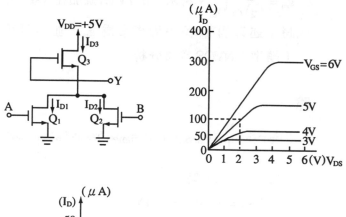

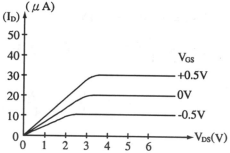

解 ☞ :

(1) $Y = \overline{A + B}$

(2) 1.在 A = B = V (0) 時，Y = V_{DD} = 5V = V (1)

2.在 A = B = V（1）時，Q_1，Q_2：三極體區，Q_3：夾止區。

$I_{D3} = I_{D1} + I_{D2} = 20\mu A$

$\therefore I_{D1} = 10\mu A$，$Y = V（0）$

由三極體區的特性曲率知

$$\frac{100\mu A}{2V} = \frac{10\mu A}{V（0）}$$

$\therefore V（0）= 0.2V$

3.在 A = V（0），B = V（1），或 A = V（1），B = V（0）時，
同法可求 V（0），即

$$\frac{100\mu A}{2V} = \frac{20\mu A}{V（0）}$$

$\therefore V（0）= 0.4V$

故知 $V_{OL} = 0.4V$，$V_{OH} = 5V$

---

21. The NMOS gate as shown is designed for Q_L to operate at the boundary of the stauration region for one transistor " ON " with $V_{OL} = 0.5V$.
Neglect the body effect.

(1) For $K_L = 0.5mA／V^2$ and $V_T = 1.0V$, determine the current I_D and the value of R required.

(2) What is he required value of K_S for the switching transistors, assuming that the input is driven from a similar gate?

(3) With all three switching transistors " ON " determine V_o and find the operating point for Q_L. Is it the triode or saturation region？（題型：NMOS 邏輯電路）

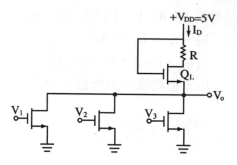

【大同電機所】

解☞ :

(1) $V_{DD} = V_{GS} + V_{OL} \to 5 = V_{GS} + 0.5$ ∴$V_{GS} = 4.5V$

$I_D = K_L (V_{GS} - V_T)^2 = (0.5m) (4.5 - 1)^2 = 6.125mA$

若 Q_L 在夾止區及三極體區的邊緣

∴$I_D = K_L [2 (V_{GS} - V_T) V_{DS} - V_{DS}^2]$

$\to 6.125mA = (0.5m) [2 (4.5 - 1) V_{DS} - V_{DS}^2]$

故知 $V_{DS} = 3.5V$

∵$V_{GS} = I_D R + V_{DS}$

$\to 4.5 = (6.125m) R + 3.5$

∴$R = 163\Omega$

(2) ∵$V_{OH} = V_{DD} - V_T = 5 - 1 = 4V$

$I_D = K_S[2(V_{GS} - V_T) V_{DS} - V_{DS}^2] = K_S[2(4 - 1) V_{OL} - V_{OL}^2]$

$= 6.125mA$

∴$K_S = 2.23mA / V^2$

(3) ∵$I_D = I_{D1} + I_{D2} + I_{D3} = 3I_{D1}$

即

$3K_S [2 (V_{GS} - V_T) V_{DS} - V_{DS}^2] = K_L (V_{GS} - V_T)^2$

$\to (3)(2.23m)[2(4 - 1) V_o - V_o^2] = (0.5)(5 - V_o - 1)^2$

∴$V_o = 0.187V$

22.(1) The NMOS inverter with the depletion load is shown in the circuit Fig(1), $V_{DD} = 5V$, $Kn = 20\mu A / V^2$, V_{TE} (enhancementmode) $= 1V$, V_{TD} (deletion mode) $= -3V$, neglect the body effect. Find the V_{OL} (the output at low level).

(2) If the inverter with the transmission gate in the input end as the circuit Fig(2) shown, find the V_{OL} again.

(3) In order to keep the same output low level V_{OL} both part (1) and part (2), find the new W / L ratio of the depletion load in part(3). 【 題型：NMOS 邏輯電路分析 】

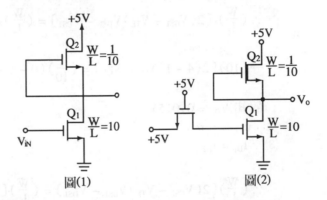

圖(1)   圖(2)

(1)空乏型負載 NMOS 反相器如圖(1)，$V_{DD} = 5V$，$K_n = 20\dfrac{\mu A}{V^2}$，$V_{TE}$ $= 1V$，$V_{TD} = -3V$，且忽略基體效應，求 V_{OL}。

(2)若在反相器的輸入端加上，一個傳輸閘如圖(2)，求 V_{OL}。

(3)在圖(1)與圖(2)的 V_{OL}值相等時，求圖(2)空乏型負載的$\dfrac{W}{L}$值。

解☞ ：

(1)當 $V_I = V_{OH} = 5V$ 時，$V_o = V_{OL} \rightarrow Q_1$：三極體區，$Q_2$：夾止區

∵ $I_{D2} = I_{D1}$，即

$$(\frac{W}{L})_1 [2(V_{GS1} - V_{TE}) V_{DS1} - V_{DS1}^2] = (\frac{W}{L})_2 [V_{GS2} - V_{TD}]^2$$

$$\rightarrow (10) [2(V_{OH} - V_{TE}) V_{OL} - V_{OL}^2] = (\frac{1}{10})(0 - V_{TD})^2$$

$$\rightarrow (10) [2(5 - 1) V_{OL} - V_{OL}^2] = (\frac{1}{10})(9)$$

$$\therefore V_{OL} = 0.012V$$

(2)加上傳輸閘後

$V_{G1} = 5 - 1 = 4V$ ，此時 $V_o = V_{OL}$ ，

$\because I_{D1} = I_{D2}$

$$\therefore (\frac{W}{L})_1 [2(V_{GS1} - V_{TE}) V_{DS1} - V_{DS1}^2] = (\frac{W}{L})_2 [V_{GS2} - V_{TD}]^2$$

$$\rightarrow (10) [2(4 - 1) V_{OL} - V_{OL}^2] = (\frac{1}{10})(0 - (-3))^2$$

故知 $V_{OL} = 0.015V$

(3) $\because I_{D1} = I_{D2}$

$$\therefore (\frac{W}{L}) [2(V_{GS1} - V_{TE}) V_{DS1} - V_{DS1}^2] = (\frac{W}{L}) [V_{GS2} - V_{TD}]^2$$

$$\rightarrow (\frac{W}{L}) [2(4 - 1)(0.012) - (0.012)^2]$$

$$= (\frac{W}{L}) [0 - (-3)]^2$$

$$\therefore \frac{W}{L} = 0.0798$$

---

23. In the circuit of Figure all devices are matched. Find the value of V_o.

（題型：NMOS 主動性負載）

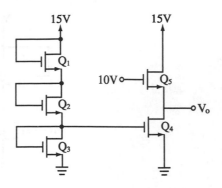

【雲技電機所】

解☞：

1. ∵ $V_{GD5} < V_t$　∴ Q 在夾止區，
   設 Q_4 在夾止區

2. 電流方程式
   $$K_4 (V_{GS4} - V_t)^2 = K_5 (V_{GS5} - V_t)^2$$
   $$\to (5 - V_t)^2 = (10 - V_o - V_t)^2$$
   $$\therefore V_o = 5V$$

3. 驗證
   $$V_{GD4} = V_{C4} - V_{D4} = 5 - 5 = 0V < V_t$$
   故 Q_4 確在夾止區

---

24. Consider an NMOS inverter with enhancement load having $V_{to} = 1V$, $(W/L)_1 = 4$, $(W/L)_2 = 1/4$, $\mu_n C_{OX} = 20\mu A / V^2$, $2\phi_f = 0.6V$, $r = 0.5V^{1/2}$, and $V_{DD} = 5V$.

   (1) Neglecting the body effect, find NM_H, and NM_L.

   (2) Taking the body effect into account, find the modified values of V_{OH} and NM_H. (題型：NMOS 反相器)

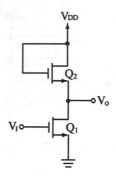

【技師】【雲技電機所】

解☞：

1.①求 V_{OH}，V_{IL}

$V_{OH} = V_{DD} - V_{t2} = 5 - 1 = 4V$

$V_{IL} = V_{t1} = 1V$

②求 V_{OL}（Q_1：三極體區，Q_2：夾止區）

∵ $I_{D1} = I_{D2}$

$K_1 = \dfrac{1}{2} \mu_n \, Cox \, (\dfrac{W}{L})_1 = \dfrac{1}{2} \, (20\mu) \, (4) = 40\mu A / V^2$

$K_2 = \dfrac{1}{2} \mu_n \, Cox \, (\dfrac{W}{L})_2 = \dfrac{1}{2} \, (20\mu) \, (\dfrac{1}{4}) = 2.5\mu A / V^2$

∴ $K_1 \left[2 \, (V_{GS1} - V_t) \, V_{DS1} - V_{DS1}^2 \right] = K_2 \, (V_{GS2} - V_t)^2$

→$K_1 \left[2 \, (4 - 1) \, V_o - V_o^2 \right] = K_2 \left[5 - V_o - 1 \right]^2$

∴ $V_{OL} = V_o = 0.16V$

③求 V_{IH}（Q_1：三極體區，Q_2：夾止區）

∵ $K_1 \left[2 \, (V_{GS1} - V_t) \, V_{DS1} - V_{DS1}^2 \right] = K_2 \, (V_{GS2} - V_t)^2$

→$(40\mu) \left[2(V_I - V_t) V_o - V_o^2 \right] = (2.5\mu)(V_{DD} - V_o - V_t)^2$

→$16 \left[2 \, (V_I - 1) \, V_o - V_o^2 \right] = (4 - V_o)^2 \cdots\cdots ①$

取斜率 $= -1$，即將①式取 $\dfrac{dV_o}{dV_I} = -1$，

$16 [4V_o - 2 (V_I - 1)] = 2 (4 - V_o) \cdots\cdots ②$

解聯立方程式①，②得

$V_o \approx 0.57V$，$V_{IH} = V_I \approx 1.9V$

④求 NM_H 及 NM_L

$NM_H = V_{OH} - V_{IH} = 4 - 1.9 = 2.1V$

$NM_L = V_{IL} - V_{OL} = 1 - 0.16 = 0.84V$

2.考慮基體效應時，則

$V_{OH} = V_{DD} - V_{t2} = V_{DD} - V_{t0} - r [\sqrt{V_{OH} + 2\phi_F} - \sqrt{2\phi_F}]$

$\quad = 5 - 1 - (0.5) [\sqrt{V_{OH} + 0.6} - \sqrt{0.6}]$

$\therefore V_{OH} = 3.4V$

$NM_H = V_{OH} - V_{IH} = 3.4 - 1.9 = 1.5V$

§17-4〔題型九十八〕：CMOS 反相器

考型278 CMOS 反相器的分析

一、CMOS 反相器電路

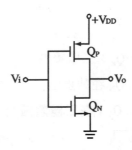

二、CMOS 反相器的電壓轉移曲線

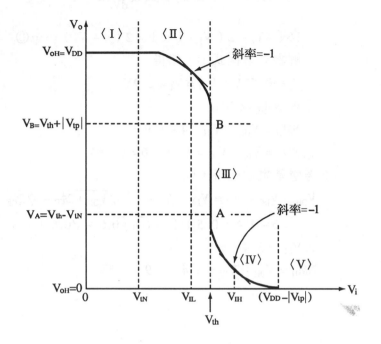

	Q_N	Q_P	V_I
I	截止	三極	$V_I < V_{tN}$
II	飽和	三極	$V_{tN} < V_I < V_{th}$
III	飽和	飽和	$V_I = V_{th}$
IV	三極	飽和	$V_{th} < V_I < V_{DD} - |V_{tp}|$
V	三極	截止	$V_I > V_{DD} - |V_{tp}|$

三、各工作區分析

< I > Q_N：截止區，Q_P：三極體區

∵ $V_I < V_{tN}$　∴ Q_N 在截止區

又 $V_I < V_{th}$　∴ Q_P：在三極體區

故 $\boxed{V_o = V_{OH} = V_{DD}}$

< Ⅱ > Q_N：飽和區，Q_P：三極體區

∵ $V_I > V_{tN}$，所以 Q_N 在飽和區

又 $V_I < V_{th}$，所以 Q_P 在三極體區

∵ $I_{DN} = I_D$

∴ $K_N \left[V_{GSN} - V_{tN} \right]^2 = K_P \left[2 \left(V_{GSP} - V_{tP} \right) V_{DSP} - V_{DSP}^2 \right]$

即 V_I 與 V_o 之關係公式為

$$K_N \left(V_I - V_{tN} \right)^2 = K_P \left[-2V_{tP} \left(V_{DD} - V_o \right) - \left(V_{DD} - V_o \right)^2 \right]$$

< Ⅲ > Q_N 及 Q_P 皆在飽和區

1. ∵ $V_I = V_{th}$，所以 Q_N 及 Q_P 皆在飽和區

∵ $I_{DN} = I_{DP}$

故

$$K_N \left(V_{GSN} - V_{tp} \right)^2 = K_P \left(V_{SGP} - |V_{tp}| \right)^2$$

∴ $V_{GSN} - V_{tN} = \sqrt{\dfrac{K_P}{K_N}} \left(V_{SGP} - |V_{tp}| \right)$

即

$$V_I - V_{tN} = \sqrt{\dfrac{K_P}{K_N}} \left(V_{DD} - V_I - |V_{tp}| \right)$$

故知

$$\boxed{V_{th} = V_I = \dfrac{\sqrt{\dfrac{K_P}{K_N}} \left(V_{DD} - |V_{tp}| \right) + V_{tN}}{1 + \sqrt{\dfrac{K_P}{K_N}}}}$$

2. 求 V_o

此區轉移特性為垂直線，故知具放大器特性

(1) 若 $r_{ON} = r_{OP} = \infty$，則

$A_v = \dfrac{V_o}{V_i} = -\infty$，即 $\boxed{V_o = -\infty}$

(2) 若 r_{ON}，$r_{OP} \neq \infty$ 時，則

$$A_v = \frac{V_o}{V_i} = -\ (\ g_{mp} + g_{mN}\ )\ (\ r_{ON} /\!/ r_{OP}\ )$$

$$\boxed{\ \therefore V_o = -\ (\ g_{mP} + g_{mN}\ )\ (\ r_{ON} /\!/ r_{OP}\ )\ V_i\ }$$

< IV > Q_N：三極體區，Q_P：飽和區

　　$\because V_I > V_{th}$所以 Q_N 在三極體區，Q_P 在飽和區

　　$\because I_{DN} = I_{D2}$

　　$\therefore K_N \left[\ 2\ (\ V_{GSN} - V_{tN}\ )\ V_{DSN} - V_{DSN}^2\ \right] = K_P\ (\ V_{GSP} - V_{t1}\ )^2$

　　故知，V_I 與 V_o 之關係公式為

$$\boxed{\ K_N \left[\ 2\ (\ V_I - V_{tN}\ )\ V_o - V_o^2\ \right] = K_P\ (\ -V_{tP}\ )^2\ }$$

< V > ：Q_N：三極體區，Q_P：截止區

　　$\because V_{DD} = V_{SGP} + V_{GSN} = |V_{tP}| + (\ V_{DD} - |V_{tP}|\ )$

　　$\therefore$ 若 $V_{GSN} > V_{DD} - |V_{tP}|$ 時，$V_{SGP} < |V_{tP}|$

　　此時，Q_N：三極體區，Q_P：截止區

　　此區，即 $V_I = V_{GSN} > V_{DD} - |V_{tP}|$

　　因 Q_P：OFF

　　所以 $\boxed{V_o = 0}$

四、分界點的分析

　1.在 < III > 區時的 $V_I = V_{th}$

$$\boxed{\ V_{th} = V_I = \frac{\sqrt{\dfrac{K_P}{K_N}}\ (\ V_{DD} - |V_{tP}|\ ) + V_{tN}}{1 + \sqrt{\dfrac{K_P}{K_N}}}\ }$$

　　若 $K_P = K_N$，$|V_{tP}| = V_{tN}$，則

$$\boxed{\ V_{th} = V_I = \frac{V_{DD}}{2}\ }$$

2.在 < Ⅱ > 區與 < Ⅲ > 區的分界點，$V_o = V_B$

（以 Q_o 在三極體區及飽和區分界點上來分析）

$\because V_{GDP} = V_{tP}$

$\therefore V_I - V_o = V_{th} - V_B = V_{tP}$

故知

$$\boxed{V_B = V_{th} - V_{tP} = V_{th} + |V_{tP}|}$$

若 $K_P = K_N$，$|V_{tP}| = V_{tN}$，則

$$\boxed{V_B = \frac{V_{DD}}{2} + |V_{tP}|}$$

3.在 < Ⅲ > 區與 < Ⅳ > 區的分界點，$V_o = V_A$

（以 Q_N 在三極體區及飽和區分界點上來分析）

$\because V_{GDN} = V_{tN}$

$\therefore V_I - V_o = V_{th} - V_A = V_{tN}$

故知

$$\boxed{V_A = V_{th} - V_{tN}}$$

若 $K_P = K_N$，$|V_{tP}| = V_{tN}$，則

$$\boxed{V_A = \frac{V_{DD}}{2} + V_{tN}}$$

五、V_{DD} 的範圍

V_{DD} 必須滿足 CMOS 反相器在 Q_N 及 Q_P 皆導通時的條件，即

Q_N：ON→$V_{GSN} > V_{tN}$

Q_P：ON→$V_{SGP} > -V_{tP}$

又 $V_{DD} = V_{SGP} + V_{GSN}$

$\therefore V_{DD} > V_{tN} - V_{tP}$ 即

$$\boxed{V_{DD} > V_N + |V_{tP}|}$$

六、CMOS 反相器的靜態功率損耗

1. 在 $V_o = V(1)$ 時 → $P = P(1)$

此區為 < I > 區，即 Q_N：截止區，Q_P：三極體區

∴ $I_{DN} = 0A$

故 $P(1) = V_{DD} \cdot I_{DP} = V_{DD} \cdot I_{DN} = 0W$

2. 在 $V_o = V(0)$ 時 → $P = P(0)$

此區為 < V > 區，即 Q_N：三極體區，Q_P：截止區

∴ $I_{DP} = 0A$

故 $P(0) = V_{DD} \cdot I_{DP} = 0W$

3. 平均靜態功率損耗

$$\boxed{P_{av} = \frac{P(1) + P(0)}{2} = 0W}$$

七、CMOS 反相器的動態功率損耗

1. 在 V_I 由 $V(1)$ 變至 $V(0)$ 的瞬間時，Q_N 為截止，而 Q_P 為導通。此時截止的 Q_N，可視為寄生電容（C_L）。因此 V_{DD} 對 C_L 作充電效應，故知 Q_P 的能量損耗即為寄生電容 C_L 的充電能量。所以

$$E_{QP} = \frac{1}{2} C_L V_{DD}^2$$

2. 在 V_I 由 $V(0)$ 變至 $V(1)$ 的瞬間時，Q_P 為截止，而 Q_N 為導通。此時截止的 Q_P，可視為寄生電容（C_L）。因此 V_{DD} 對 C_L 作放電效應，故知 Q_N 的能量損耗即為寄生電容 C_L 的充電能量。所以

$$E_{QN} = \frac{1}{2} C_L V_{DD}^2$$

3. 總消耗能量：$E = E_{QP} + E_{QN} = C_L V_{DD}^2$

4. V_I 訊號由 $V(1) \rightarrow V(0) \rightarrow V(1)$，即為1週期 T，故知平均動態功率損耗：

$$\boxed{P_D = \frac{C_L V_{DD}}{T} = f \cdot C_L \cdot V_{DD}^2}$$

註：若 $K_N = K_P$，且 $|V_{tN}| = |V_{tP}|$ 時，則 V_o 的上升時間 t_r 等於下降時間 t_f

八、設計 CMOS 反相器 $K_N = K_P$ 的方法

$\because K_N = K_P$

$$\therefore \frac{1}{2}\mu_n \text{Cox}\left(\frac{W}{L}\right)_N = \frac{1}{2}\mu_P \text{Cox}\left(\frac{W}{L}\right)_P$$

$$\to \frac{\left(\dfrac{W}{L}\right)_P}{\left(\dfrac{W}{L}\right)_N} = \frac{\mu_N}{\mu_P} = 約 2 \sim 3 倍$$

九、特性

1. 優點

(1) CMOS 製作過程比 TTL 簡單，故可提供較大的封裝密度。

(2) V_{DD} 的範圍增大，約〔（ $V_{th} + |V_{tp}|$ 至18V）〕。

(3) 當 CMOS 在靜態時，功率消耗極低（約0.1mW），此為 CMOS 最大的優點。

(4) 輸入阻抗極高。

(5) 雜訊邊限（NM）極高，通常約為電源 V_{DD} 的0.4倍。

(6) 扇出數極高，但與工作頻率成反比。頻率越高，扇出數越少。

(7) 沒有基體效應。

2. 缺點

(1) 速度較 TTL 慢。

(2) 若想在高頻率下工作，必須加大輸入直流電壓源。（範圍3V ~ 18V）

(3) 亦受靜電破壞。

25. How about the power consumption of CMOS circuit？（high or low？）Why？（題型：CMOS 電路分析）

【高考】【台大電機所】【清大核工所】

解☞：

(1)CMOS 的功率損耗較低

(2)理由詳見內文

---

26. 對 VLSI 而言，CMOS 為何比 BJT 和 NMOS 適合？

(A)靜態功率損耗較小。

(B)具有最佳輸出擺幅。

(C)具有最佳雜訊邊限。

(D)具有最佳交換速度。（題型：基本觀念）

【台大電機所】

解☞：(A)、(B)、(C)

---

27. 下列 IC 的叙述，何者正確：

(A)具有最快的速度是 ECL。

(B)具有最高的積體密度是 NMOS。

(C)具有最低的功率損耗是 CMOS。（題型：基本觀念）

【台大電機所】

解☞：(A)、(B)、(C)

---

28. Fig.(1) shows a CMOS inverter gate. The characteristics of transistors are the same as those of transistors in Problem 2, i.e., $|V_{TN}| = |V_{TP}| = 1V$, $K_n = 4K_p = 100\mu A / V^2$.

(1) The transfer curve of CMOS inverter gate is shown in Fig.(2), Find V_H, V_1, V_2, and V_T.

(2)A 100kHz clock signal （ High level 5V, Low level 0V ） is applied to the input of the CMOS inverter gate, and the output load of the gate is a 10pF capacitor. Calculate the average power consumption of the gate.

(3)Sketch the circuit diagram of a CMOS NAND gate with 2 input terminals. （ 題型：CMOS 反相器的分析 ）

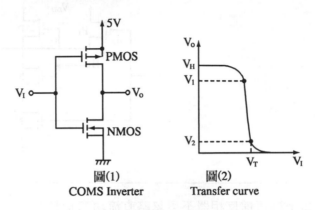

圖(1)
COMS Inverter

圖(2)
Transfer curve

簡譯

圖(1)，(2)爲 CMOS 反相器的電路與轉移曲線，已知 $|V_{TN}|$ = $|V_{TP}|$ = 1V，$K_n = 4K_p = 100\frac{\mu A}{V^2}$ 。

(1)求 V_H，V_1，V_2，V_T 值。

(2)在 CMOS 反相器的輸入端加上一個高位準5V，低位準0V 的 100KHz 方波，而輸出端的電容負載爲10PF，求平均功率損耗。

(3)設計一個二輸入的 CMOS NAND

解☞：

(1)① $V_H = V_{DD} = 5V$

② $V_T = \dfrac{V_{TN} + \sqrt{\dfrac{K_p}{K_n}}(V_{DD} - |V_{TP}|)}{1 + \sqrt{\dfrac{K_p}{K_n}}} = \dfrac{1 + (\sqrt{\dfrac{1}{4}})(5-1)}{1 + \sqrt{\dfrac{1}{4}}} = 2V$

$$③V_1 = V_T + |V_{TP}| = 2 + 1 = 3V$$

$$④V_2 = V_T - |V_{TN}| = 2 - 1 = 1V$$

(2)動態功率損耗

$$P_D = fC_L V_{DD}^2 = (100K)(10P)(5^2) = 25\mu W$$

(3)

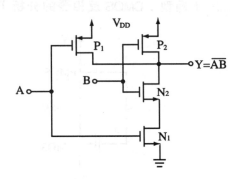

29.下列何種反相器不可忽略直流功率損耗？

(A)具電阻性負載的 CE 組態反相器。

(B)具增強型負載的 NMOS 反相器。

(C)具空乏型負載的 NMOS 反相器。

(D)CMOS 反相器。

(E)ECL 反相器。（**題型：基本觀念**）

【台大電機所】

解 ☞：(A)、(B)、(C)、(E)

30.(1)繪出空乏型負載的 NMOS 反相器，及增強型負載的 NMOS 反相器和 CMOS 反相器電路。

(2)繪出上述電路的 $V_o／V_i$ 轉移曲線，並標出 V_{OH}，V_{OL}，V_{IH}，V_{IL} 值。（**題型：NMOS 反相器及 CMOS 反相器**）

【清大電機所】

解 ☞：詳見內文

31. In a conventional CMOS inverter shown below, determine the input excitation waveform that will lead to a minimum total power dissipation (both static and dynamic). All input waveforms are periodic. (題型：功率損耗)

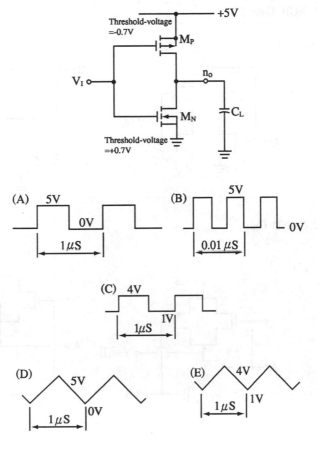

(A) 5V 0V 1μS

(B) 5V 0V 0.01μS

(C) 4V 1V 1μS

(D) 5V 0V 1μS

(E) 4V 1V 1μS

【交大電子所】

解☞：(A)

§17-5〔題型九十九〕：CMOS 組合邏輯

考型279 CMOS 組合邏輯

一、CMOS 邏輯電路

1. NOR Gate

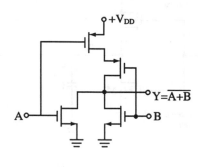
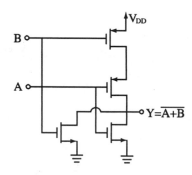

2. NAND Gate

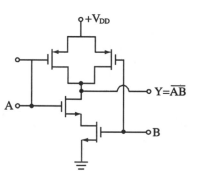
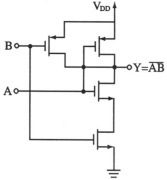

二、CMOS 邏輯功能判斷方法

1. 邏輯功能以 Q_N 為判斷為主。

(1)若 Q_N 彼此為串接，則邏輯為 AND（或 NAND）功能。

(2)若 Q_N 彼此爲並接，則邏輯爲 OR（或 NOR）功能。

2.舉例：

〔例1〕

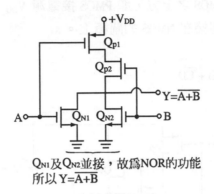

Q_{N1}及Q_{N2}並接，故爲NOR的功能
所以 $Y=\overline{A+B}$

〔例2〕

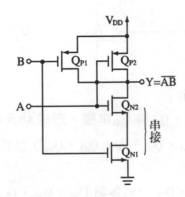

Q_{N1} 及 Q_{N2} 串接，故爲 NAND 的功能

所以 $Y = \overline{AB}$

三、CMOS 邏輯電路的設計方法

1.CMOS 是由 NMOS 及 PMOS 所組成的。所以必須將一個 NMOS 及 PMOS 的閘極並接，才能成爲一個 CMOS。

2.若要設計邏輯功能爲 NAND，則 NMOS 彼此串接。

3. 若要設計邏輯功能爲 NOR，則 NMOS 彼此並接。

4. 而 PMOS 彼此的接法，恰與 NMOS 相反。即 NMOS 若串接，則 PMOS 要並接。

5. PMOS 在 NMOS 之上方，即 PMOS 接電源 V_{DD}。

6. 輸入訊號則接在 NMOS 的閘極上。

7. 舉例

設計 $Y = \overline{AB + CD}$

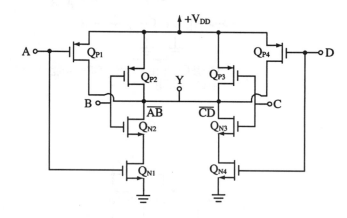

ⓐ NMOS 的設計

①Q_{N1} 與 Q_{N2}，Q_{N3} 與 Q_{N4} 串接，形成 $\overline{AB}$ 及 $\overline{CD}$。

②再將（Q_{N1}，Q_{N2}）與（Q_{N3}，Q_{N4}）並接，形成 $Y = \overline{AB + CD}$。

ⓑ PMOS 的設計

①Q_{P1}，Q_{P2}，Q_{P3}，Q_{P4} 各與 Q_{N1}，Q_{N2}，Q_{N3}，Q_{N4} 閘極並接。

②Q_{P1} 與 Q_{P2}，Q_{P3} 與 Q_{P4} 並接，再接 V_{DD}。

歷屆試題

32.(1)以 NMOS 空乏型負載，設計三輸入 NOR 閘。

(2)設計 CMOS 三輸入的 NAND 閘。（題型：邏輯電路設計）

【台大電機所】

解☞：詳見內文。

33.(1)Draw the circuit of a CMOS transmission gate and describe its operation.

(2)Draw a circuit by using CMOS to perform the logic function $Y = \overline{A + B}$.

（題型：CMOS 邏輯電路）

【交大電子所】

解☞：詳見內文

34.下圖之 CMOS 邏輯電路，寫出布林函數 F（ A，B，P_4，P_3，P_2，P_1 ）。（題型：NMOS 邏輯電路設計）

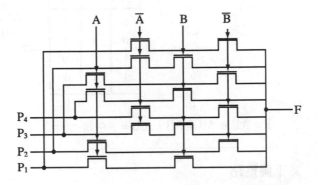

【交大電子所】

解☞：

$$F = (AB + \overline{A}\,\overline{B}) P_1 + (A\overline{B} + \overline{A}B) P_2 + (\overline{A}B + A\overline{B}) P_3$$
$$+ (\overline{A}\,\overline{B} + AB) P_4$$
$$= (AB + \overline{A}\,\overline{B}) (P_1 + P_4) + (A\overline{B} + \overline{A}B) (P_2 + P_3)$$
$$= (A \oplus B) (P_2 + P_3) + (\overline{A \oplus B}) (P_1 + P_4)$$

35.For the CMOS logic circuit shown F is (1)$\overline{A \oplus B}$(2) A $\oplus$ B(3)$\overline{AB}$(4)$\overline{A}B$(5) None of the above.（題型：NMOS 邏輯電路設計）

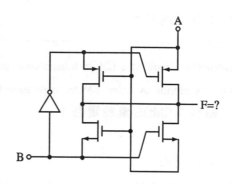

A

F=?

B

【 交大電子所 】

解☞ ：

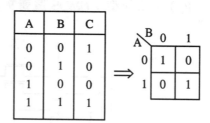

A	B	C
0	0	1
0	1	0
1	0	0
1	1	1

$\Rightarrow$

A\B	0	1
0	1	0
1	0	1

$$F = \overline{A}\overline{B} + AB = \overline{\overline{A}\overline{B} + A\overline{B}} = \overline{A \oplus B}$$

---

36. 下圖電路

(1)若 A，B，C 之輸入爲數位信號，求輸出 Y 與，A，B，C 之間的邏輯關係 = ？

(2)若 A，B 之信號爲由0到5V 之間連續變化之類化信號，求 Y 之輸出 = ？（題型：CMOS 邏輯電路設計）

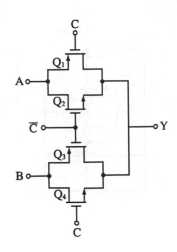

【交大光電所】

解☞ :

(1)

A	B	C	Q_1	Q_1	Q_1	Q_1	Y
0	0	0	ON	ON	OFF	OFF	0
0	1	0	ON	ON	OFF	OFF	0
1	0	1	OFF	OFF	ON	ON	0
1	1	1	OFF	OFF	ON	ON	1

$$Y = BC + A \overline{C}$$

(2)若 C = 1，則 Y = B（類比信號）

若 C = 0，則 Y = A（類比信號）

37.說明 V_{o1}，V_{o2} 與 V_{i1}，V_{i2} 關係。（題型：CMOS 邏輯電路）

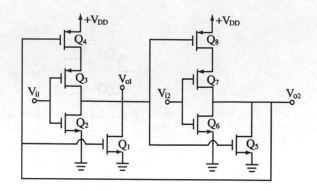

【交大控制所】

解☞：

1. 等效邏輯圖（此為 R_S – latch 電路）

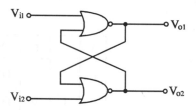

2. $V_{o1} = \overline{V_{i1} + V_{o2}}$

$V_{o2} = \overline{V_{i2} + V_{o1}}$

---

38. Use CMOS to draw two – input (a) NOR, (b) NAND gate circuits.（題型：CMOS 邏輯電路設計）

【高考】【清大核工所】

解☞：詳見內文

---

39. 寫出眞值表（題型：CMOS 邏輯電路）

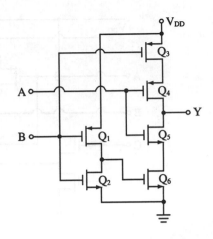

【清大核工所】

解☞：

A	B	Y
0	0	0
0	1	×
1	0	0
1	1	×

(1)X 為高阻抗，視為開路。

(2)B = 1時，Y 為開路狀態。

(3)B = 0時，Y = $\overline{A}$。

40.圖為一 CMOS 數位電路，請寫出眞值表。（**題型：CMOS 邏輯 電路設計**）

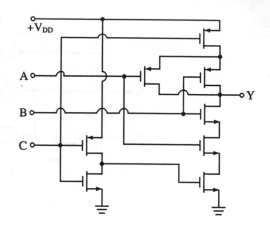

【 清大核工所 】

解☞：

A	B	C	D
0	0	0	1
0	0	1	×
0	1	0	1
0	1	1	×
1	0	0	1
1	0	1	×
1	1	0	1
1	1	1	×

(1)X 爲高阻抗，視爲開路。　　(2)C = 1時，Y 爲開路狀態。

(3)C = 0時，Y = $\overline{AB}$。

---

41. Sketch the circuit diagrams of an NMOS and a CMOS NAND gates, respectively.（題型：邏輯電路設計）

【 成大電機所 】

解☞：詳見內文。

42. 以 CMOS 設計 $Y = \overline{AB + CD}$。（題型：CMOS 邏輯電路設計）

【成大電機所】

解☞：

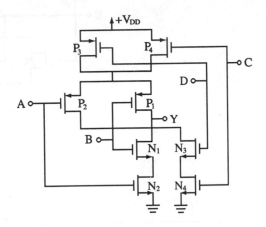

43.(1) Draw a CMOS inverter with the p – well and the n – substrate connected to the proper voltages. Verify that no isolation islands are required.

(2) Draw the circuit of CMOS 2 – input NOR gate by using positive logic and explain its operation.（題型：CMOS 邏輯電路設計）

【成大電機所】

解☞：

(1)

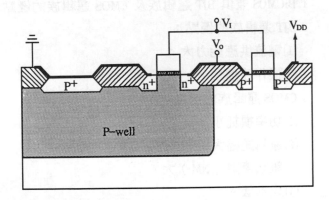

(2)

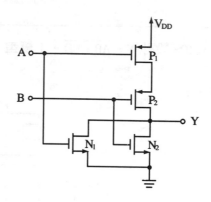

§17-6〔題型一〇〇〕：CMOS 與 BiCMOS 數位邏輯電路分析

考型280 CMOS 與 BiCMOS 數位邏輯電路分析

一、BiCMOS 邏輯電路的特性

　1. BiCMOS 兼俱 BJT 邏輯族及 CMOS 邏輯族的優點

　2. BJT 邏輯族的優點：

　　(1)電流供應能力大。

　　(2)操作速度快。

　3. CMOS 邏輯族的優點：

　　(1)功率損耗小。

　　(2)邏輯擺幅大，即（$V_{OH} - V_{OL}$）大。

　　(3)雜訊邊限（NM）大。

　　(4)成本低。

二、BiCMOS 邏輯功能的判斷法

　1.邏輯功能，以 CMOS 為主。

　2.BJT 的目的，在使操作過度加快。

三、BiCMOS 反相器

　1.電路

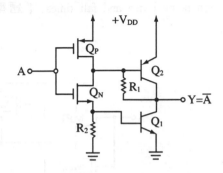

　2.電路說明

　　(1)當 A = V (0)，則 Q_P：ON，Q_N：OFF，Q_1：OFF

　　　即 $I_P = I_N = 0$，$\therefore I_{R1} = I_{E2} = 0$

　　　故 $\boxed{V_o = V_{DD} = V_{OH}}$

　　　此意即為當 V_o 由 V_o (0) 變至 V_o (1) 時，因 Q_2 為射極隨耦
　　　器，所以對寄生電容 C_L 充電極快。即 t_{PLH} 時間降低。

　　(2)當 A = V (1) 時，則 Q_N：ON，Q_P：OFF，Q_2：OFF，
　　　因此 Q_N 對 Q_4 充電，使 Q_1 導通（在主動區），而使 C_L 如同定電
　　　流放電效應，因此 t_{PHL} 時間降低。當 C_L 完全放電完後，因 Q_P
　　　及 Q_2 為 OFF，所以

　　　$V_o = 0 = V_{OL}$

歷屆試題

　　44. Which of the following statement (s) about the bellow logic circuit is
　　　(are) correct？

(A) This is a NOR Gate.

(B) The threshold voltage of MN2 is strongly dependent on V_{OUT}.

(C) The aspect ratios（W／L） or MP1／2 and MN1／2 are usually designed to be different for compensating carrier mobility differences.

(D) The aspect ratios of MP1／2 and MN1／2 are designed to be different to have symmetrical rise and fall times. (題型：NMOS 邏輯電路設計）

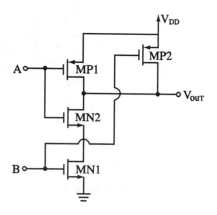

【台大電機所】

簡譯

如圖電路，何者叙述正確？

(A) 此電路為 NOR 閘。

(B) MN2的臨界電壓對 V_{out}的影響很大。

(C) MP1／2與 MN1／2的外觀比（W／L），通常設計成不一樣，以補償移動率的不同。

(D) MP1／2與 MN1／2的外觀比（W／L），通常設計成不一樣，以產生相同的上升與下降時間。

解☞：(B)

　1.此為 NAND 閘。

2. 若要補償移動率的不同，使上升與下降時間相同，則須設計成 $(\frac{W}{L})_n = (\frac{W}{L})_p$

---

45. Why does the CMOS logic circuit have very low static power dissipation？
（題型：功率損耗）

解☞：詳見〔考型278〕

---

46. Generally，the logic gate which consumes the smallest power is：（題型：基本觀念）

(A)TTL　(B)ECL　(C)NMOS　(D)CMOS.

解☞：(B)

---

47. For a logic inverter with output levels of V_{OL} and V_{OH}, a power supple V_{DD} , input switching frequency f cycles／second，and a load capacitance C_L, find the dynamic power dissipation.（題型：功率損耗）

簡譯
反相器的輸出位準為 V_{OL} 及 V_{OH}，電源供給為 V_{DD}，輸入訊號頻率為 f，電容負載為 C_L，求動態功率損耗。

解☞：

1. 充電時的能量損耗

$$\int i_C V_{DD} dt = C_L V_{DD} (V_{OH} - V_{OL}) - \frac{1}{2} C_L (V_{OH}^2 - V_{OL}^2)$$

2. 放電時的能量損耗

$$\frac{1}{2} C_L (V_{OH}^2 - V_{OL}^2)$$

3. 所以平均動態功率損耗

$$P_{D(av)} = fC_L V_{DD} (V_{OH} - V_{OL})$$

---

48. (1) Give a CMOS, transmission – gate implementation of the boolean function $Y = A \oplus B$.

(2) Among NMOS, CMOS, TTL, and ECL, what is your best choice if each of

①power consumption, ② speed, and ③ hardware cost is concerned？ You must give reasons（題型：CMOS 邏輯電路）

【清大電機所】

解☞：

(1)

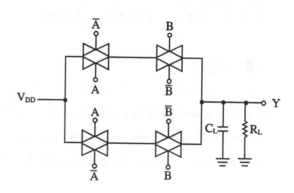

(2)① CMOS 的靜態功率損失幾乎是無。而動態功率損失，則是依計時脈衝頻率而定。因此 CMOS 的功率損失最低。

② 以速度而言，ECL 最快。

③ 以成本而言，NMOS 最低。

---

49. (1) The circuit shown in Fig. is a positive logic inverter driving N identical circuits in parallel. The controlled switch has $R_{ON} = 100\Omega$, $R_{OFF} = 50k\Omega$, and $R_{in} = 200k\Omega$. Determine the fan – out. The logic levels are $V(0) \leq 0.5V$ and $V(1) \geq 3.0V$.

(2)If $R_{ON} = 0.5k\Omega$, $R_{OFF} = 100k\Omega$ and the logic levels are V（0）≤ 0.5V and V（1）≥ 2.5V. What is the minimum value of R_{in} if the fan – out is to be 10 ?

(3)Given the value of R_{in} in (2), what effect does decreasing R_{OFF} have on the fan – out and logic levels ?（題型：基本觀念）

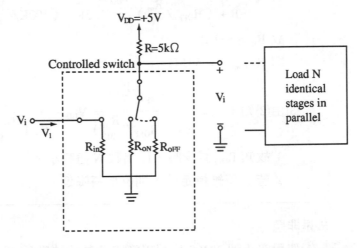

【中山電機所】

簡譯

(1)圖為正邏輯反相器，且驅動 N 個相同的電路，已知 V（0）≤0.5V，V（1）≥ 3V，$R_{ON} = 100\Omega$，$R_{OFF} = 50K\Omega$，$R_{in} = 200K\Omega$，時，求扇出數。

(2)已知 $R_{ON} = 0.5K\Omega$，$R_{OFF} = 100K\Omega$，V（0）≤ 0.5V，V（1）≥ 2.5V，且扇出數為10，求 R_{in} 最小值。

(3)若 R_{in} 值如(2)，求 R_{OFF} 減少時對扇出數與邏輯位準的影響。

解☞ :

(1)當 S OPEN 時，$V_o = V（1）> 3V$

$$\therefore V_o = \frac{R_{OFF}//\frac{R_{in}}{N}}{R + （R_{OFF}//\frac{R_{in}}{N}）} V_{DD} = \frac{（50K//\frac{200K}{N}）（5）}{5K + （50K//\frac{200K}{N}）} \geq 3V$$

$\therefore N \leq 22.7$

取 $N_{max} = 22$

(2)當 S OPEN 時　$V_o = V(1) \geq 2.5V$

$$\therefore V_o = \frac{R_{OFF} /\!/ \dfrac{R_{in}}{N}}{R + (R_{OFF} /\!/ \dfrac{R_{in}}{N})} V_{DD} = \frac{(100K /\!/ \dfrac{R_{in}}{10})(5)}{5K + (100K /\!/ \dfrac{R_{in}}{10})} \geq 2.5V$$

故 $R_{in} \geq 53K\Omega$

即 $R_{in(min)} = 53K\Omega$

(3)由(2)知，$V_o = \dfrac{R_{OFF} /\!/ \dfrac{R_{in}}{N}}{R + (R_{OFF} /\!/ \dfrac{R_{in}}{N})} V_{DD} = \dfrac{V_{DD}}{1 + R\dfrac{NR_{OFF} + R_{in}}{R_{OFF}R_{in}}}$

1. 故知 R_{OFF} 減少時，扇出數 N 值將小。

2. 若 N 值維持定值，則位準將降低。

50.是非題

(1)使用空乏型 NMOS 為邏輯電路負載的缺點為 $V_{OH} \neq V_{DD}$

(2)CMOS 的動態功率損耗（P_D）與 V_{DD} 成正比。

(3)在不改變 CMOS 電路的參數與結構下，降低 V_{DD} 將會提昇速度，因為輸出電壓的擺幅也跟著降低。（**題型：基本觀念**）

【中央電機所】

解☞：

(1)非，應該是 $V_{OH} = V_{DD}$

(2)非，應該是「與 V_{DD} 平方成反比」，即 $P_D = fCV_{DD}^2$

(3)是。

附錄

八十八學年度清華大學碩士班招生考試試題／電機所甲乙丙組

八十八學年度清華大學碩士班招生考試試題／電子所

八十八學年度清華大學碩士班招生考試試題／工科系丁組

八十七學年度清華大學碩士班招生考試試題／電子所

八十七學年度清華大學碩士班招生考試試題／電機所乙組

八十七學年度清華大學碩士班招生考試試題／電機所丙組

八十六學年度清華大學碩士班招生考試試題／工程所、系統科學所

八十六學年度清華大學碩士班招生考試試題／電機所丙組電子所

八十七學年度中山大學碩士班招生考試試題／海工所甲乙丙組

八十六學年度中山大學碩士班招生考試試題／電機所甲乙戊已組

八十六學年度中山大學研究所碩士班招生考試試題／光電所

八十六學年度中正大學碩士班招生考試試題／電機所

八十八學年度中原大學研究所碩士班招生考試試題／電機所乙丙組

八十八學年度中原大學碩士班招生考試試題／醫工所乙組

八十七學年度中原大學碩士班招生考試試題／醫工所乙組

八十七學年度中原大學碩士班招生考試試題／電機所乙丙組

八十八學年度中原大學碩士班招生考試試題／電子所乙組

八十八學年度華梵大學碩士班招生考試試題／機電所

八十八學年度華梵大學研究所碩士班招生考試試題／機電所

八十七學年度華梵大學碩士班招生考試試題／機電所

八十八學年度淡江大學碩士班招生考試試題／電機所

八十八學年度彰化師範大學碩士班招生考試試題／工教所

國立清華大學八十八學年度碩士班招生考試試題
〔電子學（電機所甲乙丙組）〕

1. A 6.8V Zener diode specified at 5 mA to have $V_Z = 6.8V$ and $r_Z = 20\Omega$ with $I_{ZK} = 0.2mA$, is operated in a regulator circuit using a 200Ω resistor and a 9V supply.

(a) Estimate the knee voltage of the Zener. (5%)

(b) For no load, what is the lowest supply voltage for which the Zener remains in breakdown operation ? (5%)

(c) For the nominal supply voltage, what is the maximum load current for which the Zener remains in breakdown operation ? (5%)

2. The two-transistor amplifier shown in the following Figure combines an FET and a BJT to achieve both a high input impedance and a large voltage gain. By considering the g_m of Q_1 to be 1mS (or 1mA／V), and r_π and β for Q_2 to be 1kΩ and 100, respectively, determine the voltage gain $V_0／V_{in}$ of the amplifier. (10%)

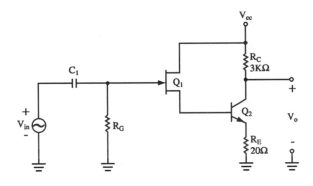

3. For the devices in the circuit of the following Figure, $|V_t| = 1V$, $\lambda = 0$, $\gamma = 0$, $\mu_n C_{ox} = 20 \ \mu A / V^2$, $L = 1\mu m$, and $W = 20\mu m$. Find the labeled current (I_1) and voltage (V_1). (10%)

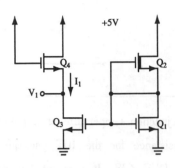

4. In the circuit, the BJTs have $\beta = 100$ and $r_0 = \infty$.
   (1) Determine the dc voltages V_{C2} and V_{C3}.
   (2) Find the voltage gain V_0 / V_i. (10%)

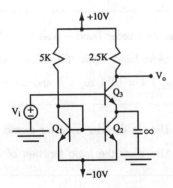

5. An amplifier can be modeled by the equivalent circuit as shown. Find the input impedance Z_{in} and the pole of V_0 / V_i. (10%)

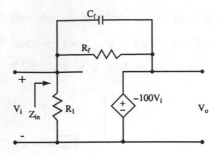

6. The rated junction temperature of a power BJT is $T_{j,\max} = 150\,°C$. The thermal resistance for the BJT package are $\theta_{dcv-case} = 2\,°C/W$ and $\theta_{case-amb} = 18\,°C/W$. It is operated to dissipate a power of $5W$.

(1) Find the maximum allowable ambient temperature $T_{A,\max}$ when it is operated without heat sink.

(2) If the BJT is attached to a heat sink which gives $\theta_{case-sink} = 4\,°C/W$ and $\theta_{sink-amb} = 6\,°C/W$, find $T_{A,\max}$. (10%)

---

7. (a) Write the 2nd order band – pass filter function $T(S) = ?$ (5%)

(b) For the same band – pass filter function $T(S)$,

if $|T(\omega_a)| = |T(\omega_b)|$ and $\omega_a \neq \omega_b$, find $\omega_a \cdot \omega_b = ?$ (15%)

---

8. (20%) Draw a decoder used for memory with 3 address lines in transistor level. Also show the logic function of each output.

---

9. For op amp 741, answer the following questions.

(a) 5% Draw the simple model of 741 for small signal with $f \gg f_0 = 4\,Hz$.

(b) 10% Draw the 741 output waveform ($V - t$ plot) for one period, if the output of the 741 is $V_0 = 10 \sin(2\pi \cdot t)$ with slew rate $= \pm\pi/3$ $V/\mu S$, and output limits are from $-5\sqrt{3}\,V$ to $+5\sqrt{3}\,V$.

10.(a)Write the 2nd order band – pass filter function T (S) = ? (5%)

(b)For the same band – pass filter function T (S) , if | T (ω_a) | = | T (ω_b) | and $\omega_a \neq \omega_b$, find $\omega_a \cdot \omega_b$ = ? (15%)

11. An operational amplifier having infinite input resistance, zero output resistance and open – loop gain A (S) = $A_0 / (1 + S / \omega_0)$ is connected in the circuit as shown.

(1)Find the circuit loop gain.

(2)If $R_1 = R_2$ and $C_1 = C_2$, find the high frequency corner ω_H of V_0 / V_i.

(15%)

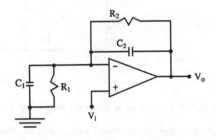

國立清華大學八十八學年度碩士班招生考試試題
〔 電子學（電子所）〕

1. A signal source V_s with output resistance R_s is connected in the circuit as shown. It is known that the voltage V_2 is induced by the voltage V_1 such that $V_2 = kV_1$.

   (1) Derive an expression for the transfer function V_1 / V_s.

   (2) Find the expression for pole frequency f_H.

   (3) If $R_1 = R_s = 1k\Omega$, $C_1 = 20pF$, $C_2 = 2pF$, and $k = -9$, sketch the Bode plot for $|V_1 / V_s|$. (15%)

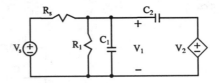

2. (1) Sketch the circuit of a cascode amplifier using two identical BJTs.

   (2) What are the input resistance, output resistance, and voltage gain of your circuit?

   (3) What is the advantage of this amplifier as compared to a common emitter amplifier? (10%)

3. In the BiCMOS differential amplifier as shown, $I_Q = 0.6mA$, $k_n = 0.3mA/V^2$, $\lambda = 0.01V^{-1}$ for the MOSFETs ； $V_A = 80V$ for the BJTs. Find the output resistance R_0 the differential input resistance, and the voltage gain $A_d = V_0 (V_2 - V_1)$. (10%)

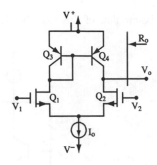

---

4. Find the voltage gain of the following circuit with the switch in positions 1, 2, and 3. (15%)

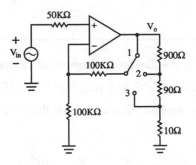

---

5. An amplifier with inverting circuit intended for very – high – frequency operation, yet characterized by a single – pole roll – off, has $f_1 = 100\,\text{MHz}$ and $A_0 = 20\text{V}/\text{V}$. For a design in which the actual (rather than the nominal) closed – loop gain is $- 10\text{V}/\text{V}$, what 3 dB frequency results ? (10%)

---

6. For the circuit shown, find the input resistance R_1, and the voltage gain V_0/V_s. Assume that the source provides a small signal V_s and that β is high. Note that a transistor remains in the active region even if the collector

voltage falls below that of the base by $0.4V$ or so. (10%)

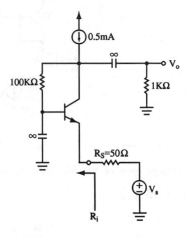

7. Assuming the threshold voltage of all devices to be equal in magnitude and k denotes ($1/2$) ($\mu C_{ox} W/L$) . If $k_1 = k_2$, and $k_3 = k_4 = 16k_1$, find the required value of I_1 such that $I_3 = 1.6mA$. (15%)

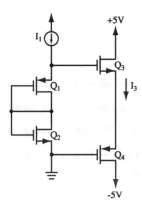

8. Find the transfer function $V_0(S) / V_i(S)$ of the following circuit. Sketch the Bode plot for both gain and phase angle. (15%)

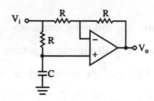

國立清華大學八十八學年度碩士班招生考試試題
〔電子學（工科系丁組）〕

1. Briefly answer the following questions.

   (a) Why does the drift current I_{drift} exist in the PN junction (diode) ? Is the I_{drift} increased or decreased or not changed for the forward and reverse bias, respectively ? (10%)

   (b) Sketch the cascade and cascode circuits, and then explain the advantages of these circuits, respectively. (10%)

2. For the rectifier circuit in Fig. $V_{D(on)} = 0.7V$. If the $V_0 = 7 \pm 0.5V$, sketch the waveforms of V_0 and V_s, then find the value of peak inverse voltage (PIV) for the diode. (9%)

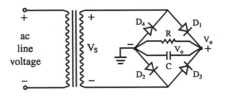

3. For the n – channel metal – oxide – semiconductor field effect transistor (nMOS) amplifier with load of (a) enhancement MOS, (b) depletion MOS, (c) pMOS, sketch the i_D versus v_D with load curve, respectively. Briefly compare the major differences and advantages ∕ disadvantages for these three load types. (9%)

4. For the simple operational amplifier in Fig. all the BJTs have $\beta \gg 1$, $|V_{BE}| = 0.7V$, and no Early effect. Q_6 has four times the area of each of Q_9 and Q_3. Find (a) the dc voltage of V_0. (b) the common – mode range of this op amplifier. (8%) (c) For the BJT and MOSFET op amplifier, compare the magnitudes of transconductance (gm) and offset voltage (Vos). (4%)

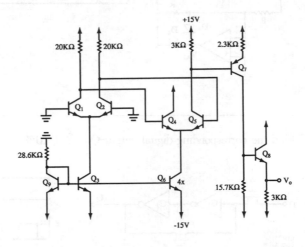

5. Sketch the waveforms at V_1 and V_2 of the active – filter tuned oscillator, find the frequency of oscillation and describe the function of QR. How to stabilize the amplitude of oscillation ? (A_1, A_2, = Ideal op amps)

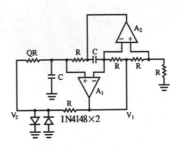

6. For the circuit in Fig, find the corresponding voltages listed in table.
   (A_1, A_2, = Ideal op amps, $D_1 \sim D_4$ ： $V_D = 0.7V$, $r_D = 0\Omega$) (20%)

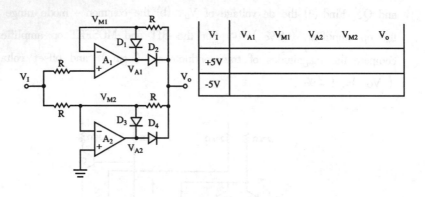

V_I	V_{A1}	V_{M1}	V_{A2}	V_{M2}	V_o
+5V					
-5V					

7. Find the corresponding digital output Q = ? (10%)

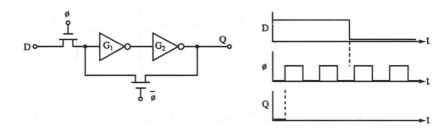

國立清華大學八十七學年度碩士班招生考試試題
〔 電子學（電子所）〕

1. A shunt regulator utilizes a zener diode whose voltage is 5.1V at a current of 50mA and whose incremental resistance is 7Ω. The diode is fed from a supply of 15V nominal voltage through a 200Ω resistor. What is the output voltage at no load？ Find the line regulation and the load regulation.（ 10% ）

---

2. In the circuit shown below, measurement indicates V_B to be 1.0V and V_E to be 1.7V. What are α and β for this transistor？ What voltage V_C do you expect at the collector？（ 15% ）

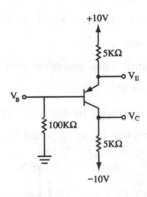

---

3. The circuit shown below is a voltage divider composed of three diode – connected enhancement MOSFETs. Utilizing a current I = 90μA. find the W／L ratios of the three transistors so that the diyider provides $V_1 = 1V$ and $V_2 = -1V$. Let $V_1 = 1V$ and $\mu_n C_{ox} = 20\mu A／V^2$. Neglect the small effect ofr$_0$ of each of the three devices.（ 10% ）

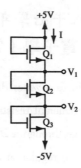

+5V

Q_1

V_1

Q_2

V_2

Q_3

-5V

4. A widlar current source as shown in figure is capable of providing small stable current supply with high internal resistance.

(a) Derive an expression for the determination of resistor R_E to provide output current I_0 in terms of I_0, V_T, V_{be}, V_{CC}, and R, where $V_T = KT/q$ is the thermal voltage.

(b) Draw the small signal equivalent circuit model for the determination of output resistance R_0.

(c) Derive the expression for the output resistance R_0 in terms of the transistor model parameters r_π, r_0, g_m, and R_E. (15%)

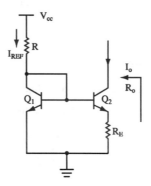

5. The Miller theorem is a powerful tool to transform a two – port bridging circuit

element into two elements each associated with only one port as shown in figure. Assuming the voltage relation of the two ports is $V_2 = kV_1$, determine the relations of Y_1, Y_2 in terms of the original circuit element Y and terminal voltage ratio k. (15%)

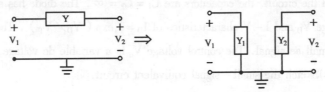

6. Analyze the circuit to determine its transfer function $V_0 (S) / V_1 (S)$ and thus find out its dc gain and the value of ω_0 and Q. (20%)

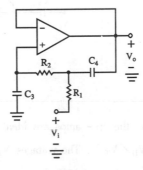

7. Find the output voltage of the circuit. Assume n and I, are the diode's ideality factor and reverse saturation current, respectively ; and V_T is thermal voltage. (15%)

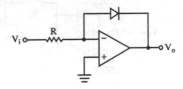

Natural logarithm e = 2.718
ln 2 = 0.6931, ln 3 = 1.0986, ln 5 = 1.6094

國立清華大學八十七學年度碩士班招生考試試題
〔 電子學（電機所乙組）〕

1. In the circuit, the capacitors are $C_1 = C_2 = \infty$. The diode has a cut – in voltage V_D and I – V characteristics of $I_D = I_s \exp (V_D / V_T)$. The input V_i is a small ae signal. The control voltage V_c is a variable dc voltage.

   (a) Sketch the small – signal equivalent circuit.

   (b) Find the output voltage V_0 as function of V_c . (8%)

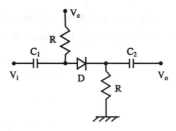

2. In the circuit, the op – amps are ideal and the diodes are characterized by $I_D = I_s \exp (V_D / V_T)$. The voltages V_1 and V_2 are positive. Find the voltages V_1' , V_0' and V_0. (12%)

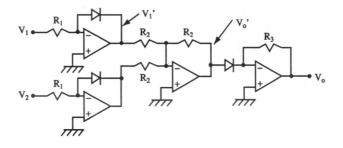

3. In the circuit, the capacitors are assumed $C_1 = C_2 = \infty$. The MOSFET has

given k and V_t values.

(a)Find R_D such that $V_{DS} = V_{DD}/2$.

(b)Sketch the small signal equivalent circuit and find the voltage gain V_0/V_1.

(12%)

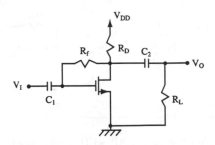

4.For the circuit shown, the op – amp is ideal.

(a)Find the dc gain and the 3 – dB frequency.

(b)Design the values of resistors and capacitor so as to obtain an input resistance of 2kΩ, a dc gain of 40dB, and a 3dB frequency of 4kHz. What is the unity – gain bandwidth f_T ? (10%)

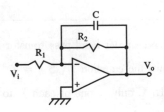

5.For the circuit shown,

(a)perform its DC analysis,

(b)sketch its small – signal equivalent circuit,

(c)calculate the open – circuit voltage gain, the short – circuit current gain, the input resistance, and the output resistance. Note that the β of the transistors is equal to 100. (23%)

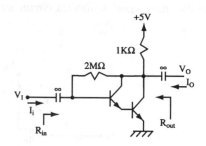

6. For the function of $Y = \overline{AB + CD}$.. with inputs A, $\overline{A}$, B, $\overline{B}$, C, $\overline{C}$, D, and $\overline{D}$ available. You can take the TTL circuits or ECL circuits as 2 – input logic gates.

(a) Draw the gate – level scheme of open – collector TTL circuit to implement Y. You have to show the output connections and pull – up device.

(b) Draw the transistor – level scheme of a CMOS gate to implement Y.

(c) Draw the gate – level scheme of ECL wired – function to implement Y. (12%)

7. For the second – order band pass transfer function,

(a) Write down the equation T (S) = ?

(b) Use R, L, C only (one of each) to implement the band pass function. (Draw the circuit)

(c) Find the center – frequency gain in terms of R, L, and C.

(d) Find the sensitivity $S_C^{W_0}$, where W_0 means center – frequency.

(e) Draw the circuit that replaces the R in (b) with the switched – capacitor realization. (15%)

8. Using three resistors with values R_1, R_2, R_3, a capacitor with value C and an ideal op amp with saturation voltage L（max.）and $-$ L（Min）to build an astable multivibrator that can produce square wave. Also calculate the period in terms of R_1, R_2, R_3, C, and L.（8%）

國立清華大學八十七學年度碩士班招生考試試題
〔電子學（電機所丙組）〕

1. Design the following circuit so that $V_0 = 3V$ when $I_L = 0$, and V_0 changes by 40mA per 1mA of load current. Find the value of R and the junction area of each diode（assume all four diodes are equal）relative to a diode with $0.7V$ drop at 1mA current. Assume $n = 1$.（15%）

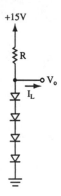

2. The current mirror circuit has $L_1 = L_2 = W_1 = 6\mu m$, $V_1 = 1V$, $\mu_n C_{ox} = 20\mu A / V^2$, $V_A = 50V$, and $I_{REF} = 10\mu A$. (a)Calculate the value of V_{GS}. (b)Find the value of W_2 that will result in an output current of $100\mu A$ when the output voltage is equal to the voltage at the gate. (c)If the output voltage increases by 5V, find the resulting value of I_0.（15%）

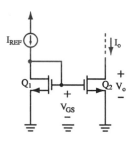

3. A differential amplifier as shown in Figure has an ideal current source I with infinite internal resistance. Apply a small signal V_d to the differential input terminals. derive the expressions for

(a) the small signal transconductance of the transistor g_m

(b) the small signal emitter current i_e

(c) the input differential resistance R_{id}

(d) the differential voltage gain when the output is taken differentially A_d.

(20%)

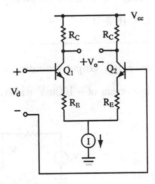

4. A output stage amplifier as shown in figure.

(a) Is this a class A, B, or C amplifier?

(b) What is the main problem of this class of amplifier as far as signal quality is concerned?

(c) Propose a modified circuit to eliminate the problem you stated in part (b).

(15%)

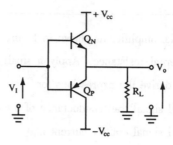

5. Give the transfer function of a second order bandpass filter with a center frequency of 10^5 rad／s, a center frequency gain of 10, and a 3 – dB bandwidth of 10^6 rad／s. (10%)

6. The circuit has ± 10V output saturation levels and $R_1 = 1k\Omega$. Find a value for R that gives hysteresis of – 100mV width. (10%)

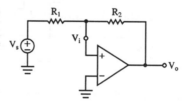

7. For the circuit shown below, let the op amp saturation voltages be ± 10V $R_1 = 100k\Omega$, $R_2 = R = 1M\Omega$, and $C = 0.01\mu F$. Find the frequency of oscillation. (15%)

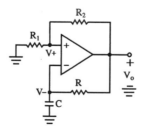

國立清華大學八十六學年度碩士班招生考試試題
〔電子學（工程所、系統科學所）〕

1. Answer the following questions as briefly as possible.

   (a) What is the purpose of frequency compensation？（4%）

   (b) What are the differences between RAM and ROM in the applications（operation system or most programs）？ in the structures（capacitor or latch）？ in the operations（read – only or read／write）？（6%）

   (c) For a MOSFET in the operation region of triode, how does the channel resistance vary with V_{DS}（not changed or increase or decrease）？ After the channel reaching pinch – off, how does the drain current vary with V_{DS}（slightly increase or increase or slightly decrease or decrease）？（6%）

   ----

2. the difference amplifier in Fig. a, find the differential gain $V_0／V_d$.（8%）

   ----

3. sketch and label the transfer characteristic of Fig. b for $-20V \leq V_I \leq +20V$. The diodes and zener are presented by piecewise – linear models with $V_{D0} = 0.65V$, $r_D = 20\Omega$, and $V_Z = 8.2V$ at $I_Z = 10mA$, $r_Z = 20\Omega$, respectively.（8%）

   ----

4. And the logic function implemented in Fig. c.（8%）

   ----

5. Fig. d, the MOSFET has $V_t = 1.5V$, $K = 0.125mA／V^2$, and $V_A = 50V$. The low frequency response dominated by a pole with the other pole at least a decade lower. Find the frequency of these two poles.（12%）

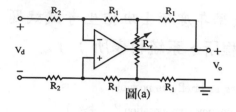

圖(a)

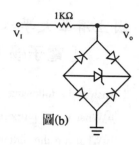

圖(b)

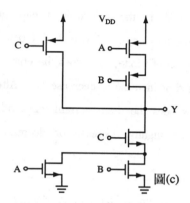

圖(c)

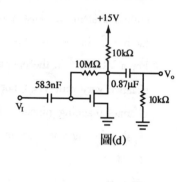

圖(d)

6. Find the overall voltage gain V_0/V_1 of Fig. e with $g_m = 5mA/V$ and r_0 very large. (12%)

7. For the class AB output stage circuit in Fig. f, all MOSFETs have $|V_t| = 1V$, $K_1 = K_2 = nK_3 = nK_1$, $K_3 = 1mA/V^2$. Find the value of n that results in a small − signal gain of 0.99 for output voltages around zero. (12%)

8. Sketch and label the V_{01} and V_{02} waveforms in Fig. g with $V_Z = 6.8V$. (12%)

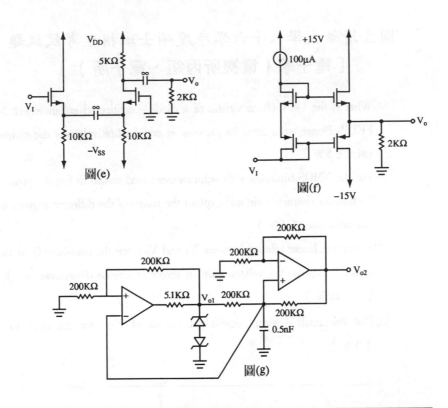

圖(e)

圖(f)

圖(g)

9. For the shunt – shunt feedback circuit in Fig. h, find the voltage gain V_0 / V_s, the input resistance R_{if}', and the output resistance R_{0f}'. The OP amp has open – loop gain $\mu = 10^4$, $R_{id} = 100k\Omega$, $R_{icm} = 10M\Omega$, and $r_0 = 1k\Omega$. (12%)

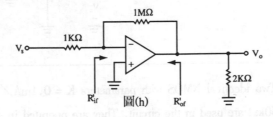

圖(h)

國立清華大學八十六學年度碩士班招生考試試題
〔 電子學（電機所丙組、電子所）〕

1.(a)What is the I − V characteristic of a diode − connected enhancement MOS-FET？ Please write down its expression and qualitatively plot the characteristic. (5%)

  (b)For the NMOS transistor with enhancement load shown in Fig.1, please plot its transfer characteristic and explain the usage of the different regions in the characteristic. (5%)

  (c)Derive the linear relation between V_1 and V_0 when the transistor Q_1 is in saturation. Express the voltage gain in terms of device dimensions of Q_1 and Q_2. (10%)

  (d)Plot the small − signal equivalent circuit of Fig. for the case in (c). (5%)

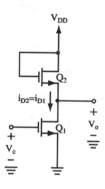

2.Two identical NMOS with parameters $K = 0.1\text{mA}／\text{V}^2$, $V_1 = 2\text{V}$, and $r_0 = 50\text{k}\Omega$ are used in the circuit. They are operated in saturation mode using the constant bias voltages V_A and V_B which give the drain current $I = 0.4\text{mA}$.

  (1)Determine the value V_A. (4%)

(2)Find the minimum values for V_B and V_1. (6%)

(3)Sketch the small signal equivalent circuit and find the expression for the output resistance R_0. (5%)

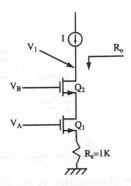

3. Two amplifiers with midband – gain A_1 and A_2 are connected in series. The high frequency dominant poles for A_1 and A_2 are ω_1 and ω_2, respectively.

(1)Find the high frequency response for $T(S) = V_0(S) / V_i(S)$ of the system.

(2)If $\omega_1 \ll \omega_2$, sketch the Bode plot of $|T(S)|$ for ω in the range $0.1\omega_2 < \omega < 10\omega_2$.

(3)If $\omega_1 = \omega_2$, sketch the Bode plot of $|T(S)|$ for ω in the range $0.1\omega_2 < \omega < 10\omega_2$. (10%)

Note：You can only sketch the magnitude response of Bode plot in Probs. (2) and (3)！

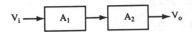

4. For the following circuit, $g_m = 1mS$ or $1mA / V$ and $r_0 = \infty$ or FET Q_1, and $r_\pi = 1k\Omega$ and $\beta = 100$ for BJT Q_2.

(a)Find the circuit voltage gain V_0 / V_{in} with R_f removed. (5%)

(b)Find the circuit voltage gain with R_f in place. (10%)

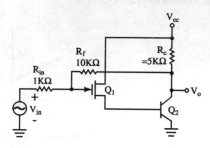

5. Plot the transfer characteristic of the following circuit. (10%)

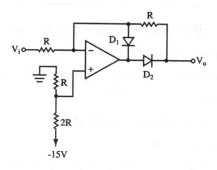

6. (15%) A spice – like program is listed below without showing the value of each component.

Guess who am I

C_1	1	2
C_2	2	0
R_1	1	2
R_2	2	0
V_{in}	1	0
V_0	2	0

Answer the following questions.

(a) Draw the circuit and mark each component.

(b) What are the applications of this circuit if one of the capacitor is 0. List all the possible situations with discussions.

---

7. (10%) If the data stored in the ROM are (C, D) = 00, 01, 10, and 11 as input (A, B) = 00, 01, 10, and 11, respectively. Complete the circuit (use NMOS FETs and Ground signal).

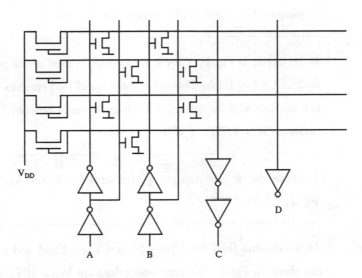

1.(a)For what voltage will the reverse current in a pn junction silicon diode reach 95 percent of its saturation value at room temperature？（4%）

(b)What is the ratio of the current for a forward bias of 0.2V to the current for the same magnitude of reverse bias？（4%）

(c)If the reverse saturation current is 10pA, what are the forward currents for voltages of 0.5 and 0.7V, respectively？（4%）

2.In the circuit in Fig.1, a 5 – V Zener diode is used which provides regulation for $50mA \leq I_Z \leq 1.0A$. Determine the range of load currents for which regulation is achieved if the unregulated voltage V_s varies between 7.5 and 10V. The resistance $R_s = 4.75\Omega$. （10%）

3.Calculate the dc bias voltages and currents I_C, I_E and V_{CE} in the circuit in Fig.2.（12%）

4.An n – channel JFET has $V_p = -5V$ and $I_{DSS} = 12mA$ and is used in the circuit shown in Fig.3. The parameter values are $V_{DD} = 18V$, $R_s = 2k\Omega$, $R_D = 2k\Omega$, $R_1 = 400k\Omega$, and $R_2 = 90k\Omega$.

(a)Determine V_{DS} and I_D.（5%）

(b)Draw the small – signal equivalent of the circuit.（5%）

(c)Determine the output resistance seen between terminal 1 and ground.（6%）

5.It is desired to have a high – gain amplifier with high input resistance and high output resistance. If a three – stage cascade is used, what configuration should be used for each stage ? Explain. (10%)

6. For the instrumentation amplifier shown in Fig.4, derive the relationship between V_0 and $(V_2 - V_1)$. (10%)

7. (a) The Schmitt trigger in Fig.5 uses $6 - V$ Zener diodes, with $V_D = 0.7V$. Assuming that the threshold voltage V_1 is zero and the hysteresis is $V_H = 0.2V$, calculate R_1 / R_2 aod V_R. (7%)

   (b) This comparator converts a $4 - kHz$ sine wave whose peak $-$ to $-$ peak value is 2V into a square wave. Calculate the time duration of the negative and of the positive portions of the output waveform. (7%)

8. In the inverted $-$ ladder DAC shown in Fig.6, the switches are connected directly to the Op $-$ Amp input.

   (a) Show that the current I drawn from V_R is a constant independent of the digital word. (4%)

   (b) What is the switch current and V_0 if the MSB is 1 and all other bits are zero ? (4%)

   (c) Repeat (b), assuming that the next MSB is 1 and all other bits are zero. (4%)

   (d) Calculate V_0 for the LSB in the $4 - bit$ D / A converter with all other bits zero. (4%)

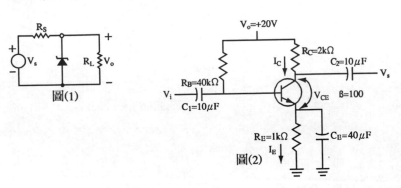

圖(1)

圖(2)

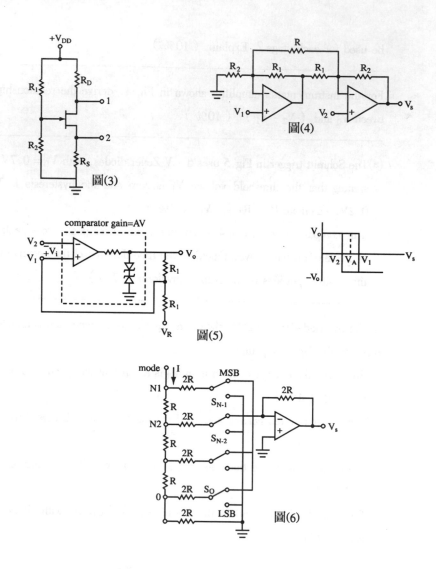

圖(3)

圖(4)

comparator gain=AV

圖(5)

圖(6)

國立中山大學八十六學年度碩士班招生考試試題
〔電子學（電機所甲乙戊己組）〕

1. In Fig1a and Fig1b, an NPN common – emitter circuit and an NMOS common – source circuit are biased with a corresponding constant – current source respectively. (a) Design and sketch the constant current source using current mirror for them respectively. （4%＊2） (b) Derive the relationships between the reference current （I_{ref}） and the constant – current （I_Q） of the circuits designed respectively. （4%＊2）

2. The semiconductor devices, such as CMOS, are scaled down drastically for VLSI applications. (a) What are the main problems occurred in an MOS device？（5%） (b) List and explain the methods or tricks concisely, which are used to manipulate the problems and to optimized the yield. （5%）

3. (a) What is the difference between multiplexer, demultiplexer, and decoder？ Explain it graphically. （5%） (b) Please generate the following combinational logic equation using a 4 – bit multiplexer $Y = BA + CBA + CBA$. （5%）

4. (a) Design and sketch three types of inverters, which consist of an enhancement NMOS driver with an enhancement NMOS, a depletion NMOS, and an enhancement PMOS load respectively. （3%＊3） (b) Plot the Vout – Vin transfer characteristies of the above inverters in a same graph. （4%） (c) Define the Noise Margin HIgh （NMH） and Noise Margin Low （NML） in a typical transfer curve of an inverter. （5%） (d) Compare the performance of the three inverters in (a) using the definition in (c). （4%）

5.(a)Inverting and non – inverting Op – Amp stages have the same configuration (Fig2a) with no input signal voltage applied. Assuming the input offset voltage $V_{io} = 0$, find the output voltage due to the input bias current when $I_{B1} = I_{B2} = I_B = 100nA$. (b)How can the effect of the bias current be eliminated so that $V_0 = 0$? (c)Using the result in part (b), calculate V_0, assuming $I_{B1} - I_{B2} = I_{io} = 20nA$. (d)Assuming $I_{io} = 0$, determine V_0 when $V_{io} = 5mV$. (e)Find the value of V_0 when $I_{io} = 20nA$ and $V_{io} = 5mV$. (4%*5)

6.In Fig3, the transistor used has $\beta_0 = 100$, $r_\pi = 1k\Omega$, and $r_0 \to \infty$, (a)Determine the value of f_L. (b)Given i (t) = 200Hz square wave, determine the percentage tilt in the output. (c)What is the lowest frequency square wave that exhibits no more than 2 percent tilt ? (4%*3)

7.In the Wien bridge topology of Fig4, Z_I consists of R, C, and L in series, and Z_2 is a resistor R_3, find the frequency of oscillation and the minimum ratio R_1 / R_2. (5%*2)

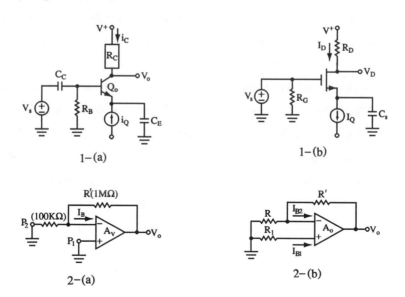

1-(a)

1-(b)

2-(a)

2-(b)

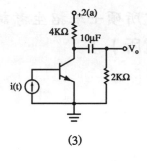

(3)

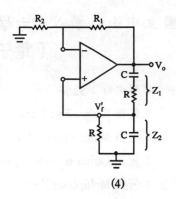

(4)

國立中山大學八十六學年度研究所碩士班招生考試試題
〔電子學（光電所）〕

一、解釋名辭：32%

    1.何謂 Early effect？8%

    2.何謂 Miller effect？8%

    3.何謂 Common mode rejection ratio？8%

    4.何謂 Multiplexer？8%

二、問答題：68%

    1.對 NPN 電晶體而言，在 active mode 工作下，base 電流由那些成份組成？12%

    2.為什麼 CMOS inverter 比 NMOS inverter 省電？12%

    3.試說明 Zener breakdown 與 Avalanche breakdown 之區別？12%

    4.試寫出 Full adder 的 truth table，並以基本 Logic gates 設計之？12%

    5.以 OP amplifier 設計 low pass filter，並寫出其 transfer function.20%

國立中正大學八十六學年度碩士班招生考試試題
〔 電子學（電機所）〕

1. （ 16% ）

   Briefly give the definition of the following terms： (a) to (c)

   (a)I_{CO} (in BJTs)

   (b)Fan out （ in digital circuit ）

   (c)Propagation delay （ in digital circuit ）

   (d)Briefly describe what CCD is.

   (e)Draw a DTL circuit for 3 – input NAND gate function. （ 4% ）

---

2. （ 8% ）

   (a)Draw the circuit diagram of a CMOS inverter.

   (b)Assume that the threshold voltages V_T for NMOS is 1 volt and $V_T = -1$ volts for PMOS, while the voltage $V_{DD} = 5$ volts. Show the voltage transfer characteristic curve （ V_0 versus V_i ）.

   （ 作答必須將此曲線轉折點之電壓標出 ）

   (c)If the voltage V_T for NMOS is 3 volts and $V_T = -3$ volts for PMOS, what will happen to the input – output relationship？

   （ Note： To answer this part, you do not need to draw the curve. ）

---

3. （ 8% ）Answer ”High”, ”Low”, ”medium”, or ”uncertain”：

   (a)Output resistance of Common – Base circuit _____ .

   (b)Input resistance of Common – Collector circuit _____ .

   (c)Output resistance of Darlington transistor circuit _____ .

   (d)Input resistance of Common – limitter circuit _____ .

---

4. (10%)

   (a) Draw the circuit diagram of the Widlar current source.

   (b) Determine R_E in your circuit. (With $V_{CC} = 13V$, $R = 10.0k\Omega$, $V_{BE2} = 0.7V$, $\beta_F = 40$, and the desired value of $I_{C1} = 50\mu A$. Use $V_T = 25mV$.)

   (c) The output resistance of this circuit $R_0 = \underline{\hspace{2cm}}$.

   (d) When should we use the Widlar current source rather than the current mirror circuit? Why?

---

5. (8%)

   (a) Draw a 6 – NMOS (static) memory cell.

   (b) Show the additional circuits for the cell's addressing and read／write scheme also.

---

6. (10%) Give an example to illustrate the physical meaning of common modo rejection ratio defined for a differential amplifier.

---

7. (10%) (a) Explain the function of a coupling capacitor and a bypass capacitor in a single BJT amplifier.

   (b) How do these two capacitors affect the frequency response of the amplifer.

---

8. (10%) Design a driving circuit which can quickly turn on or turn off the MOSFET switch used in a buck converter as shown in the following.

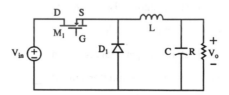

---

9. (14%) The basic configuration of the 555 IC timer is connected as a multi-vibrator. Explain the function and operation of the multivibrator. If a period exists at the output voltage V_n, determine its period.

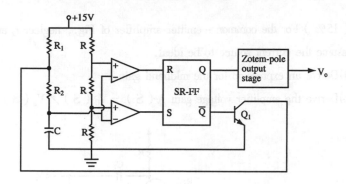

10. (6%) Explain the following terms defined for an Operational amplifier :

(a)input bias current,

(b)input offset current, and

(c)input offset voltage.

1.（15%）For the common – emitter amplifier of Fig., neglect r_x and r_0, and assume the current source to be ideal.

(a)Derive an expression for the midband gain.

(b)Derive the amplifier voltage gain $A(S) = V_0(S) / V_s(S)$.

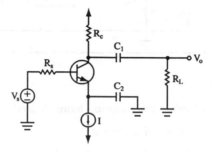

2.（20%）Consider the amplifier circuit in Fig., assuming that V_s has a zero dc component, find the dc voltages at all nodes and dc emitter currents of Q_1 and Q_2. Let the BJTs have $\beta = 100$. Using feedback analysis to find V_0 / V_s and R_{in}.

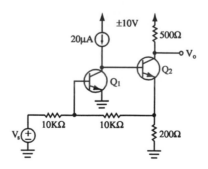

3. (20%)

(a)Explain the phenomenon of thermal runaway which occurs in power ampli-
fiers. Now, consider the circuit shown in Fig. and answer the following
questions :

(b)What kind of class is this power amplifier? Can it stabilize the thermal
runaway?

(c)Explain the function of Q_3 ?

(d)Explain the function of the partial circuit including Q_4 ?

(e)Explain the function of R_{E1} and R_{E2} ?

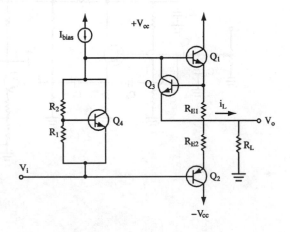

4. (20%) For the circuit in Fig., find

(a)the loop gain L (S) ;

(b)the frequency for zero loop – phase ;

(c)the ratio of R_2 / R_1 for oscillation.

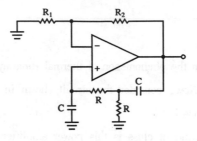

5. (25%) For the circuit in Fig.5. Briefly explain the functions for each capacitor, $C_1 \sim C_8$.

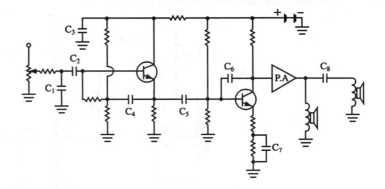

1. In the following circuit, the transistor parameters are：$\beta = 120$, V_{BE}（on）= 0.7V, the Early voltage（V_A）= infinite, the reverse – bias B – C junction capacitance（C_μ）= 3pF, and the unit – gain cut off frequency（f_T）= 250MHz. Assume both C_E and C_{C2} are very large. (a)Determine the lower and upper 3dB frequencies. Use the simplified hybrid – π model for the transistor. (b)Sketch the Bode plot of the voltage gain magnitude.（20%）

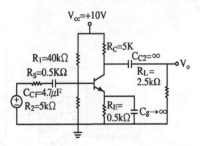

2. A circuit and its equivalent circuit are shown as follows. Assuming the transistor parameters are：$\beta = 100$, V_{BE}（on）= 0.7V, and $V_A = 80V$. Calculate the small – signal voltage gain, input impedance, and output impedance of this circuit.（20%）

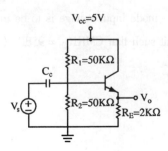

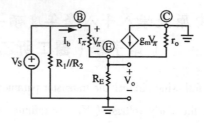

3. Derive the V_0 of the following circuit in terms of V_1, thermal voltage of V_T, reference voltage of V_R, and resistors ($R_1 \sim R_4$).

   Assuming ($V_{BE2} - V_{BE1}$) $\ll V_R$. (20%)

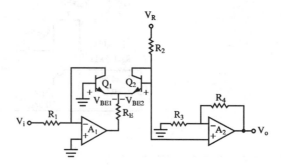

4. Consider the basic differential amplifier, biased with a modified Wildlar current source, shown as follows. The transistor parameters are $\beta = 200$ and $V_A = 125V$. The currents are to be $I_Q = 0.5mA$ and $I_1 = 1mA$, and the common-mode input voltage is to be in the range $-5 \le V_{cm} \le 5V$. Design the circuit such that $CMRR_{dB} = 95dB$. (20%)

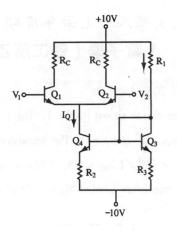

5. Consider the following circuit. Assume the cut – in voltage（V_T）of diodes is 0.7V. (a)Determine V_{REF} such that the bistable output voltage at $V_I = 0$ are $\pm 0.5V$. (b)Find values of R_1 and R_2 such that the crossover voltages are $\pm$ 0.5V. (c)Taking R_1, R_2, and the 100kΩ resistors into account, find V_0 when $V_1 = 10V$.（20%）

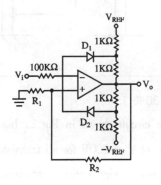

私立中原大學八十七學年度碩士班招生考試試題
〔電子學（醫工所乙組）〕

Problem 1（20%）

Consider the circuit shown in Fig.1. The transistor parameters are $V_{TH} = 1V$, $\mu_n C_{ox} = 80\mu A / V^2$ and $\lambda = 0$. The transistor width – to – ratios are：$(W/L)_{M1} = (W/L)_{M2} = 25$, $(W/L)_{M3} = 10$. Determine I_{REF} and I_0.
（Note all transistors labeled M_2 are identical and at the saturation region）

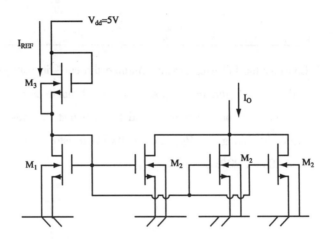

Problem 2（30%）

Consider the circuit shown in Fig.2. biased with $I_Q = 0.2mA$, Assume an Early voltage of $V_A = 200V$ for all transistors and $V^+ = -V^- = 5V$.

(a) Draw the small – signal equivalent circuit for this BJT differential amplifier, and determine the g_m

(b) Determine the open – circuit（$R_L = \infty$）differential – mode voltage gain, and

(c) Determine the differential – mode voltage gain when $R_L = 100k\Omega$.

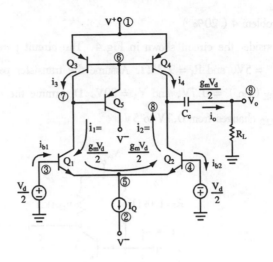

Problem 3 (30%)

Consider the low – pass circuit shown in Fig.3, (assume that an ideal OP Amp. is used.)

(a) Derive the transfer function for this circuit in terms of R and C.

(b) Design the circuit such that $f_{3dB} = 10kHz$. Assume $R = 100k\Omega$, find C_3, and C_4. (in pF) .

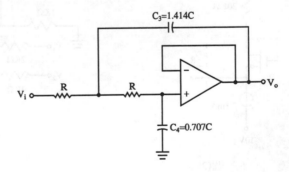

Problem 4（20%）

Consider the circuit shown in Fig.4. The circuit parameters are：$V^+ = -V^- = 5V$, and $R_1 = 9.3k\Omega$. Assume the transistor parameters are：$\beta = 40$, V_{BE}（on）$= 0.7V$, and $V_A = 80V$. Determine the change（%）in I_0 as V_{CE2} changes from $0.7V$ to $5V$.

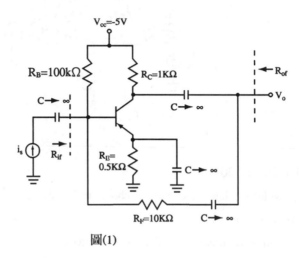

圖(1)

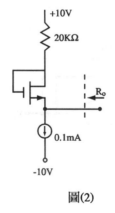

圖(2)

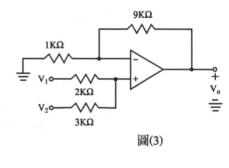

圖(3)

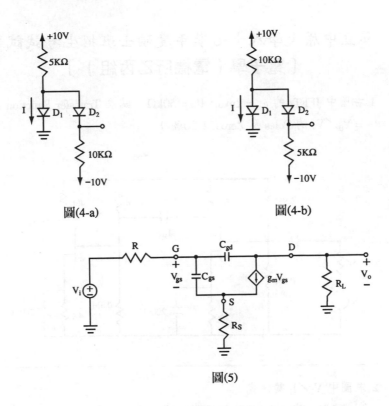

圖(4-a)

圖(4-b)

圖(5)

私立中原大學八十七學年度碩士班招生考試試題
〔電子學（電機所乙丙組）〕

1. 右圖中 JFETs 的 $g_m = 2m\omega$，$R_d = 50k\Omega$，試求 Tramsfer Function A（S）
   $= V_0 / V_s$ 的 Poles 及 Zeros.（20%）

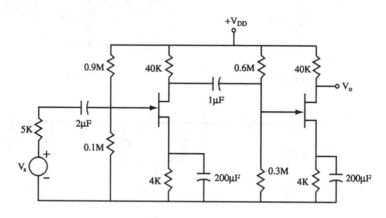

2. 求圖中 V_i / I_i 關係式
   (a) 當 $\triangle R_{1.3}$ 皆為 0.1% 時的情形，關係式如何？
   (b) 當 $\triangle R_{1.3}$ 皆為 0 時又如何？
   (c) 此電路有何功能？（20%）

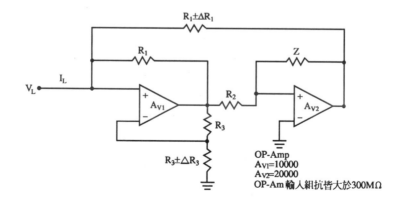

3.右圖中（A,B）值可由 MS 及 MR 控制：求（A,B）分別爲（A,B）
  =（0,1）（0,0）（1,1）（1,0）四種不同狀況時，15個 clock 週期
  的 $Q_0Q_1Q_2Q_3$ 的波形。

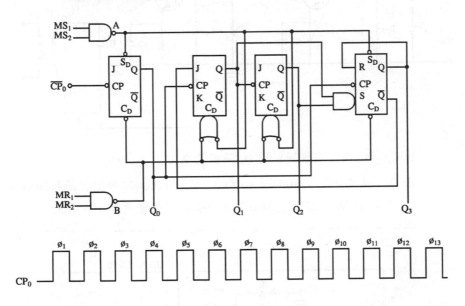

4.右圖中電晶體 β 皆爲200，$C_\mu = 0.3pF$，RFC 及 RFC_2 皆爲50mH，$C_C =$
  $500\mu F$，$C_b = 0.1\mu F$，$C = 100\mu F$，$R_{11} = 1k\Omega$，$R_{21} = 100k\Omega$，$R_{22} =$
  $900k\Omega$，$R = 50\Omega$，$R_E = 10k\Omega$，$C_b = 100\mu F$。

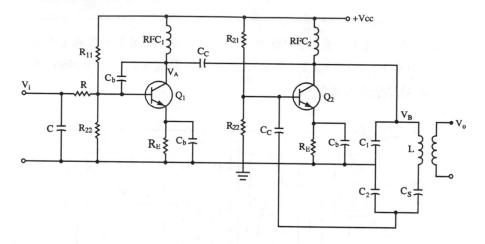

(a)$C_1 C_2 L C_s$ 滿足何種關係時 Q_Z 為振盪電路？

(b)在(a)條件下 $V_i = \text{Sin}\,(\,2\pi \times 10^3 t\,)$ mV；假設(a)的振盪週期為 $1\mu\text{sec}$，求 V_A 及 V_B 的值及波形（標明至少兩個振盪週期）。（20%）

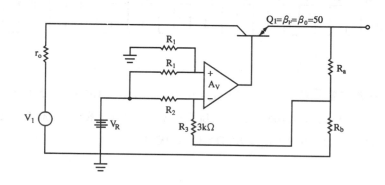

5.上圖中 $A_v = 1000$，Op－Amp 輸入阻抗為 $10^7\Omega$，$R_a = 1\text{k}\Omega$，$R_b = 9\text{k}\Omega$，$R_1 = 5\text{k}\Omega$，$R_2 = 1\text{k}\Omega$，$R_3 = 3\text{k}\Omega$，$r_0 = 50\Omega$，$V_1 = 80\text{V}$，$V_R = 9\text{V}$。

(a)當 Q_1 是 PNP 時 $V_0 = $ ？

(b)當 Q_1 是 NPN 時 $V_0 = $ ？

(c)說明此電路之主要功能。（20%）

私立中原大學八十八學年度碩士班招生考試試題
〔電子學（電子所乙組）〕

Problem 1（25%）

For the circuit shown in Fig. let $\beta = 100$, V_{BE}（on）$= 0.7V$, and the Early voltage, $V_A = 100V$, find the values of the labeled node voltages.

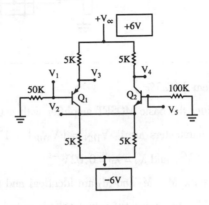

Problem 2（20%）

For the multi – transistor current source circuit shown in Fig. the transistor parameters are $V_{THN} = 1V$, $\mu_n C_{ox} = 50\mu A / V^2$, and $\lambda = 0$（λ：channel length modulation factor）. Assume M1, M2, and M3 are identical. Design the circuit and find the $(W / L)_{M1}$ and $(W / L)_{M4}$ such that $I_{ref} = 0.2mA$ and $I_0 = 0.2mA$.

附錄 519

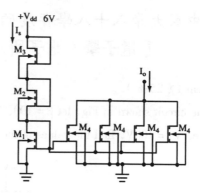

Problem 3 (25%)

Consider the basic MOSFT amplifier with active load shown in Fig. The transistor parameters are : $V_{THN} = |V_{THP}| = 1V$, $\mu_n C_{ox} = 40\mu A/V^2$, $\mu_p C_{ox} = 20\mu A/V^2$, and $\lambda_N = \lambda_P = 0.02V^{-1}$.

(a) Assume M_1, M_2 and M_3 are identical and the quiescent input voltage is $V_{IQ} = 2V$, the quiescent output voltage is to be $V_{OQ} = 2.5V$, design the circuit and find the $(W/L)_{M1}$ and $(W/L)_{M4}$ such that $I_{ref} = I_0 = 100\mu A$.

(b) Determine the open – circuit small – signal voltage gain.

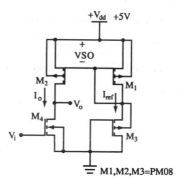

Problem 4 (30%)

Consider the one – pole low – pass filter shown in Fig.

(a) Derive the transfer function of V_0 (S) $/V_{in}$ (S) .

(b) If $C_f = 10pF$, determine the value of R_f such that the cutoff frequency $f_{3dB} =$ 10kHz. In additioin, if a gain of – 100 is desired, find the value of R_1.

(c) Draw the equivalent switched – capacitor circuit for replacing the filter shown in Fig.

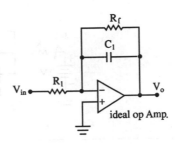

華梵大學八十八學年度碩士班招生考試試題
〔 電子學（機電所）〕

1. The switch in the following figure has been opened for a long time and is closed at t = 0. The OP Amp in the figure is driven by a dc source after t ≥ 0 as the switch is closed and the initial voltage for the capacitor is zero. Find the output voltage V_0 (t) for t ≥ 0. （15%）

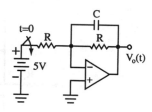

2. The switch in following figure has been opened for a long time and is closed at t = 0. (a)Find the initial conditions at t = 0 （ V_C (0) for the capacitor and i_L (0) for inductor）. (b)Find the inductor current i_L (t) for t ≥ 0. (c) Find the capacitor voltage V_C (t), and the current i_{SW} (t) flowing through the switch for t ≥ 0. （20%）

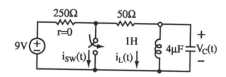

3. For the circuit shown in the following figure, assuming the initial conditions for the capacitors are zero. Formulate the zero-state (initial conditions are zero) transfer functions $V_B (s) / V_S (s)$ and $V_C (s) / V_S (s)$ in s-domain.

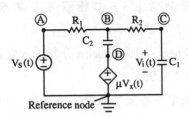

華梵大學八十八學年度研究所碩士班招生考試試題
〔電子學（機電所）〕

(1)問答題
　　1.兩個背對背 p－n 二極體可否拿來當成電晶體使用，請說明（5%）

　　2.利用 Ebers－Mall equation 分析 pnp 電晶體工作在 forward active 時的情形（5%）

　　3.說明金氧半場效電晶體工作原理（5%）

---

(2)下圖電路中使用5.6V 的 Zener diode，
　　1.畫出電壓轉換圖形（Vin 對 V_0 之關係）（5%）
　　2.計算出轉折點（breakpoints）之電壓（5%）
　　3.求出雜訊邊限（noise margins）（5%）

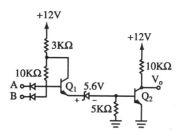

---

(3)如下圖之電路，其中 $\beta = 100$，$V_A = 150V$，$C_\mu = 2pF$，$C_\pi = 5pF$，C_{el} 非常大
　　1.畫出小訊號等效電路圖（4%）
　　2.畫出 $20\log|A_{VS}(j\omega) = V_0／V_s|$（10%）
　　3.求出 A_{VS}，ω_H，ω_L（6%）

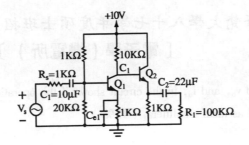

1. Find v_o, and i_o, in the circuit shown if the operational amplifiers are considered as ideal amplifiers. (15%)

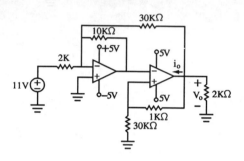

2. The switch in the circuit shown has been closed for a long time. Now the switch opens at $t = 0$. (15%)

(a)Find i, (t) for $t \geq 0$

(b)Find v, (t) for $t \geq 0$

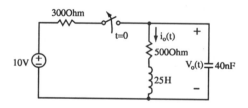

3. The operational amplifier in the circuit shown is considered as ideal and operating within its linear region. (20%)

(a)Calculating the transfer function $V_0 (s) / V_s (s)$.

(b)If $V_t (t) = 900 \cos (200t)$ mV, what is the steady state for $V_0 (t)$?

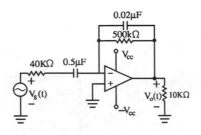

---

4. The two – stage amplifier is shown in Fig.

   (a) Derive an expression A_{vs} (V_0 / V_s) uses a form of voltage – shunt feedback. (5%)

   (b) If $R_s = 1k\Omega$, $V_{CC} = 12V$, $R_{C1} = R_{C2} = 5k\Omega$, $R_E = 2k\Omega$, $R_F = 4k\Omega$, $\beta_1 = \beta_2 = 200$, and $V_{A1} = V_{A2} \rightarrow \infty$, compute A_{vs}, R_i' and R_0. (12%)

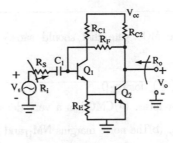

---

5. Consider the circuit shown in Fig. Q_1 and Q_2 connected together are called a Darlington circuit. Assume $\beta_F = \beta = 100$.

   (a) Find the Q – point and estimate g_m and r_π for each transistor. (4%)

   (b) Draw an ac model, and find R_i. (5%)

   (c) Find the resistance at the emitter of Q_2, looking back from the 1kΩ resistor. (5%)

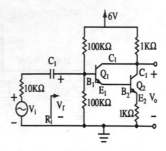

6. For the transfer function.

$$H(if) = \frac{-200}{|\ (1+jf/10^5)\ (1-j50/f)\ |}$$

Draw the Bode magnitude and phase plots. Label all key points and slopes. (10%)

7. Sketch the MOS gate that should satisfy the logic statement $X = \overline{A+B}$. (5%)

8. It is true or false. (a)CMOS is a very dense technology, similar to NMOS in that regard. (b)The noise margins NM_{11} and NM_L of a logic family are independent of loading. (4%)

淡江大學八十八學年度碩士班招生考試試題
〔電子學（電機所）〕

1. Fig. shows a three – stage amplifier in which the stages are directly coupled. The amplifier, however, utilizes bypass capacitors, and, as such, its frequency response falls off at low frequencies. For our purpose here, we shall assume that the capacitors are sufficiently large to act as perfect short circuits at all signal frequencies of interest. Assume $|V_{BE}| = 0.7V$, $\beta = 100$, and neglect the Early effect.

   (a)4% Find the input resistance and the output resistance.

   (b)4% Find the voltage gain V_0 / V_i.

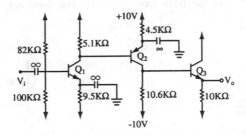

2. In the CMOS op amp shown in Fig. all MOS devices have $|V_1| = 1V$, $\mu_n C_{ox} = 2\mu_p C_{ox} = 40\mu A / V^2$, $|V_A| = 50V$, and $L = 5\mu m$. Device widths are indicated on the diagram as multiples of W, where $W = 2\mu m$.

   (a)4% Design R to provide a $10 - \mu A$ reference current.

   (b)4% Assuming $V_0 = 0V$, as established by external feedback, perform a bias analysis, finding $V_0 = $?

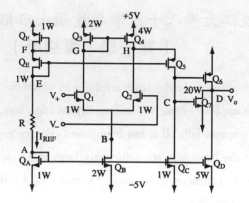

3.8% For the amplifier circuit in Fig. assuming that V_s has a zero dc component. Let the BJTs have $\beta = 100$. Use feedback analysis to find V_0/V_s and R_{in}.

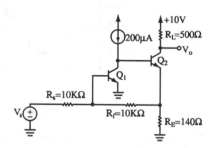

4.8% An op amp with an open – loop voltage gain of 80dB and poles at 10^5, 10^6, and 2×10^6Hz is to be compensated to be stable for unity β. Assume that the op amp incorporates an amplifier equivalent to that in Fig. with $C_1 = 150$pF, $C_2 = 5$pF, and $g_m = 40$mA/V, and that f_{p1} is caused by the input circuit and f_{p2} by the output circuit of this amplifier. Find the required value of the compensating. Miller capacitance and the new frequency of the output pole.

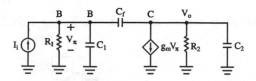

5.8% The BJTs in the circuit of Fig. have $\beta P = 10$, $\beta N = 100$, $|V_{BE}| = 0.7V$, $|V_A| = 100V$. Find the values of V_0 / V_i and R_{in}.

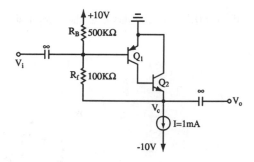

6.8% For the circuit in Fig. break the loop at node X and find the loop gain (working backward for simplicity to find V_x in terms of V_0). For $R = 10k\Omega$, find C and R_f to obtain sinusoidal oscillations at 10kHz.

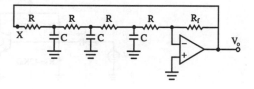

7.4% A CMOS inverter for which $kn = 10kp = 100\mu A / V^2$ and $V_t = 0.5V$ is connected as shown in Fig. to a sinusoidal signal source having a Thevenin e- quivalent voltage of 0.1V peak amplitude and resistance of $100k\Omega$. What signal voltage appears at node A with $V_I = +1.5V$?

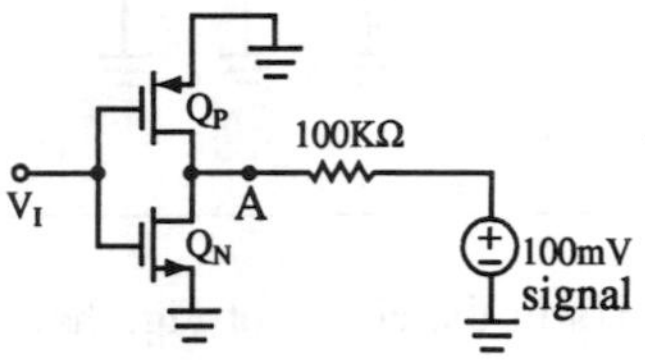

8.8% If $Vr = 0.7V$ for the diode in the circuit shown in Fig. determine I_D and V_0.

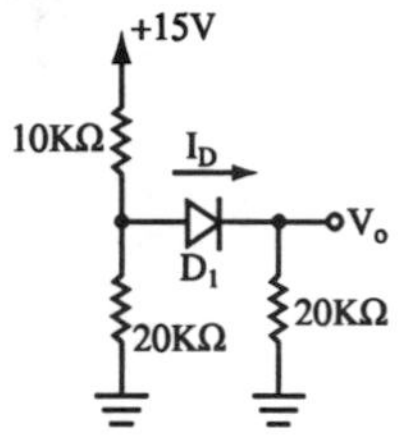

9.8% For the circuit shown in Fig. let $\beta = 125$. Find I_{CQ} and V_{CEQ}.

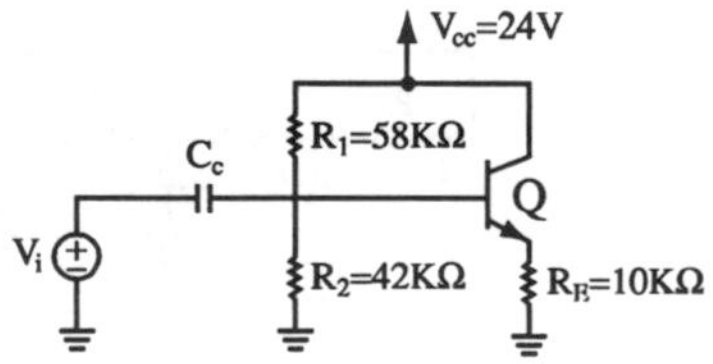

10.12% The parameters for each transistor in the circuit shown in Fig. are : $\beta = 80$, and V_{BE} (on) $= 0.7V$. Determine the quiescent values of base, collector, and emitter currents in Q_1 and Q_2.

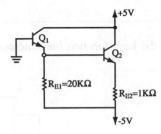

11.8% The transistors shown in the circuit in Fig. both have parameters $V_{Th} = 0.8V$ and $(1/2)\mu_n C_{ox} = 15\mu A/V^2$. If the width – length ratios of M_1 and M_2 are $(W/L)_1 = (W/L)_2 = 40$, determine V_{GS1}, V_{GS2}, V_0, and I_D.

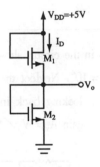

12.4% Determine the logic function implemented by the circuit shown in Fig.

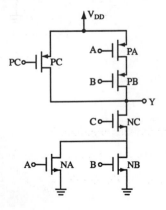

13.4% What is the logic function implemented by the circuit shown in Fig.

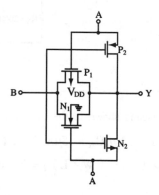

14.4% The op – amp in the circuit shown in Fig. has an open – loop differential voltage gain of $A_d = 10^4$. Neglect the current into the op – amp, and assume the output resistance looking back into the op – amp is zero. Determine the closed – loop voltage gain $A_v = V_0 / V_s$.

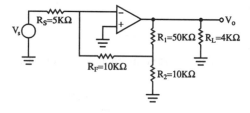

國立彰化師範大學八十八學年度碩士班招生考試試題
〔電子學（工教所）〕

（以下五題，每題20分，共100分）

1. 如圖電路，運算放大器可用單極點特性予以近似，其開迴路增益爲 $A = 10^5$，且其3dB 頻率爲 $\omega_H = 10\text{rad}／\text{s}$。

　(a)試作其迴路增益 $A\beta$ 之波德圖（Bode plot）。（ β 爲回授比）

　(b)試求 $|A\beta| = 1$ 時之頻率，並求其對應之相位邊限（phase margin）。

　(c)試求其閉迴路之轉換函數（transfer function） $A_f(s) = \dfrac{A}{1 + A\beta}$。

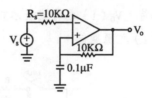

2. 如圖電路，設兩個相同之二極體其 $V_r = 0.6V$，順向電阻 $R_f = 0\Omega$，試求 $V_0／V_i$，並畫出 $V_0／V_i$（轉換函數）之關係圖。

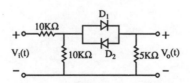

3. 圖電路爲一 Wilson 電流鏡，設各電晶體 $\beta = (I_C／I_B)$ 皆相同，且 $V_{BE} = 0.7V$。試求以 V_{CC}、β 及 R 表示之輸出電流 I。

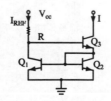

4. 如圖變壓器電路所示，試寫出其電壓控制型及電流控制型之雙埠網路表示式（即電路之 R 矩陣與 G 矩陣）。

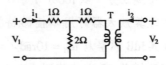

5. 如圖電路所示，電源於 t＝0時加於電路中。設初始狀態為零，
   (a)導出 V_0 之 s－domain 表示式，
   (b)求出 t＞0時，$V_0(t)$ 之時域表示式，
   (c)計算 $V_0(t)$ 之穩態值。

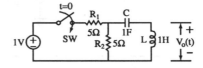

國立交通大學八十八學年度碩士班入學考試試題
〔電子學（光電工程研究所）〕

1. D_1 和 D_2 是理想二極體，電容 C 在時間 t < 0 時沒有電荷。t > 0 時，電壓信號 vs（t）= V_s sin（ωt）。分別計算 t = t1，t = t2，和 t = t3 時，vo（t）的值；（15％）並且畫出在 0 < t < t3 時，VO（t）的波形變化。（5％）

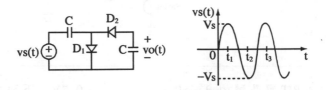

2. 若 D 是理想的二極體，計算各小題標示的電壓 V 和電流 I 值。（10％）

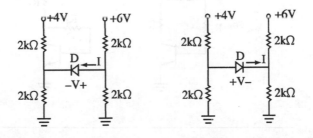

3. 下面的電路，按 $I_D = K（V_{GS} - V_t）^2$，MOS 電晶體 Q 的 K = 0.25mA／V^2 且 $V_t = 2V$。若 vs（t）= 10sin（$2\pi10^4$t）mV，時間 t 的單位是秒。簡答各小題：

（3-1）計算電晶體 Q 的工作點電流 I_D 和電壓 V_{DS}；（10％）

（3-2）作為類比放大器，電容 C_G 和 C_D 的合理數值範圍多

大？（5%）

（只須答出數量級，例如：約$10\mu F$ 或$0.1nF$）

（3-3）輸出信號 vo（t）可以被放大多少倍？（10%）

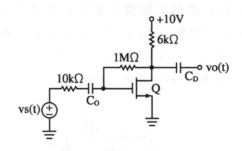

---

4. BJT 電晶體的 $\beta = 50$，$V_{BE(active)} = 0.7V$。下面的不同電路(a) – (c)，同樣把電晶體的工作點設計在 $I_C = 0.5mA$，$V_{CE} = 5V$，各個電阻值有多少 Ω？（15%）

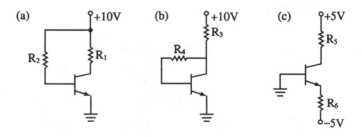

---

5. 由 NAND 閘組成的一個 SR 正反器，CK 是時脈信號（ clock ）。

（5-1）寫下這個正反器的真值表（ truth table ）；（5%）

（5-2）MOS 電晶體有強化（ enhancement ）及空乏（ depletion ）兩型。使用空乏型 NMOS 的負載，設計這個正反器並且畫出 NMOS 的電路圖。（10%）

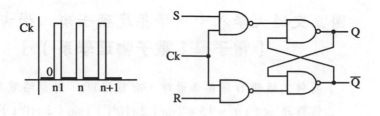

6. 假設 A1和 A2是理想的操作放大器（Op – amp），求下面電路的輸入阻抗 Zi（s），並且說明其意義。（10%）

在頻率 f = 1kHz，且 $R_1 = R_3 = R_4 = 1k\Omega$，$R_2 = 10k\Omega$，C = 1nF，Zi 的數值多少？（5%）

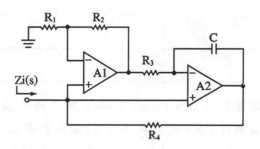

國立交通大學八十八學年度碩士班入學考試試題
〔電子學（電子物理學系）〕

1. 高頻二極體 D 順向導通時，有電阻1Ω，可忽略電壓降。

   信號源 vs（t）= |5 + 2sin（2π10³t）| sin（2π10⁷t）V，時間 t 的單位是秒。

   列出式子說明計算 vo（t）的方法，並且簡單畫出 vo（t）對時間的變化圖。（20%）

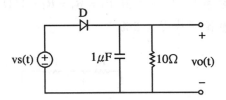

2. 電壓信號 V_s = 100mV（rms）輸入到一個聲頻放大器，從8Ω 的負載得到8W 的功率，但有1%的非線性失真。簡答下面小題：

   （2-1）此聲頻放大器的電壓增益 A 應設計成多少？（10%）

   （2-2）請提供方法，把非線性失真降低到0.1%。（10%）

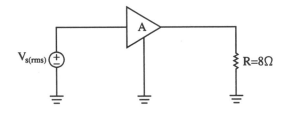

3. 操作放大器電路，$R_i C_i \ll RC$。在時間 t < 0 或沒有輸入信號時，vo（t）= V_+ 是正電壓值。在 t = 0，輸入一個短的觸發脈衝 vi（t），高度比 V_a 大。從 t > 0 以後，vo（t）變成 V_- 頁電壓

值，但過一段時間 T 後又變回到 V_+。試畫出 $vb(t)$ 和 $vo(t)$ 對時間的變化波形圖，並求出 T 值。（20%）

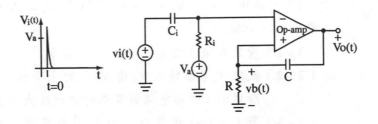

---

4. JK 正反器的真值表（truth table）如下。J_n，K_n 和 Q_n 是第 n 個時脈（C_k）的狀態。

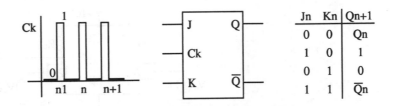

J_n	K_n	Q_{n+1}
0	0	Q_n
1	0	1
0	1	0
1	1	$\overline{Q}_n$

若第 1 個 C_k 出現時（n = 1），在下面的邏輯電路 $Q_0 = Q_1 = 0$。列表說明 n = 1 至 5 時，Q_0 和 Q_1 的邏輯值（0 或 1），並畫出 Q_0 和 Q_1 相對於 C_k 的波形圖。（10%）

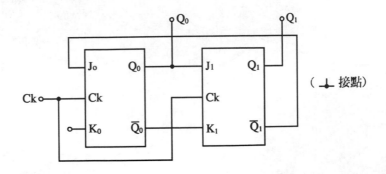

（⏚ 接點）

5. 電路的 Q_1 至 Q_4 是相同的 NMOS，電流 $I_D = K(V_{GS} - V_t)^2(\lambda V_{DS} + 1)$，其中 $\lambda = 1/V_A$，$K = 1mA/V^2$，$V_t = 1V$，$V_A = 100V$。電阻 $R_D = 10k\Omega$。

（3-1）設計 R 值，使 $I_R = 1mA$；（5%）

（3-2）試求 V_i（即輸入 V_{i1} 或 V_{i2}）的上下限範圍，使 NMOS 所處的工作態能確保電路的信號放大功能；（10%）

（3-3）用 $I_R = 1mA$ 作爲 Q_1 和 Q_2 的偏壓電流，計算同模（$V_{i1} = V_{i2} = V_C$）和差動模（$V_{i1} = -V_{i2} = V_{d/2}$）的電壓增益（即 $A_{CM} = V_o/V_c$ 和 $A_{DM} = V_o/V_d$），並計算同模排斥比（CMRR）。（15%）

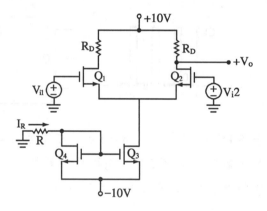

國立交通大學八十八學年度碩士班入學考試試題
〔電子學（電信工程學系　乙組　甲組一般領域）〕

1. Suppose that the equipments that we have are a function generator and an oscilloscope, then answer the following questions.

   (5%) (a) Design a circuit for measuring the reverse recovery time (turn – off time) of a diode t_{rr}, $t_{rr} = t_s + t_t$ where t_s is the minority carrier storage time and t_t is the transition time (fall time) of the diode. Note that you can have any components you need but the circuit that you designed should be as simple as possible and can be operated practically, not just for the purpose of theoretical discussion.

   (b) plot the related signal waveforms involved in the measurement. (5%)

   (c) Explain the mechanism of the phenomena involved in the signal waveforms you plotted in (b). (5%)

---

2. Consider the circuit shown in Fig. a with $v_s = 12 + 10^{-3} \sin \omega t$ volts and the 1V output. characteristics of the transistors given in Fig. b. Suppose the V_{BE} (active) = 0.7 volt and all capacitors = ∞ then

   (a) find the voltage gains $\dfrac{v_{o2}}{v_s}$ and $\dfrac{v_o}{v_s}$, (7%)

   (b) find $v_{E2} = V_{E2} + V_{e2}$ and $v_0 = V_0 + v_o$. (8%)

   (Note： You meed include all your calculation procedure in your answer.)

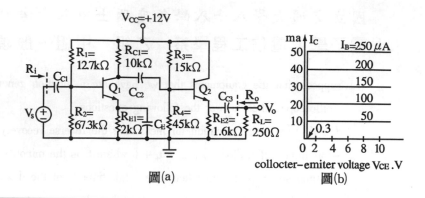

圖(a)   圖(b)

collocter–emiter voltage V_{CE}. V

---

3. In the CMOS inverter in Fig. (a), the transistors Q_P and Q_N have threshold voltages V_{tP} and V_{tN} conduction parameters $K_P = 0.5K'_P$ (W／L)$_P$ and $K_N = 0.5K'_n$ (W／L)$_{n'}$ respectively, and no channel – length modulation. The voltage transfer characteristic of the inverter is in Fig.(b).

(a) Determine the voltages V_A, V_B, V_C, V_D, and V_{Th}, as indicated in Fig.(b). (10%)

(b) Explain how to define the noise margins of this inverter. (5%)

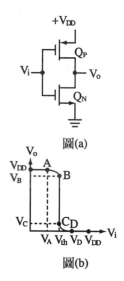

圖(a)

圖(b)

4. In Fig. the MOSFETs M1 through M4 have $k'_n (W / L) = 50 \ \mu A / V^2$ and threshold voltage $V_{t1} = 0.8V$, and M5 through M8 have $k'_n (W / L) = 200$ $\mu A / V^2$ and threshold voltage $V_{t2} = 1.2v$. $V_{DD} = V_{SS} = 5v$. The input small signals v_1 and v_2 have no DC value. The DC voltages of the sources of M1 and M3 are $- 2v$ and $- 3v$, respectively. All the MOSFETs have no channel − length modulation.

(a) Determine the bias currents I_{D1} and I_{D2}. (5%)

(b) Determine the DC voltage of V_P. (5%)

(c) Express the ac part of V_P as a function of V_1 and V_2. (5%)

(d) Determine $V_q - V_p$. (5%)

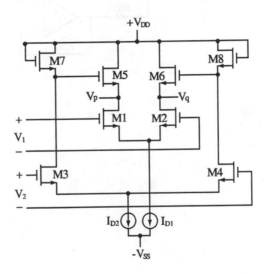

5. If you have a power supply voltage $V_{CC} = 12V$ and several npn transistors with $V_{BE (on)} = 0.7V$, $\beta = 100$ and Early voltage $V_A = 100V$.

a. (15%) Please design a cascode amplifier with reasonable DC bias voltages and component values (specified DC bias and component values by yourself）. Be sure to explain your design idea briefly.

b. (5%)Please conceptually but not mathematically compare the gain and high frequency response of your cascode amplifier with a CE amplifier.

6. (15%) Consider the circuit shown below with ideal operational amplifiers, please calculate the transfer function of V_s/I_{out}.

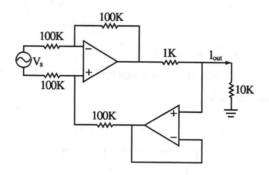

國立交通大學八十八學年度碩士班入學考試試題
〔電子研究所 甲乙組〕

1. npn BJT 操作於 forward active 區域,下列敘述何者正確?

   (a) C_π 主要爲擴散電容(diffusion capacitance),C_μ 主要爲空乏區電容(depletion capacitance)

   (b) 由於 Miller effect,截止頻率(f_1)主要由 C_μ 決定。

   (c) 基極中之電洞漂移電流(drift current)可忽略不計。

   (d) Early effect 是因爲射極與基極界面空乏區擴大,以致於集極電流增加。

---

2. 假設下圖中電晶體的 $\beta = 50$,$\beta_r = 0.1$,在 active region,$V_{BE, on} = 0.7V$,在 saturation region,$V_{BE}, sat = 0.8V$,$V_{CE}, sat = 0.2V$,在 reverse active region $V_{BE} = 0.7V$, diode 的 turn – on 電壓是 $0.7V$。當 $V_A = V_B = 0V$,$V_o = 2.8V$ 時,電晶體 T2 的 collector 電流是多少?

   (a) 9mA   (b) 10mA   (c) 11mA   (d) 12mA

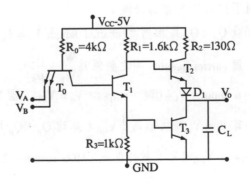

3. 承上題,當 $V_A = V_B = 5V$ 時,電流 V_{CC} 的電流最接近下列何值。

   (a) 3mA   (b) 3.1mA   (c) 3.2mA   (d) 3.3mA

4. 如下圖所示之 CMOS common – source 放大器，設各電晶體均保持工作於 saturation region；若將 I_R 增大，則此放大器之 voltage gain A_V Q_1 之 transconductance g_m 及 Q_1 之 output resistance，r_o 之變化爲：

(a)A_V，g_m 均變大   (b)A_V，g_m 均變小

(c)$g_m r_o$ 之乘積大致不變   (d)A_V，r_o 均變小

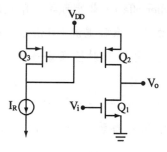

5. – CMOS inverter（如右圖所示），其 NMOS Q_n 與 PMOS Q_p 具相同（matched）特性，$Q_n = Q_p$，其 threshold voltage，$V_{tn} = |V_{tp}| < \frac{1}{2}V_{DD}$；則下列敘述何者爲錯誤：

(a)設 Q_n，Q_p 具相同之 charnel length $L_n = L_p$，則兩者之 channel width 與 carrier mobility 間之關係爲 $\dfrac{W_p}{W_n} = \dfrac{\mu_n}{\mu_p}$

(b)當 input，$V_i = 0$ 時，output，$V_o = V_{DD}$；當 $V_i = V_{DD}$ 時，$V_o = 0$

(c)當 $V_i = V_o$ 時之值爲 $\frac{1}{2}V_{DD}$，此時 Q_n，Q_p 均工作於 saturation region

(d)降低 V_{DD} 值可有效降低此 CMOS inverter 之 propagation delay time

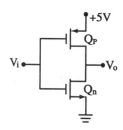

6. 如下圖所示之 NMOS analog swith，設 input signal，V_A 的範圍為 $\pm 5V$ 之間，該 NMOS 電晶體之 threshold voltage，$V_t = 2V$，其 body effect 可略去不計，則要使此 analog switch 正常 ON，OFF 使 V_A 訊號完整傳送，則下列 control signal，V_C 之 low，high 值何者合理：

(a) $-5V$，$+5V$　(b) $-3V$，$+7V$　(c) $-7V$，$+3V$　(d) $-2V$，$+2V$

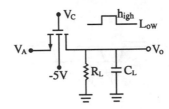

7. 若將上題之 NMOS 改以 – CMOS 代替，其 threshold voltage，$V_{tH} = |V_{tp}|$ $= 2V$，V_A 範圍仍為 $\pm 5V$，則此 CMOS transmission gate 之 V_C low，high 值以下列何者為何理：

(a) $-5V$，$+5V$　　　(b) $-3V$，$+7V$

(c) $-7V$，$+3V$　　　(d) $-2V$，$+2V$

8. 下圖中所有電晶體都工作在主動區（Active Region）.BJT 之小訊號模型參數為 $g_m = 50m\Omega^{-1}$，$r_o = 20k\Omega$，$\beta_0 = 100$。MOSFET 之小訊號模型參數為 $g_m = 5m\Omega^{-1}$，$r_o = 20k\Omega$。除此之外，其他模型參數皆可忽略，何者之小訊號電流增益（Current Gain），$|i_o / v_i|$，最大？

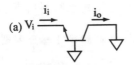

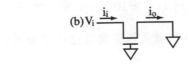

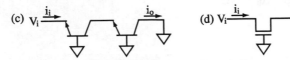

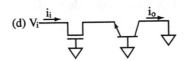

9.下圖中之電晶體操作區域與特性與上題相同,何者之小訊號傳導增益(Transconductance Gain),$|i_o / v_i|$,最大?

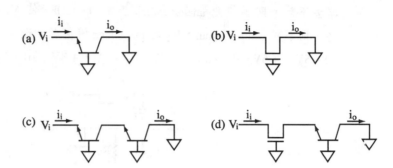

(a) V_i i_i i_o

(b) V_i i_i i_o

(c) V_i i_i i_o

(d) V_i i_i i_o

10.下圖中之電晶體操作區域與特性與題8相同,何者之小訊號電壓增益(Voltage Gain),$|v_o / v_i|$,最大?

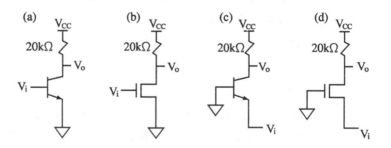

(a) V_{CC} $20k\Omega$ V_o V_i

(b) V_{CC} $20k\Omega$ V_o V_i

(c) V_{CC} $20k\Omega$ V_o V_i

(d) V_{CC} $20k\Omega$ V_o V_i

11.下圖之鋸齒波產生器電路中,$|V_{BE}(Q_P)| = 0.6V$,$V_{CE,sat}(Q_N) = 0V$,且 $\beta(Q_p) = 100$,npn 電晶體 Q_N 導通及截止轉態時間很小,可以忽略,若輸入脈波與輸出鋸齒波具有相同頻率 $f = \dfrac{1}{T}$,則 f 及 R_B 為

(a)f = 1.25kHZ,$R_B = 8k\Omega$

(b)f = 1.25kHZ，R_B = 80kΩ

(c)f = 1kHZ，R_B = 8kΩ

(d)f = 1kHZ，R_B = 80kΩ

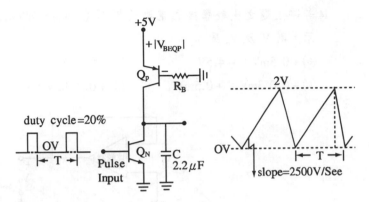

12. 下圖所示之比較器電路中，其 $V_o - V_i$ 轉換特性量測結果如圖所示，
若 Zener 二極體順向偏壓爲0.7V，則

(a)輸入抵補電壓（Input offset voltage）爲 + 0.5mV，輸出抵補電壓爲
　 – 4.5V

(b)輸入抵補電壓爲 – 0.5mV，輸出抵補電壓爲 + 4.5V

(c)輸入抵補電壓爲 – 4.5mV，輸出抵補電壓爲 + 0.5mV

(d)輸入抵補電壓爲 + 4.5mV，輸出抵補電壓爲 – 0.5mV

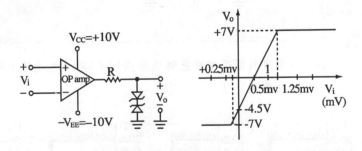

13. 如上題，Zener 電壓及 op amp 增益分別爲

(a)7V，9.3　　(b)6.3V，9.3　　(c)6.3V，93　　(d)7V，9300

14. 若將上題之比較器接成電壓隨耦器（voltage follower），如下圖所示，則 V_i 及 V_o 爲

(a)$+0.5mV$，$-4.5V$

(b)$-0.5mV$，$+4.5V$

(c)$-0.053mV$，$+0.5mV$

(d)$+0.053mV$，$-0.5mV$

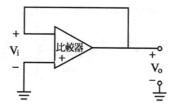

15. 下列電路中，放大器 A 具有輸入電阻 $R_i \to \infty$，輸出電阻 $R_o = 0$，增益大小爲100，相角爲300°，則何者可能滿足 Barkhausen criterion？

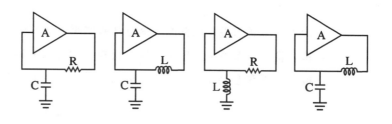

16. 下列各圖爲低通濾波器轉換函數$|T(j\omega)|$的規格，何者將導致較高階濾波器設計？

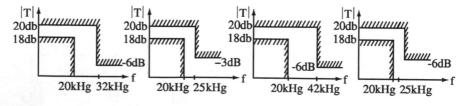

計算題

1. 右圖中，$V_{BE(on)} = 0.7V$，$V_{CE(sat)} = 0.2V$，$V_{CC} = 10V$，$-V_{EE} = -10V$，$R_L = 1K\Omega$，I_B 可忽略不計。（13%）

 (a)欲使輸出電壓 V_o 具有最大之對稱振幅（振幅值爲 V_P），則 R 值應爲何，此時 V_P 值爲何？

 (b)在題(a)中，I_Q 值爲何？I_{E1} 之上下限爲何？

 (c)若 $V_o = V_P\sin\omega t$，則 V_{CC}，V_{EE} 之功率輸出各爲何？R_L 之功率損耗爲何？

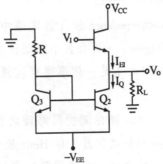

2. 右圖爲一 ECL 邏輯閘，$V_{BE(on)} = V_{diode(on)} = 0.7V$，$I_B$ 可忽略不計。（10%）

 (a)計算 logic "0"（V_{OL}），logic "1"（V_{OH}）與 V_R 之電壓值。

 (b)若欲使 $V_o = V_{OH}$時，V_i 之最大可能值爲何？若欲使 $V_o = V_{OL}$時，V_i 之最小可能值爲何？

 (c)解釋 D_1 之功能。

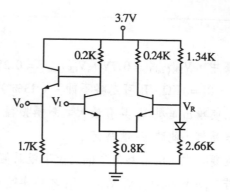

---

3. 下圖之 Transimpedance 放大器電路中，所有電晶體皆工作於主動區
（Active Region），而且其小訊號模型參數可假設 $g_m = \infty$，$r_\pi = \infty$，
$r_o = \infty$。圖中之 I_1 是一個理想電流源。除了 C_1 及 C_2 其他電容皆可忽
略。（15%）

(a)請計算此放大器在迴授開路時之低頻增益（$A_R = v_o / i_s$，以 Ω 表
示）及其 Pole 之位置（以 Hertz 表示）

(b)請計算此放大器在迴授開路時之低頻增益（$A_{RC} = v_o / i_s$，以 Ω 表
示）及其 Pole 之位置（以 Hertz 表示）

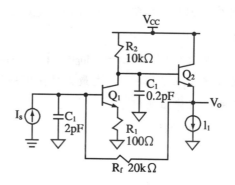

4. 下圖所示之方波產生器電路中，R_5 與 $R_6 \ll R$，故 V_P 的內阻可以忽略。（ 14% ）

(a)若 $V_P = 1V$，試求輸出方波之頻率（ Hz ）

(b)若 $V_P = +15V$ 或 $V_P = -15V$，則最後穩態之輸出波形爲何？

(c)試求能產生方波之 V_P 最大允許範圍。

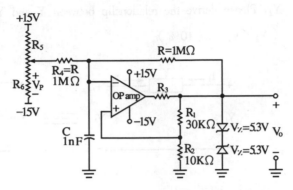

zener diode forward bias $= 0.7V$

1. Equivalent circuit： according to miller's theorem a series admittance Y in the circuit（ shown in Fig ） can be transformed to two parallel admittance Y_1 and Y_2. Please derive the relationslip between Y and Y_1, Y_2 as a function of （ V_2 / V_1 ）.（ 10% ）

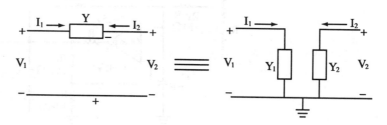

2. Three ideal diodes D_1, D_2, D_3 are connected together as the following diagram （ see fig ）. (a)Please calculate the output voltage at different input voltages, if the input V_i varies from 0 to 50 volts. (b)Please plot the curve of V_o versus V_i.（ 20% ）

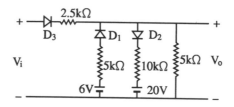

3. From the following circuit please find answers for the different operating conditions. Assuming S_0, S_1, S_2, S_3 are 4 switches controlled by any 4-digits signal.（ 20% ）

(i)if switches S_1 and S_0 are closed, what is V_{out} ? (S_2 , S_3 are open)

(ii)if switches S_2 and S_3 are closed, what is V_{out} ? (S_1 , S_0 are open)

(iii)if switches S_0, S_1, S_2, S_3 are closed, what is V_{out} ?

(iv)Can you tell us what is the function of this circuit ?

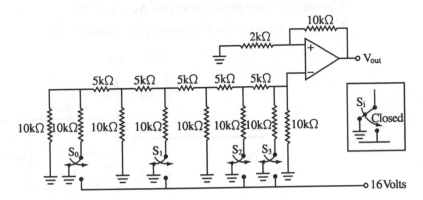

4.

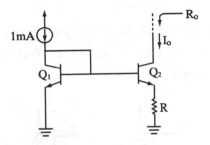

(a)Consider a Widlar circuit with a constant current source of 1 mA and transistor Q_1 is the same as Q_2. Assume high β. Find the value of R that will resuit in $I_o = 10\mu A$.

(b)For the design in(a) ; Find the output resistance R_o looking into the Collector of Q_2, assuming $\beta = 100$ and the output resistance r_o of Q_2 is 1MΩ.
(20%)

5. An enhancement – type NMOS transistor with a threshold voltage $V_t = 1V$, K $= 0.5mA/V^2$ (here K is the constant defined in the following equation $I_D = K(V_{GS} - V_t)^2$ when transistor is operating in saturation region) and $r_o = \infty$.

(a) please determine the midband gain $A_M = V_o/V_i$.

(b) Estimate the lower 3 – dB frequency f_L. (20%)

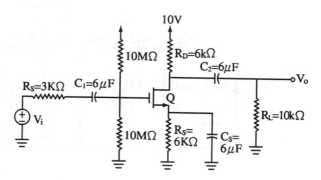

6. For the logic circuit shown. (a) Express Y as a logic function of A, B, C, D. (b) assume $|V_{BE}| = 0.7V$ and $\beta = 50$. Find the high output level V_{OH} and low output level V_{OL}. (10%)

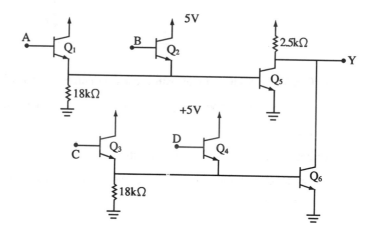

國立交通大學八十七學年度碩士班入學考試試題
〔電子學（電子物理學系）〕

1. 接腳 1.是 NPN 電晶體的基極（base）。用（指針式）三用電錶分別量取接線圖（1-1）和（1-2）端點 a-b 之間的電阻值，據此可以判別接腳2或3何者是集極或射極，試以圖解說明量測的方法及根據的原理。（10%）

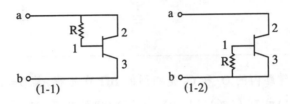

2. 從示波器觀測到下面二極體電路1-0點間的信號 v（t）如附圖，其中50Ω是信號產生器 vs（t）的輸出電阻，vs（t）= 5sin（2πft）V，f = 10kHz。

   （2-1）v（t）的正半週有正弦波形失真，其高度只約爲3V，試解釋之。（10%）

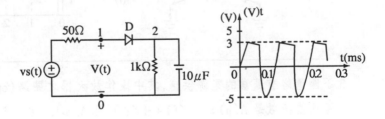

   （2-2）試由 v（t）的數據推論2-0點之間的電壓信號，繪圖解說之。（5%）

   （2-3）若 vs（t）的頻率 f = 100Hz 時，試推論 v（t）的波形，以圖表示。（5%）

3. 有一個操作放大器 A 電路,輸入電壓信號 $vs(t) = 5\sin(2\pi ft)$ V,且頻率 $f = 1kHz$。求 $vo(t)$,並繪出 $vo(t)$ 的波形。(10%)

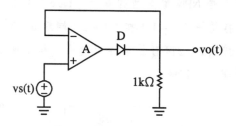

4. 電路內的 Q_1 和 Q_2 是相同的 BJT 電晶體,其 $\beta = 100, V_{BE} = 0.7V$,(4-1)求 I_1,(5%);(4-2) $vs(t)$ 從 0V 躍升至 3V,再每間隔 1 秒依序降至 2V,1V,和 0V,如附圖。求 $t < 0s$ 和 $t > 0s$,各時段的 I_2,並以圖表之。(15%)

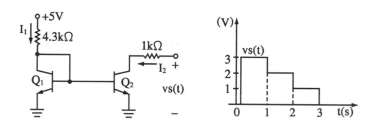

5. 下圖電路有適當的電源供應,其中操作放大器之開路(open-loop)電壓增益函數是 $A(jf) = A_o / (1 + jf / fb)$,且 $A_o \gg 1$。定義 $f_u = A_o fb$ 為單元增益頻寬(unit-gain bandwidth),即 $f = fu$ 時,$|A(jf)| = 1$。設 $fu = 1MHz$,回答問題:

(5-1)設 $vs(t) = V_s \cos(2\pi ft)$,求 $vo(t)$。$|V_o / V_s|$ 的 3dB 頻率多大?(10%)

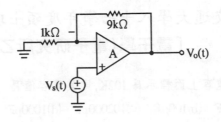

(5-2)設函數 u(t);t<0 時,u(t)=0,且 t>0 時,u(t)=1。當 vs(t)=u(t),求 vo(t)。(10%)

6.下圖的 JFET 電晶體在 pinch-off 狀態工作,電流
$I_D = I_{DSS}(1 - V_{DS}/V_P)^2$,其中 $V_{DSS} = 1mA$,$V_P = -2V$。

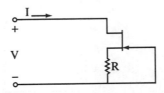

(6-1)求 R=0Ω 時的 I 值。(5%)
(6-2)求 R=1Ω 時的 I 值。(5%)

7.一個 NMOS 電晶體的接腳標號是 1,2,和 3。圖 1 量測到 I=0,圖 2 量測到 I=0.1mA。此電晶體是 depletion 或 enhancement 型?試解說之。(10%)

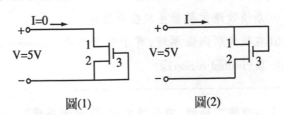

圖(1)   圖(2)

國立交通大學八十七學年度碩士班入學考試試題
〔電子學(電子研究所乙組)〕

1.有一電容上面標示爲 102K,則其電容值爲

(a)$10\mu F$　(b)$100\mu F$　(c)102000pF　(d)1000pF

2.今將兩組正弦訊號分別送入一示波器(OSCILLOSCOPE)之 X – channel 及 Y – channel(此示波器已正確校準過)。若當示波器被切換成 X – Y mode 時可得如右之圖形:若 X – 訊號之振幅爲 M_X, Y – 訊號之振幅爲 M_Y,則可知

(a)$M_x = M_y$　(b)$M_x = 2M_y$　(c)$2M_x = M_y$　(d)$M_x = 4M_y$

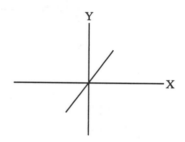

3.有關 PN 二極體,下列敘述何者錯誤?

(a)內建電位(built – in potential)無法利用電表直接量測。

(b)順向偏壓越大,則擴散電容(diffusion capacitance)越小。

(c)崩潰效應主要發生於空乏區內。

(d)在較大順向偏壓時,電子電洞結合(recombination)主要發生於中性區(neutral region)。

4.下列有關二極體,電晶體之敘述,何者爲誤?

(a)PN 二極體之逆向漏電流隨溫度上升而上升。

(b)PN 二極體之 avalanche breakdown voltage 隨溫度上升而上升。

(c)BJT 之 β_F 值隨溫度上升而上升。

(d)MOSFET 在線性區操作時,電流主要為漂移電流(drift current)而在飽和區操作時,主要為擴散電流(diffusion current)

5.假如一特殊 BJT 電晶體,其基極電流與集極電流均與 V_{BE}, V_{CE}有關,即 $I_B = f_1(V_{BE}V_{CE})$, $I_C = f_2(V_{BE}, V_{CE})$,則下列何者小幅訊號電路模式最適合此元件。

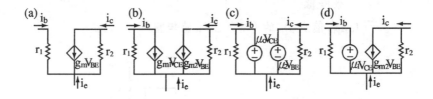

6.下圖中, $R_1 = R_2 = 50K\Omega$, $R_E = 2K\Omega$, $R_L = 1K\Omega$, $V_{BE(ON)} = 0.7V$, $\beta = 100$,何者敘述為誤?

(a)直流操作點(Q)約為 $I_{CQ} = 1.89mA$, $V_{CEQ} = 6.18V$

(b)若 I_0 具有對稱振幅,其振幅值最大可為 $1.89mA$

(c)若增加 R_2 值,可增加 i_0 之最大對稱振幅

(d)改變 R_L 值,可改變 i_0 之最大對稱振幅

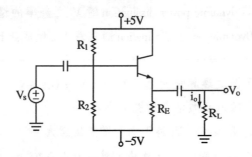

7.輸出端具有頁載電容之 CMOS inverter(如下圖),若其 input V_i 於 t = 0 時,由 0 跳增爲 V_{DD},則下列敘述何者不正確:

(a)於 t = 0 之後,Q_N 的 operating region 隨著時間的變化情形是:off→triode→saturation

(b)於 t = 0 之後,Q_P 的 operating region 隨著時間的變化情形是:triode→saturation→off

(c)若 Q_N 具有較大的 $(W/L)_n$,將使 V_o 波形之 propagation delay t_{PHL} 有效降低

(d)t_{PHL} 值與 Q_P 的 $(W/L)_P$ 值無關

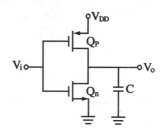

8.有關 CMOS inverter 之 power dissipation,下列敘述何者不正確:

(a)其 static power dissipation 幾乎爲零。

(b)要減小 power dissipation 要設法降低輸出端之頁載電容效應。

(c)其 dynamic power dissipation 隨 V_i 之頻率的增大而增大。

(d)Dynamic power dissipation 隨電源 V_{DD} 值成正比例增加。

9.在下圖之運算放大器電路中,$V_o = 0.909V$,$V_I = 1V$,則該運算放大器之輸入正頁端及增益大小爲

(a)V_o 爲頁端,V_I 爲正端,增益無窮大。

(b)V_o 爲正端,V_I 爲頁端,增益大小爲 10^4。

(c)V_o 爲頁端，V_I 爲正端，增益大小爲10^4。

(d)V_o 爲正端，V_I 爲頁端，增益大小爲10。

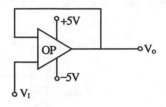

10.在圖之 MOS 差動放大器中，電流源的輸出電阻爲 R_1，而 $2I$ 的輸出電阻爲 R_2，則差動增益

(a)中頻值與 R_1 及 R_2 有關；高三分貝頻率由 C_L 及 C_S 決定。

(b)中頻值與 R_2 有關；高三分貝頻率由 C_L 決定。

(c)中頻值與 R_2 有關；高三分貝頻率由 C_S 決定。

(d)中頻值與 R_1 有關；高三分貝頻率由 C_L 決定。

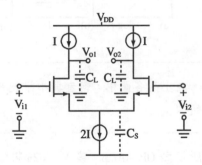

11.承上題，下列有關其共模增益之敘述何者正確？

(a)共模增益中頻道隨 R_2 增加而增加，C_S 使具高頻值減少。

(b)共模增益中頻道隨 R_1 增加而減少，C_S 使具高頻值增加。

(c)共模增益中頻道隨 R_2 增加而減少，C_S 使具高頻值增加。

(d)共模增益中頻道隨 R_1 增加而增加，C_S 使具高頻值減少。

12. 在下圖電路中，Q_1 電晶體都工作在主動區（Active Region），其小訊號模型參數只須考慮 $g_m = 50m\Omega$，$r_\pi = 2k\Omega$，$C_\pi = 50pF$，

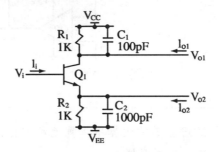

在下列各圖中，何者與小訊號電壓增益 $V = V_o / V_1$ 之頻率響應最類似：

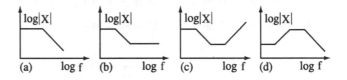

13. 續上題，在上列各圖中，何者與小訊號電壓增益 $V = V_{o1}$，V_i 之頻率響應最類似：

14. 下圖(a)所示之 OP – Amp，設 $V_{in} = 2mV$，$I_{D1} = 22nA \cdot I_{N2} = 18nA$，其餘均假設爲理想，今將此 OP 接成下圖(b)之電路（$R_1 = 100K\Omega$，$R_2 = 1M\Omega$）

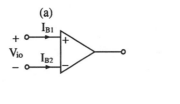

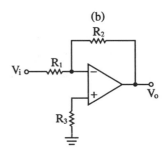

若欲使 output offsct voltage 爲最小，則 R_3 爲

(a)165.3K　(b)90.9K　(c)74.4K　(d)以上皆非。

15.同上題，此時之最小 output offscu voltage 爲

(a) – 18mV　(b)0mV　(c)18mV　(d)以上皆非。

16.如圖所示之電路，設 C_1 = 50pF，C_2 = 10pF，C_3 = 20pF，ϕ_1 與 ϕ_2 爲 non – overtapping clock，其頻率 f_s = 50kHz.

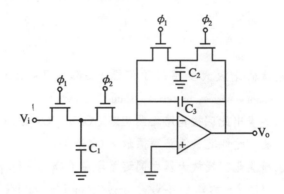

試問此電路之低頻增益爲

(a) – 2　(b) – 2.5　(c) – 5　(d)以上皆非。

17.同上題，此電路之3db frequency 爲

(a)25KHz　(b)100KHz　(c)15.9KHz　(d)6.98KHz

計算題

1.在本題所示的放大器電路中，偏壓電路已經忽略，Q_1 – Q_4 皆是雙載子電晶體，工作於主動區（Active Region），而且有無窮大之電流增益（β_F = ∞），電晶體 Q_1 和 Q_2 之小訊號電導參數分別是 g_{m1} = 50m℧，g_{m2} = 100m℧，其它模型參數可忽略，Q_3 與 Q_4 可視爲一個理

想之 Current Mirror，因此 $I_{C3} = I_{C4}$。

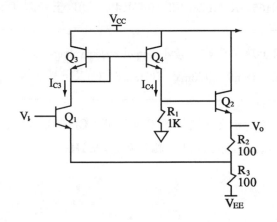

a.請問此放大器應用了何種 Feedback Topology？（shunt – shunt, or
  shunt – series, or series – shunt）（2分）

b.請畫出此回授電路之開迴路（Open – Loop, No Feedback）等效電路
  圖，元件之數值必須標示。（4分）

c.請問此回授放大器之開迴路增益（Open – Loop Forward Gain, a）爲
  何值？a 的單位（v/v. or v/i. or i/v. or i/i）必須根據 Feedback
  Topology 做正確選擇。（5分）

d.請問此回授放大器之開迴路電壓增益（Closed – Loop Voltage）（4
  分）

2.(a)What is the name of the following oscillator？（3分）

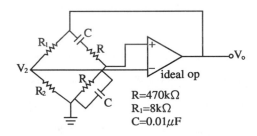

$R = 470k\Omega$
$R_1 = 8k\Omega$
$C = 0.01\mu F$

(b)Determine $(V_o)_{rms}$ if $R_2 = f((V_2)_{rms}) = 1000(V_2)_{rms}^2$. （4分）

(c)Determine the oscillation frequency f_o. （2分）

(d)What is the purpose of R2 ? （2分）

3.如圖所示爲 – CMOS inverter 及其 Voltage transfer characteristics（VTC）.

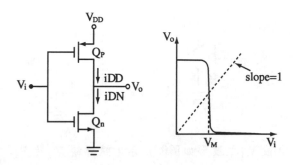

若 NMOS（Q_N）之 i_{DN} 式可表爲

$$i_{DN} = k_n \left(\frac{W}{L}\right)_n \left[2(V_i - V_{tn})V_D - V_D^2\right] \quad \text{for } V_o \leq V_i - V_{tn} \cdots\cdots(1)$$

$$i_{DN} - k_n \left(\frac{W}{L}\right)_n \left[(V_i - V_{tn}^2\right] \quad \text{for } V_o \geq V_i - V_{tn} \cdots\cdots(2)$$

(a)仿(1)(2)兩式，列出此 inverter 之 PMOS（Q_P）的 D_P 式。（以 K_P，
  $\left(\frac{W}{L}\right)_P$，$|V_{tp}|$, V_{DD}, V_o 表示）（4分）

(b)試推導在此 VTC 上，$V_i = V_o$ 之值 V_M 的式子，在此點處，Q_N，Q_P
  係工作在飽和區。（5分）

(c)若 $k_n\left(\frac{W}{L}\right)_n = k_p\left(\frac{W}{L}\right)_p$，$V_{in} = |V_{tp}|$，$V_{DD} = 5V$，則 V_M 值爲何？
  （2分）

4.如圖(a)所示爲 CMOS Multivibration，其中 CMOS Inverter 之電路及
  Transfer function 如圖(b)所示，設 $V_{DD} = 5V$，V_{T1}（Inverter 1之 transition
  電壓）$= 2V$，$V_{T2} = 3V$。CMOS Inverter 之延遲時間可忽略不計。

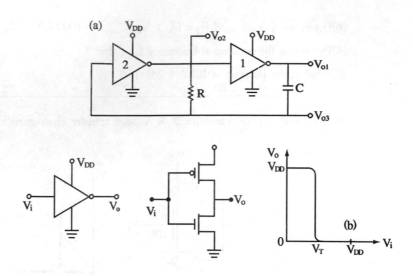

(a)設 V_{o1} 之波形如圖(c)所示，試詳繪 V_{o2} 及 V_{o3} 之波形，須標示出波形之詳細資訊及各斷點。（8分）

(b)試求 t_1 與 t_2（in terms of RC）（4分）

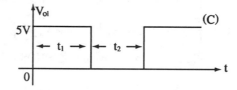

國立交通大學八十六學年度碩士班入學考試試題
〔電子學（電子物理學系）〕

1. 簡單回答下列各問題。（每題各20%）

   (a) 在 operational amplifier（OP）中的 slew rate 是由於什麼緣故？

   (b) 在 p – n junction 二極體中，depletion capacitance 與 diffusion capacitance 各指什麼電容？

   (c) 爲何 ECL（emitter – coupled logic）gate 的 propogation delay time 較其它 gates 小？決定 ECL gate 的 Fan – out 的因素是什麼？

---

2. 圖示爲 – differential amplifier. 假設 $Q_1 = Q_2$，$Q_3 = Q_4$，且從 Q_3 collector 端看進去的 output resistance 爲 r_o。以你熟悉的電晶體等效小信號模型，回答：

   (a) 當 $V_1 = V_2 = 0$（grounded）$_i$，$V_o = ?$

   (b) 當 $V_1 – V_2 = V_{id}$（differential input），$V_o / V_{id} = ?$ R_{id}（input resictence）$= ?$

   (c) CMRR（common – mode rejection ratio）$= ?$

   (d) 可容許的 common – mode 的輸入電壓（$V_1 = V_2 = V_{cm}$）最大值 $= ?$，最小值 $= ?$

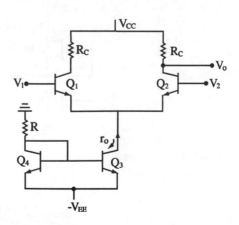

3. 圖示為 FET feedback amplifier.

(a)此電路屬於四種回授中的那一種？

(b)畫出（考慮 loading effect）的 equivalent circuit of the amplifier without feedback.

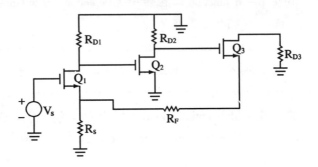

4. 圖示為 NMOS depletion – load inverter with capacitive load.

Q_1 的 V_{t1}（threshold voltage）= 1V，$K_1 = 30\mu A / V^2$，Q_2 的 $V_{t2} = -3V$，$K_2 = \dfrac{10}{3}\mu A / V^2$。

(a)Output voitage V_o 的高電壓（V_{OH}）與低電壓（V_{OL}）各是多少？

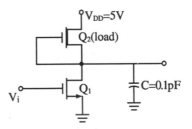

(b)

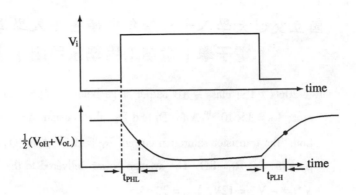

propagation delay time $t_{PHL} = ?$ $t_{PLH} = ?$

(Hint : in triode $i_D = K [2 (V_{GS} - V_t) V_{DS} - V_{DS}^2]$)

in sat. $i_D = K (V_{GS} - V_t)^2$

5.

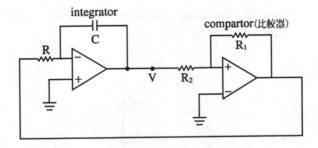

圖示為一三角波形產生器，可以產生如下的波形

(a)$V_{max} = ?$ ， $V_{min} = ?$

(b)週期 $T = ?$

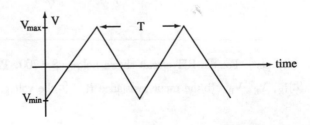

國立交通大學八十六學年度碩士班入學考試試題
〔電子學（電信工程學系甲組）〕

1. （20pts）The class – AB output stage below, assume diode saturation current, $I_{SD} = 3 \times 10^{-14}$ A for D_1 and D_2, the constant $n = 1$ in the diode equation. The transistor saturation current $I_{SQ} = 10^{-13}$ A for Q_n and Q_p, and $\beta_n = \beta_p = 75$. Let $R_L = 8\Omega$. The average power delivered to the load is 5W.

   $V^+ = -V^- = 12V$, $I_{bias} = 20mA$

   (a) Please find peak output voltage.

   (b) At this peak output voltage, please find I_{Bn}, the AC base current of Q_n.

   (c) At this peak output voltage, please find V_{BB}.

   (d) At this peak output voltage, please find i_{CP}, the AC collector current of Q_p.

   (e) Please find the quiescent collector current, IQ （hint： when input signal = 0V）

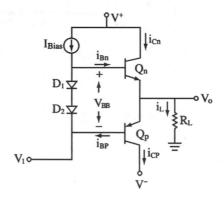

2. （13 pts） For the BJT circuit shown below, $\beta = 200$. Please find

   (a) I_E, V_E, V_B　(b) the input resistance R_i　(c) the voltage gain V_o / V_s

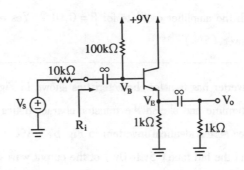

3. If you have four identical bipolar junction transistors whose β are 100 and three resistors $R_1 = R_2 = 10K\Omega$, $R_3 = 1K\Omega$.

  (a)Let dual power supplies $V_{CC} = 10V$ and $V_{EE} = -10V$ be used. Please design a differential amplifier using all the four BJTs and the three resistors with R_1 and R_2 as the matched resistors, and then calculate its differential voltage gain. (10%)

  (b)If $R_1 = 10.1K$ and $R_2 = 10K$, please estimate the offset voltage of the amplifier. (8%)

4. The function blook diagram of a feedback amplifier is shown below :

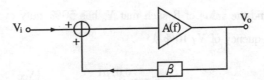

Let the open – loop frequency response of the amplifier is given by

$$A(f) = \frac{10^5}{(1 + j\dfrac{f}{f_{p1}})(1 + j\dfrac{f}{f_{p2}})(1 + j\dfrac{f}{f_{p3}})}$$

where $f_{p1} = 1MHz$, $f_{p2} = 20MHz$, $f_{p3} = 400MHz$.

  (a)Please roughly plot the magnitude and phase responses of A (f). (10%)

(b)Will the amplifier oscillate for β = 0.01 ? Yes or No, please explain your answer.(5%)

5.An inverter has transfer characteristics shown in Fig.a.

　(a)Determine and sketch the transfer characteristics (V_{out} versus V_{in}) of the three series identical inverters in Fig.b. (8%)

　(b)Find the fall time (5v to 0v) of the output wave V_{out} (t) due to the input signal V_{in} (t) , of which the rise time (0v to 5v) is 1 sec, in Fig.c. (6%)

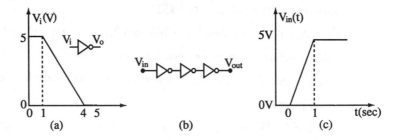

(a)　　　　　(b)　　　　　(c)

6.In Fig. OP1 and OP2 are ideal operagional amplifiers, the MOSFET acts as an ideal switch, i.e. $V_{ds} = 0$ if it is on and $I_R = 0$ if it is off, and $V_{cc} > V_i > 0$. Find the value of R such that V_o has 50% duty cycle (10%) and then the frequency of V (10%)

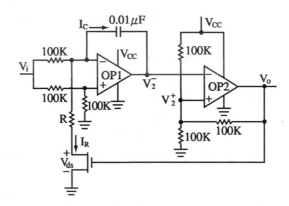

國立交通大學八十六學年度碩士班入學考試試題
〔電子學（光電工程研究所）〕

1.如果 Diodes 均爲理想者，$V_i(t) = 10^v \sin\omega t$，且 V_o 所接之下一級電路之 $R_{in} = \infty\,\Omega$，試繪下列 $V_o(t)$ 之波形，並於圖中註明電壓數值。

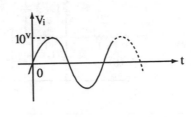

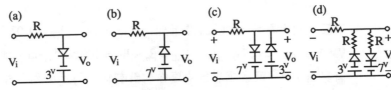

(a)6分；　(b)6分；　(c)6分；　(d)8分。共26分。

2.圖爲 TTL 之基本電路，如要改進它的

(a)Fan – Out 數　　(b)Propagation Delay Time　　(c)Power

請分別繪圖說明如何改進。各小題中圖2分，說明6分。共24分

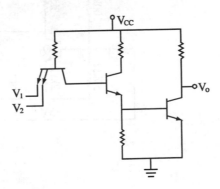

3. 下圖電路，假設運算放大器爲理想，且電容均無起始電壓。試推

$$\frac{V_o(s)}{V_s(s)}$$

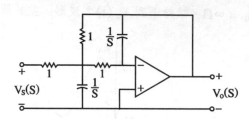

4. 下圖之放大電路，如 npn 電晶體之 $i_B = I_s e^{\frac{V_{BE}}{V_T}}$，$V_T = 0.026V$，$V_A = \infty$ V，$V_{BE(ON)} = 0.7V$，$\beta_{DC} = \beta_{AC} = \beta_0 = h_{fe} = 100$，而 pnp 之參數之絕對值與 npn 同，又各電容值均適當，無初值，而不必列入計算。

(a)試求電晶體各極之直流電壓及直流電流；

(b)試求（中頻）小信號電壓增益 $\frac{V_o}{V_i}$ 之值。

(a)20分； (b)16分。共36分。

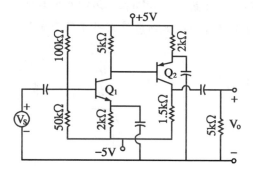

國立交通大學八十六學年度碩士班入學考試試題
〔電子學（電子研究所甲組）〕

一、**選擇題**（五選一，每題二分，答錯倒扣0.5分）

請在答案卷上，以橫式列答，每列五題，標明題號，依序填答。

例如：(1) (2) (3) (4) (5) (6) (7) (8) (9) (10)

1. 若以示波器觀察下圖之訊號，試問以上 A，B，C，D 四種 trigger level 中，那幾種 trigger level 可以得到穩定的波形？

(a)A，C　(b)A，B，C　(c)A，B，C，D　(d)B　(e)D

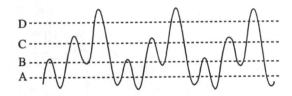

2. 如下圖所示，設 OP 之 input offset voltage – 0.01mV, input bias current = 0, open loop gain = – 200，則 V_o 為

(a)＋15V　(b)－15V　(c)－0.01×200mV　(d)0.01×（200/201）mV
(e)0.01×200mV

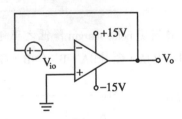

3. 如圖所示為一 CMOS Inverter, V_I 為一 clock，其週期 T = 1μS。假設

$V_{DD} = 5V$，$k = \dfrac{1}{2}\mu_n Cox \left(\dfrac{W}{L}\right) = \dfrac{1}{2}\mu_p Cox \left(\dfrac{W}{L}\right) = 20\mu A/V^2$，$V_T = V_{TN}$ $= -V_{TP} = 1V$，$\lambda_N = \lambda_P = 0$。設有下列四種情形，分別以 A，B，C，D 表示：

(a)$V_{DD} = 3.5V$，k，V_T 及 T 不變。

(b)$k = 14\mu A/V^2$，V_{DD}，V_T 及 T 不變。

(c)$V_T = 0.7V$，V_{DD}，K 及 T 不變。

(d)$T = 0.7\mu S$，V_{DD}，K 及 V_T 不變。

請問使 C_L 充放電功率下降之正確答案為

(a)A，B　(b)A，C　(c)A，D　(d)A，B，D　(e)A

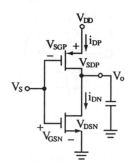

4.同上題，請問使輸出之 rise time 與 fall time 增加之正確答案為

(a)A，B　(b)B，C　(c)C，D　(d)A，D　(e)A，B，C

5.同上題，請問使 noise margin 降低之正確答案為

(a)A　(b)B　(c)A，C　(d)A，B　(e)B，C

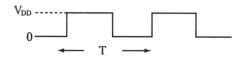

6.同上題，若 V_1 波形如右所示，請問使總功率散逸（含 C_L 充放電及 NMOS 與 PMOS 同時導通之功率散逸）下降之正確答案爲

(a)A (b)A，B (c)A，C (d)A，D (e)A，B，C，D

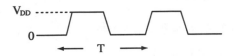

7.如圖之 NMOS 邏輯閘電路，其輸出 Y 與各輸入之關係式爲

(a)$Y = (A + BC)D$ (b)$Y = A + BC + D$ (c)$Y = (A + BC)\overline{D}$

(d)$Y = A + BC + \overline{D}$ (e)$Y = \overline{A + BC} + \overline{D}$

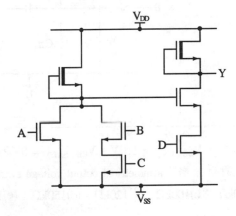

8.下列五種 Silicon 樣品，其摻雜濃度與測量溫度如下：

(A)$N_D = 1 \times 10^{16} cm^{-3}$，T = 300°K　(B)$N_D = 1 \times 10^{16} cm^{-3}$，T = 400°K

(C)$N_A = 1 \times 10^{16} cm^{-3}$，T = 400°K　(D)$N_A = N_D = 1 \times 10^{16} cm^{-3}$，T = 300°K

(E)Intrinsic，T = 400°K，則其導電性（conductivity）大小依序爲

(a)A > B > C > D > E   (b)D > A > B > C > E   (c)B > A > C > E > D

(d)A > B > C > E > D   (e)C > B > A > E > D

9.操作於工作區之 BJT,其小幅訊號模式如下:下列叙述何者爲誤?

(a)r_μ 係由 collector junction 逆向偏壓所造成

(b)r_o 係由 Early effect 造成

(c)元件之截止頻率(f_t)爲 $\dfrac{g_m}{2\pi(C_\pi + C_\mu)}$

(d)C_π 通常較 C_μ 大

(e)C_μ 含有擴散電容(diffusion capacitance)和空乏區電容(depletion capacitance)

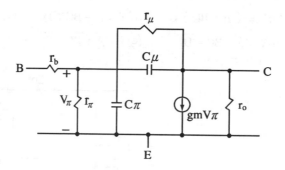

10.下圖中,$V_{BE(ON)} = 1.0V$,$V_{CE(SAT)} = 0V$,$\beta_F = 50$,若欲使 V_o 具有最大對稱振幅(symmetrical output voltage swing),則 R_B 值爲

(a)80kΩ (b)100kΩ (c)120kΩ (d)150kΩ (e)160kΩ

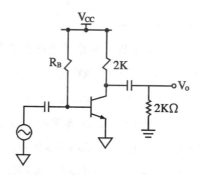

11.如上題，若在 V_o 與地（ground）中加一電阻 $R_L = 2k\Omega$，則 R_B 值應改爲何值，以獲得最大對稱振幅。

  (a)80kΩ (b)100kΩ (c)120kΩ (d)150kΩ (e)160kΩ

12.下圖電路中若各 OP 爲理想者，此電路 V_o 對 V_I 之轉換特性爲

  (a)$V_o = V_I$ (b)$V_o = -V_I$ (c)$V_o = |V_I|$ (d)$V_o = -|V_I|$

  (e)$V_o = -V_I$（for $V_I > 0$），$V_o = 0$（for $V_I < 0$）

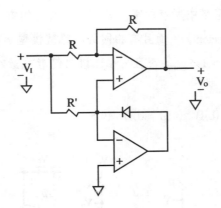

13.如圖電路，於 $t \leq 0$ 時，$V_P > V_Z$，於 $t = 0$ 時，開關 S 由 ON 變 OFF，則輸出 $V_o(t)$ 的波形爲：

  (a)直線地（linearly）上升，至 V_{CC} 爲止。

  (b)指數地（exponentially）上升，趨向 V_{CC}。

  (c)先突然跳升，再指數地上升趨向 V_{CC}。

  (d)先直線地上升，再指數地上升趨向 V_{CC}。

  (e)不管如何上升，V_o 值必小於 $V_{CC} = V_Z$ 值。

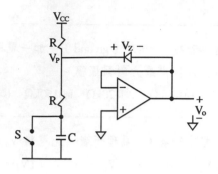

14. 下圖電路中所有的電阻皆相等，所有的電晶體都工作在主動區（Active Region），而且有相同的小訊號模型參數，（g_m，r_π，r_o），其中 $r_o > r_\pi > 1 / g_m$，而且 $r_o \gg R$ 請問何者有最小之小訊號電壓增益 V_o / V_i

(a)A (b)B (c)C (d)D (e)E

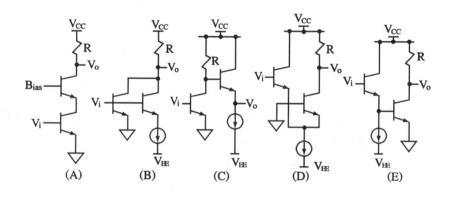

(A)   (B)   (C)   (D)   (E)

15. 同上題，請問何者有最大之小訊號輸入阻抗 $R_i = V_i / I_i$ ？

(a)A (b)B (c)C (d)D (e)E

16. 同上題，請問何者有最大之小訊號輸入阻抗 $R_o = V_o / I_o$ ？

(a)A　(b)B　(c)C　(d)D　(e)E

17.在如圖之741OP Amp 輸入級中，$R_5 = 50k\Omega$ 的作用是

(a)使 Q_5 及 Q_6 的基極電流不會太大而導致飽和。

(b)避免 Q_7 工作電流太大，使增益減少。

(c)提供 Q_7 適當工作電流以保持夠大的電流增益。

(d)提供 Q_5 及 Q_6 基極放電路徑，使其容易截止。

(e)增加 Q_6 的輸出電阻。

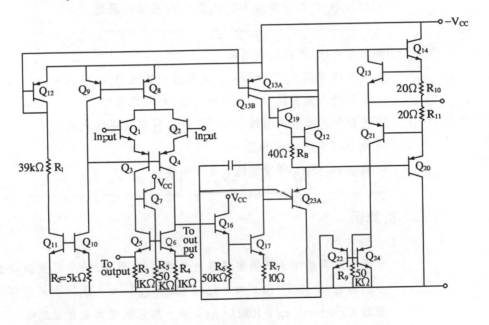

18.同上題，在741 OP Amp 輸出級中，頁半週過電流保護爲何不能如正半週者一樣，直接將 Q_{21} 之集極接至 Q_{20} 之基極？

(a)Q_{21} 爲 PNP 電晶體，增益不夠大。

(b)Q_{20} 不容易截止。

(c)Q_{18} 及 Q_{19} 流過的電流太大。

(d)Q_{20}PNP 之基極不能與 Q_{21}PNP 之射極相連接。

(e)Q_{23}A 不是提供定電流。

19.同上題，$R_2 = 5k\Omega$ 的作用爲

(a)減少 Q_{10}的增益，以降低輸入差動放大器的增益。

(b)減少 Q_{10}的電流，以減少輸入差動放大器偏壓電流。

(c)增加 Q_{10}的輸出電阻，以增加輸入差動放大器的輸入電阻。

(d)減少 Q_{10}的電流，使 Q_{11}的電流增加。

(e)增加 Q_{10}的輸出電阻，使 Q_3及 Q_4的基極偏壓穩定。

20.同上題，Q_{16}及 R_6的作用爲

(a)使補償電容 C_C 不會形成頁載效應而衰減 Q_{17}的增益。

(b)阻隔輸入差動放大器，避免使 Q_{17}的增益減少。

(c)使輸入差動放大器輸出電阻不會因頁載效應而大減。

(d)使 Q_4不致進入飽和區。

(e)保護 Q_{17}使 Q_{17}不會電流太大而燒壞。

二、計算題

1.（20%）

如圖所示電路中，設偏壓電路已忽略，M1與M2的小訊號模型參數分別爲 $g_{m1} = 10m$，$r_{o1} = \infty$，$g_{m2} = 10m$，$r_{o2} = \infty$，Q_3的小訊號模型參數爲 $g_{m3} = 10m$，$r_{\pi3} = 10K\Omega$，$r_{o3} = \infty$，其它模型參數皆可忽略。

2%(a)請問此放大器之 Feedback Topology 爲何？（ Shunt – Shunt or shunt – Series, or Series – Series, or Series – Shunt ？ ）

5%(b)試繪此電路無回授時之開迴路（ Open – Loop, Without Feedback ）等效電路圖，請用電壓控制電流源（ Voltage – Controlled Current Source ），以及電阻構成此電路，元件之數值必須標示，信號源必須根據 Feedback Topology，以 Thevenin 或 Norton 等效電路表示。

5%(c)請求此回授放大器之回授比 β（Feedback Transfer Ratio）爲何？β 的單位（v/v, or v/i, or i/v, or i/i）必須根據 Feedback Topology 做正確選擇。

4%(d)請問此回授放大器之開迴路增益（Open – Loop Gain, A）爲何？A 的單位（v/v, OR v/i, or i/v, or i/i）必須根據 Feedback Topology 做正確選擇。

4%(e)請問此回授放大器之閉迴路增益（Closed – Loop Voltage Gain）A_v = V_o / V_I 爲何？

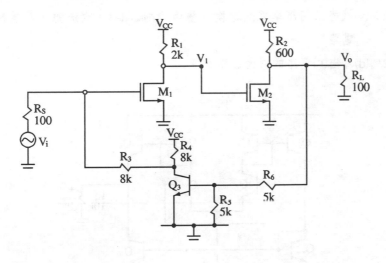

2.（10%）

在一頁回授放大器中，開迴路放大器之中頻增益 A_{OLO} = 78dB，其三個左半平面極點分別在40kHz，400kHz，及8MHz。回授放大器 β 值使其中頻迴路增益 A_{FO} = $-1/β$ = 12dB。試以近似 Bode 圖找出下列問題之答案。

6%(a)若使用極點 – 零點補償法於回授放大器，使其在上述 β 值時，phase margin $θ_{pm}$ = 45°，且假設補償後原來在400kHz及8MHz之極點均不變，試求補償後回授放大器之主極點。

4%(b)試求補償後開迴路增益為1時之頻率（unit – gain frequency）。

3.（15%）

如圖所示之運算跨導放大器（Operational Transconductance Amplifier, OTA），若 $Q_1 \equiv Q_2$，$Q_5 \equiv Q_6$，$Q_7 \equiv Q_8$，$Q_9 \equiv Q_{10}$，$\beta_{npn} \to \infty$，$\beta_{pnp} \to \infty$，$r_{onpn} = r_{opnp} = 100k\Omega$，且 $V_T = （KT／q）= 26mV$

9%(a)求電壓增益 $A_v = V_o／V_{in}$，跨導 $G_M = I_o／V_{in}$ 及輸出電阻 R_o

2%(b)求最大輸出電壓擺幅

2%(c)試將三個簡單電流源換為疊接（cascoded）電流源，並重新畫出電路

2%(d)寫出(c)電路的兩大優點。

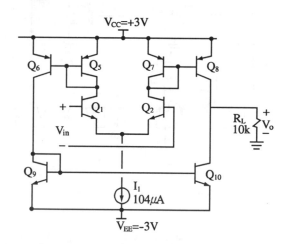

4.（15%）

如圖所示之電路，其中 OP 為理想。

8%(a)設 $H（S）= \dfrac{V_o（S）}{V_I（S）} = \dfrac{K\omega_o^2}{S^2 +（\dfrac{\omega_0}{Q}）S + \omega_o^2}$，試求 ω，Q 及 k。

4%(b)圖(1)，(2)，(3)分別表三個不同的輸入與輸出之波形。試問何者適
用於此電路？請說明之。

3%(c)若 $C_1 = C_2 = 10 \times 10^{-3} \mu F$，$R_1 = R_2 = R = 10K\Omega$。當 R' 改變時，此電
路之步階反應（Step Response）會產生 undamped oscillation，請問
R' 為若干？其 oscillation frequency 為若干？

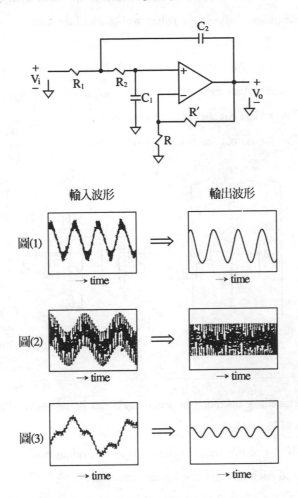

國立交通大學八十六學年度碩士班入學考試試題
〔電子學（電機與控制工程學系）〕

1. In the diagram shown, the V_s and R_s represent the equivalent circuit of an in-strummt, and the output of the instrument is amplified by a two-stage transistor amplifer. Suppose the output resistance of the transistors can be neglected.

   (a) (5%) Replace the transistors by their small signal T-models shown below, and redraw the circuit for low-frequency small signal analysis.

   (b) (7%) Find out the input resistance R_i.

   (c) (5%) Find out the output resistance R_o.

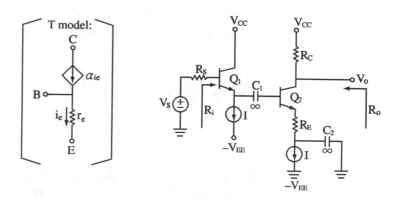

2. A npn transistor operating in active mode can be represented as a large-signal model shown below.

   (a) (4%) Use this largee-signal model to explain how i_B, i_C and i_E are related to each other. (Show your arguments.)

   (b) (4%) Suppose this transistor is operating at $i_B = 75\mu A$, $i_C = 10mA$ and $V_{BE} = 0.69V$, find out I_s and α It is given that $V_T = 25mV$.

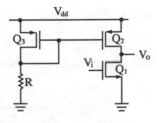

---

3. (5%) Draw the typical physical structure of an enhancement – type NMOS transistor. You should label clearly the gate, source, drain, and body regions and indicate the channel length L and channel width W in the structure.

---

4. Consider a common – gate amplifier circuit shown below.

Assume that the p – channel MOSFETs Q_2 ' Q_3 have different aspect ratios $(W/L)_2 = 40$, $(W/L)_3 = 20$, but have identical threshold voltage $V_{tp} = -1$ V, $\mu_p C_{ox} = 10\mu A/V^2$, and Early uoltage $| V_A | = 50V$ The n – channel MOSFET Q_1 has $(W/L)_1 = 30$, threshold voltage $V_{tn} = 1V$, $\mu_n C_{ox} = 30\mu A/V^2$, and Early voltage $| V_A | = 100V$. The power supply $V_{dd} = 5V$ and the desired drain current of Q_3 is 100 μA. Note that μ_n, μ_p denote, respectively, the mobilities of electron and hole and C_{ox} is the capacitance per unit area of the parallel – plate capacitor formed by the gate electrode and the channel of the

MOSFET.

(a) (4%) Find the value of R.

(b) (6%) Find the allowable range of the output voltage.

(c) (4%) Find the output resistance R_o.

(d) (6%) Find the small signal voltage gain.

---

5. Consider the amplifier shown below, where R (f) is a frequency dependent resistance and

$$R (f) = \begin{cases} 1M\Omega & \text{if } 500 \text{ Hz} < f < 2kHz \\ 0\Omega & \text{else} \end{cases}$$

The voltage gain, defined by $A_v = V_{out} / V_{in}$, varies with the tuning position of the 100kΩ variable resistance, VR4. Calculate and draw the frequency response of the voltage gain A_v in the frequency region from 100Hz to 10kHz while

(1) (5%) VR4 is at the left most position,

(2) (5%) VR4 is at the center position, and

(3) (5%) VR4 is at the right most position, respectively.

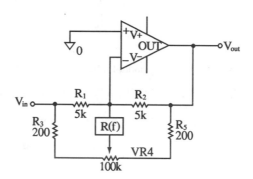

---

6. Suppose that you only have several ideal operational amplifers, denoted by OP's, and multiplier amplifiers, denoted by mult's. The circuit labels of them are

shown below. Let x denote the input signal and y denote the output signal. Use only the given components as many as you need to implement the functions of(1) (5%) $y = \sqrt{x}$ and(2) (5%) $y = x^{2/3}$.

7.(a) (4%) What are the logic functions for each of the following two NMOS circuits, respectively, and explain the differences in output voltage :

(The circuit may contain depletion type and enhancement type NMOSFET's.)

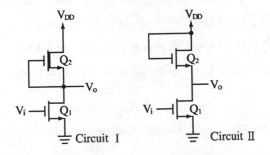

(b) (2%) What's the logic function of the following TTL circuit :

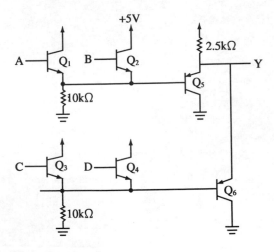

(c)（4%）Describe the function of the following circuit with inputs A, B and output Y.

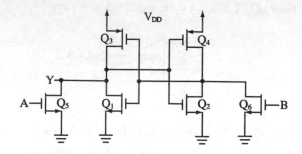

8.(a)（3%）Use CMOS circuit to implement a two-input NAND gate.

(b)（3%）Use CMOS circuit to implement a two-input NOR gate.

(c)（4%）Use CMOS circuit to implement a two-input XOR gate.

(d)（5%）Use NMOS circuit to implement a two-input XOR gate.

國立交通大學八十七學年度碩士班入學考試試題
〔 電子學（電機與控制工程學系）〕

1. Consider three circuits shown below.

   (a) For the circuit in Figure (a) calcutate the minimum value of R_1 so that the transistor Q_1 can be biased in saturation region. (5%)

   (b) For Figure (b) let $V_{in} = 5V$ and the current gains, β, of both Q_3 and Q_4 are 100. Consider that 10% calculation error is acceptable. Calculate the output voltages of V_{o1} and V_{o2}. (6%)

   (c) For Figure (c) assume that $I_s = 0.4mA$, $V_{BE(on)} = 0.7V$, V_{BE} sat $= 0.8V$. $V_{CE(sat)} = 0.2V$. and $\beta_F = 100$. Calculate I_B, I_C, I_E, V_B, V_E, and V_C. (6%)

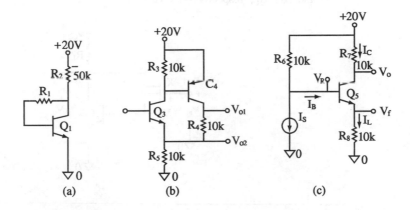

(a) (b) (c)

---

2. (15%) For the circuit shown below assume that. (1) the parameters of NMOS – FET, X1, are $W = 1000\mu m$, $L = 10\mu m$, $\mu_n C_{ox} = 20\mu A/V^2$, and $V_T = 2V$, (2) $R_L = 20\Omega$, $V_{CC} = 50V$, $V_{BE(on)} = 0.7V$, $V_{in} = 12.7V$, and (3) the β_F of Q_1 is 50.

   (a) Let i_D denote the drain current of the NMOSFET. X_1. Follows are four i_D

expressions. Which one is the most reasonable one in meeting the circuit shown below and the parameters given above ? and why ? (6%)

(i)$i_D = \mu_n C_{ox} \dfrac{W}{L} (V_G - V_T) V_{DS}$.

(ii)$i_D = \dfrac{1}{2} \mu_n C_{ox} \dfrac{W}{L} (V_G - V_T) V_{DS}$.

(iii)$i_D = \mu_n C_{ox} \dfrac{W}{L} (V_G - V_T)^2$.

(iv)$i_D = \dfrac{1}{2} \mu_n C_{ox} \dfrac{W}{L} (V_G - V_T)^2$.

(b)Calculate the output voltage, v_o, and the power consumed by NMOSFET X_1 and BJT Q_1, respectively. (10%)

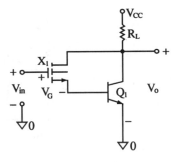

3. This problem has six questions ; each question has one circuit. Assume that the operational amplifier (OP – AMP) used in each circuit of this problem is ideal with saturated outputs equal to $V_{CC} - 1$ and $V_{EE} + 1$, respectively, where $V_{CC} = - V_{EE} = 10V$. The six circuits have an identical input signal V_s which is zero for $t < 0$ and is triangular of ± 5 V peak magnitude with frequency 50 H_z for $t > 0$. The V_s is depicted as below :

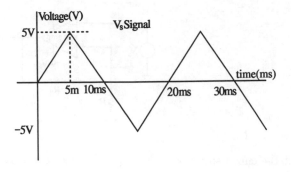

(a) The circuit shown below has $R_1 = 1k\Omega$ and $R_2 = 2k\Omega$, draw clearly the possible waveforms of output V_o. (3%)

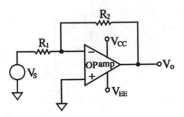

(b) The circuit shown below has $R_1 = 1k\Omega$ and $R_2 = 2k\Omega$. draw clearly the possible waveforms of output V_o. (3%)

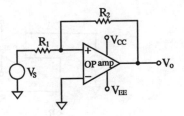

(c) The circuit shown below has $R_1 = 1k\Omega$ and $R_2 = 2k\Omega$. draw clearly the possible waveforms of output V_o. (4%)

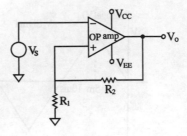

(d) The circuit shown below has $R_1 = 1k\Omega$ and $R_2 = 1k\Omega$. draw clearly the possible waveforms of output V_o. (4%)

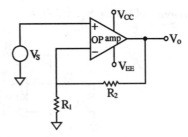

(e) The circuit shown below has $R_1 = 1k\Omega$ and diode D. the turn on voltage of the diode is $0.7V$. Draw clearly the possible waveforms of output V_o. (4%)

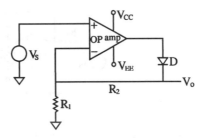

4. Design an 8 – bit A/D converter by using only one 8 – bit D/A converter with other minimum required circuits.

(a) Draw a block diagram for the implementation of A/D converter (7%)

(b) Explain the operation of the circuit. (6%)

---

5. The transfer characteristic of an inverter is shown below.

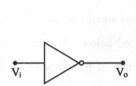
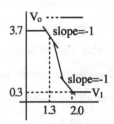

(a) Compute the noise margins, NM_L and NM_H, of the inverter. (4%)

(b) Explain why the points with the slope equal to – 1 are chosen for computing the noise margins. (5%)

(c) The following circuit with $R_B = 20k\Omega$, $R_C = 5K\Omega$, $C_L = 0.01\mu F$ and $\beta = 30$, $V_{CE(sat)} = 0.2V$, $V_{BE(on)} = 0.7V$ can be used to realize an inverter. Compute the average static power dissipation and dynamic power dissipation when the input signal V_i is a rectangular waveform shown below with the duty ratio 40% and frequency $100H_z$. (7%)

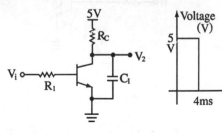
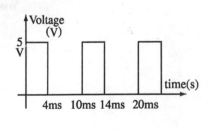

6. There are four types of feedback design known to be used in an amplifer. They are shunt – shunt (voltage sensing – current feedback) , series – shunt (voltage sensing – voltage feedback) , shunt – series (current sensing – current feedback) , series – series (current sensing – voltage feedback) . Answer the following questions regarding the feedback design of amplifier.

(a) If one want to increase the input resistance of an amplifier, i.e., R_o, what type of feedback design should be used? Why? (4%)

(b) If one want to decrease the output resistance of an amplifier, i.e., R_o, what type of feedback design should be used? Why? (4%)

Consider the circuit as depicted below. Answer the following three questions with all the necessary parameters of transistor Q_1 such g_m, r_o, r_x, r_π = (or known as $r_{bb'}$)

(c) What type of feedback is for the circuit? (3%)

(d) Derive the voltage gain V_o / V_i using feedback approach. (Note : the assumptions of the approach should be checked.) (3%) (e) Derive the output resistance R_{o1} of the feedback amplifer. (3%)

(f) Derive the input resistance R_{if} of the feedback amplifer. (3%)

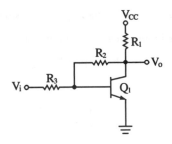

國立交通大學八十六學年度碩士班入學考試試題
〔電子學（控制工程學系）〕

1. The gain stage（shown in Figure）in an operational amplifier is used to significantly increase voltage gain. This gain stage contains an active load which is implemented by Q_3, Q_4 and R.

   (a) Explain why this active load can help to achievellarge voltage amplification.
   （Your answer has to be simple, concise, yet hitting the point.）（8%）

   (b) Can you replace this active load by a passive load, i.e., a resistor？
   Why？

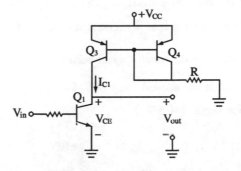

2. As shown in Figure（a）, a butter is used between instrument A and instrument B.

   (a) What are the advantages to use a butter？（5%）

   (b) If you use an operational amplifier to impiement the butter, which configuration shown in Figure（b）is correct？ Or both？ Or neither？ Why？
   （4%）

   (c) Why the buffer（s）you chose in part（b）can provide the advantage（s）you described in part（a）？ But, if you think that neither of the configurations in Figure（b）would work, explain why.（4%）

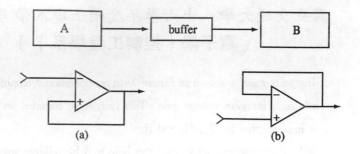

(a)   (b)

---

3. Consider the circuit shown below. Three N – MOSFETs Q_1 Q_2, and Q3 are identical and have $k = 250\mu A/V^2$, $V_T = 2.0V$, $W/L = 4/1$, and $V_A = 1/\lambda = \infty$
   The resistor values are $R_1 = 500\Omega$ and $R_2 = 250\Omega$.

   (a) Determine the bias drain current of Q_3. (4%)

   (b) Determine the small – signal voltage gain $\dfrac{\triangle V_o}{\triangle V_i}$. (4%)

   (c) What is the allowed range of V_i for Q_1, Q_2, and Q_3 operating in the saturation region ? (5%)

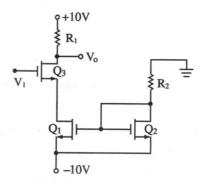

---

4. The circuit shown below is a cascode amplifer with circuit parameters listed as follows :

   · $C_E = C_B = \infty$ ，$C_s = C_L = 4.7\mu F$.

$\cdot$ $R_1 = R_2 = 100k\Omega$ ，$R_B = R_C = R_L = 1k\Omega$ ，$R_s = R_E = 0.5k\Omega$.

$\cdot$ Q_1 and Q_3 and identical with $C_\pi = 19.5pF$, $C_\mu = 0.5pF$, $r_\pi = 2k\Omega$ ，$\beta = 100$, and $r_o = \infty$.

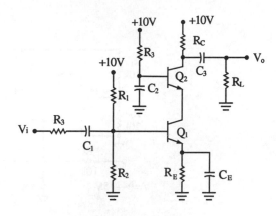

(a)Determine the midband voltage gain V_o/V_i. (4%)

(b)Use the dominant – pole approximation for determining the lower 3 – dB frequency f_L. (4%)

(c)Explain briefly the reason why the cascode amplifer has higher upper 3 – dB frequency f_H than that of the common – emitter amplifier. (4%)

---

5. A silicon bar, which is 5 mm long and has a cross rectangular cross section 50 $\times 100\mu m^2$, has donor atom concentration of $N_D = 10^{16}$ atoms/cm^3 and acceptor atom concentration of $N_A = 10^{14}$ atoms/cm^3. Assume that a 1 V voltage is applied across the long line of silicon bar. Determine the conductivity σ of the silicon bar and the current of it, given that the electron mobility μ_n is $1500cm^2/V. s$ and the hoie mobility μ_p is $500cm^2/V.s$. (10%)

---

6. Determine and sketch the transfer characteristics (V_o versus V_i) for the circuit shown in Figure. Assume that the turn − on voltages of both emitter − bases of Q_1 and Q_2 are 0.7V and their β values, I_C/I_B, are 200. (15%)

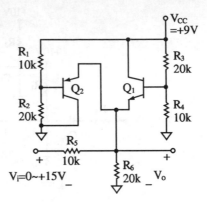

7. Consider the positive − logic circuit as depicted in Figure. The transistors used are identical and have the forward active − mode current gain $\beta_F = 30$ and the reverse active − mode current gain $\beta_R = 0.41$.

(a) Verify the function of the circuit. (2%)

(b) What are the values of low output voltage V (0) and high output voltage V (1) from the output of the circuit ? (4%)

(c) What is the fan − out of the circuit when V (1) = 3.5V and V (0) is the same as the one in part (b) ? (Fan − out is defined as the number of the inputs of the same circuit can be driven by the output of the circuit to fulfill the logic function.) (5%)

(d) What are the values of the noise − margin, NM_L and NM_H of the circuit ? (NM_L and NM_H correspond to the noise margins for V (0) and V (1) , respectively.) (6%)

(e) Use the circuit as basic block to implement an XNOR gate with minimum number of blocks. (4%)

(f)Use the circuit as basic block to implement an XOR gate with minimum number of blocks. (4%)

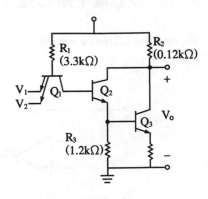

國立台灣科技大學八十八學年度電機工程系碩士班
招生考試試題
〔 電子所乙組 〕

1. Consider the modified difference amplifier in Figure. Find the differential voltage gain V_o/V_d. (10%)

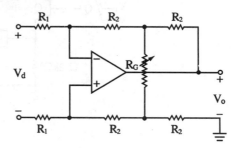

---

2. For the follower circuit in Figure, let transistor Q_1 have $\beta = 20$ and transistor Q_2 have $\beta = 200$, and neglect the effect of r_o. Use $V_{BE} = 0.7$volts.

(1) Find the dc emitter current of Q_1 and Q_2. Also find the dc voltage V_{B1} and V_{B2}. (4%)

(2) If a load resistance $R_L = 1K\Omega$ is connected to the output terminal, find the voltage gain from the base to the emitter of Q_2, V_o/V_{b2}, and find the input resistance R_{ib2} looking into the bese of Q_2. (4%)

(3) Replaeing Q_2 with its input resistance R_{ib2} found in (2), analyze the circuit of emitter follower Q_1 to determine its input resistance R_1, and the gain from its base to its emitter, V_{e1}/V_{b1}. (4%)

(4) If the circuit is fed with a source having a 100kΩ resistance, find the transmission to the base of Q_1, v_{b1}/v_s. (4%)

(5) Find the overall voltage gain v_o/v_s. (4%)

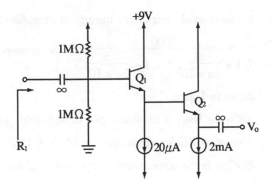

3. The differential amplifier circuit in Figure utilizes a resistor connected to the negative power supply to establish the bias current I.

(1) For $V_{B1} = V_d/2$ and $V_{B2} = -V_d/2$ where v_d is a small signal with zero average. Find the magnitude of the differential gain, $|v_o/v_d|$. (5%)

(2) For $V_{B1} = V_{B2} = V_{CM}$, find the magnitude of the common – mode gain, $|v_o/v_{CM}|$. (5%)

(3) Calculate the CMRR. (5%)

(4) If $V_{B1} = 0.1\sin2\pi \times 60t + 0.005\sin2\pi \times 1000t$, volts, $V_{B2} = 0.1\sin2\pi \times 60t - 0.005\sin2\pi \times 1000t$, volts, find V_o. (5%)

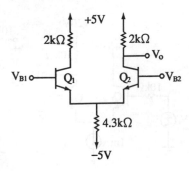

4. A differential amplifier having a transfer function $A(S) = \dfrac{1000}{(1 + \dfrac{S}{2\pi \times 10^6})(1 + \dfrac{S}{2\pi \times 10^7})}$ is connect differentiator which is shown in Figure.

(a) On the basis of the rate – of – closure rule, what is the smallest time – constant RC for which opera stable？（15%）

(b) What is the corresponding approximate phase margin？（5%）

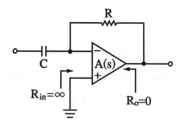

---

5. For the circuit in Figure(a) let Q_1 and Q_2 be identical, $\beta = 100$, $C_\mu = 2pF$, and $f_T = 400MHz$. small signal equivalent circuit of Figure(a) is shown in Figure(b)

(a) Calculate the values of r_π, g_m, and C_π.（10%）

(b) Calculate the midband voltage gain and the upper 3 – dB frequency.（10%）

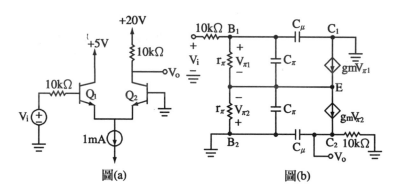

圖(a)　　　　　圖(b)

6. Explain（a）all – pole filter and（b）input bias current of an op amp.
（10%）

國立台灣科技大學八十八學年度碩士班招生考試試題
〔 電子電路學（電子所乙組）〕

一、填充題

注意：1－4題屬於填充題，請在分析後，依子題順序將答案填寫在答案卷上即可；單位必需填寫否則不予計分。每一子題完全答對者可得五分。（80%）

1. As shown in Fig. is a voltage amplifier, in which both two transistors are identical. The relevant parameters include $V_{BE(on)} = 0.7V$, $\beta = 100$, and $V_T = 26mV$ (at $T = 300K$). The reactance's of all capacitors are neglected. Please analyze this circuit and then only write down the results of the following problems in order on the answer sheet. (where $R_1 = 100k\Omega$, $R_2 = 47k\Omega$, $R_{C1} = 4.7k\Omega$, $R_{C2} = 2k\Omega$, $R_{E1} = 1.5k\Omega$, $R_{E2} = 1.5k\Omega$, and $R_L = 10k\Omega$)

(注意：僅依序寫下答案即可，且必需有單位，否則不予計分)

(1) Find the operating point of Q_1.

$I_{CQ1} =$ _____

(2) Find the operating point of Q_2.

$I_{CQ2} =$ _____

(3) Find the input π resistance of Q_1.

$I_{\pi1} =$ _____

(4) Find the transconductance of Q_2.

$g_{m2} =$ _____

(5) Find the voltage gain of this amplifier shown in Fig. P1

$A_v = V_o/V_s =$ _____

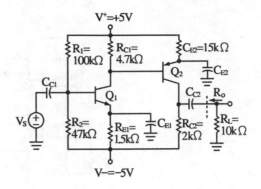

$V^+=+5V$

$R_1=100k\Omega$ $R_{C1}=4.7k\Omega$ $C_{E2}=15k\Omega$

C_{E2}

Q_2

C_{C1} Q_1 C_{C2} R_o

V_S

$R_2=47k\Omega$ $R_{E1}=1.5k\Omega$ C_{E1} $R_{C2}=2k\Omega$ $R_L=10k\Omega$

$V-=-5V$

2. cascode amplifier is shown in Fig. P2, in which both two MOSFET's are identical. The relevant parameters include the threshold voltage $V_{th(on)} = 1.2V$ and the conduction parameter $k = 0.8mA/V^2$. The reactance's of all capacitors are neglected. Please analyze this circuit and then only write down the results of the following problems in order on the answer sheet.

（注意：僅依序寫下答案即可，且必需有單位，否則不予計分）

(6)Find the gate – to – source voltage of M_1.

   $V_{GS1} = $ _____

(7)Find the operating point of M_1.

   $I_{DQ1} = $ _____

(8)Find the transconductance of M_1.

   $g_{m1} = $ _____

(9)Find the voltage gain of this amplifier shown in Fig.

   $A_v = V_o/V_i = $ _____

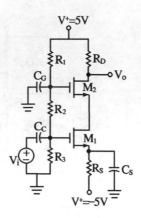

V⁺=5V

R_1 R_D

C_G ○V_o

M_2

R_2

C_C

M_1

V_i R_3

R_S C_S

V⁺=−5V

---

3. An operational amplifier is used as a reference voltage source shown in Fig. in which a divider circuit formed by R_3 and R_4 is used only to start up the circuit. All components and the OP Amp in this problem are ideal. The relevant parameters include $V_z = 4.7V$, $V_{D(on)} = 0.7V$, and $R_2 = 30k\Omega$. The Zener diode is specified biasing between 1mA and 1.2mA. If the output of the OP Amp is desired to be 10.0V and the start − up voltage is $V_s = 10V$ with allowable maximum input current $I_3 = 4mA$, please analyze this circuit and then only write down the results of the following problems in order on the answer sheet.

（注意：僅依序寫下答案即可，且必需有單位，否則不予計分）

(10) Find the resistance.

$R_1 = $ _____

(11) Find the resistance.

$R_F = $ _____

(12) Find the resistance.

（R_3，R_4）= _____ ，_____

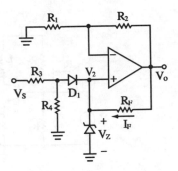

4. A power amplifier is shown in Fig. in which the transistor have the specifications, i.e., $P_{C,max} = 6W$ (after derating), $BV_{CEO} = 50V$, and $i_{C,max} = 4A$. In this problem, $R_E = 1\Omega$, $R_L = 10\Omega$, and the reactance's of all capacitors are neglected. Please analyze this circuit and then only write down the results of the following problems in order on the answer sheet.

（注意：僅依序寫下答案即可，且必需有單位，否則不予計分）

(13) Find the operating point of the transistor to achieve a maximum symmetrical swing

$(I_{CQ} , V_{CEQ}) = $ _____ , _____

(14) Find the possible supply voltage V_{CC} in this circuit.

$V_{CC} = $ _____

(15) Find the maximum output power $P_{L,max}$ for a sinusoidal input signal

$P_{L,max} = $ _____

(16) Find the maximum power efficiency η_{max} in this amplifier

$\eta_{max} = $ _____

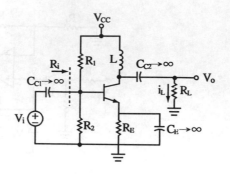

二、析論題

5. What is the oscillator shown in Fig. Please plot its small – signal equivalent circuit, derive the oscillation frequency ω_o, and find the oscillation condition C_2/C_1. (20%)

（注意：沒有推導過程不予計分）

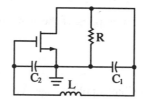

國立台灣科技大學八十八學年度碩士班招生考試試題
〔電子電路學（電子所丙組）〕

1.下圖爲一數位邏輯電路，請以最簡形式表示輸出 Z 所實現的邏輯函數。（4分）

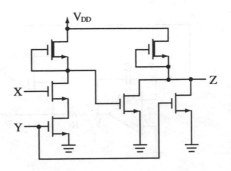

2.下圖爲一差動放大器的 CMRR 響應，若差動增益（Differential gain）在100kHz 以下爲40dB，試求10kHz 時的共模增益（Common－mode-gain）。（4分）

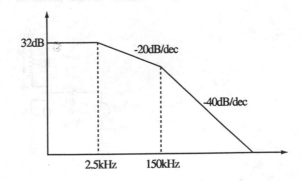

3.下圖爲三角波產生器，A1與 A2爲理想的運算放大器：

(a)請推導振盪頻率 f_o 的公式，若 $R_1 = 10k\Omega$，$R = 25k\Omega$，$C = 10nF$，請

設計 R_2 值使得 f_o 爲1kHz。（12分）

(b)假設 A2的飽和電壓爲 ± 12V，二極體導通電壓爲0.7V，請設計齊納二極體的崩潰電壓 V_z 使得 V_T 振幅爲 ± 5V。（8分）

(c)請說明 R_3 的作用。（4分）

(d)請繪出至少一個週期內 V_{sq}、V_T 與 V_P 的相對波形。（6分）

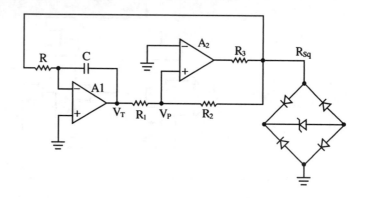

4.下圖爲一簡化的 NMOS 放大電路，其中 V_{GS} 與 V_{DD} 爲直流偏壓電源，不考慮通道長度調變（Channel－length modulation）效應：

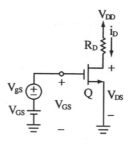

(a)$g_m = \dfrac{\partial I_D}{\partial V_{GS}}$，試證在放大區內 g_m 與直流偏壓電流 I_D 的平方根成正比。（4分）

(b)請利用 g_m 繪出此放大器的小信號等效電路，並計算小訊號電壓增

益 A_v。（4分）

(c)$K_n = 1mA / V^2$，$V_{tn} = 2V$，$V_{GS} = 5V$，$V_{DD} = 20V$，若 V_{gs} 的振幅爲 ±

0.5V，請設計 R_D 值使得 Q 可以維持在飽和區內操作。（12分）

(d)請根據您所設計的 R_D 與 A_v 值，估算 V_{DS} 的變化範圍。（6分）

5.下圖爲一簡化的 CMOS 放大器，其中 Q_2 與 Q_3 爲匹配的 PMOS，閘極
與源極之間以直流電壓 V_B 偏壓，相關參數爲 K_P、V_{tp}；Q_1 爲
NMOS，相關參數爲 K_n、V_{tn}：

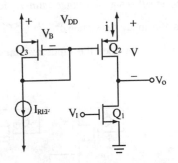

(a)請說明 Q_3 操作於哪個區域，若要使得 $Q_2 - Q_3$ 電流鏡的動作正常，
試求 V 的電壓範圍。（4分）

(b)若將 r_{o3} 與 r_{o2} 考慮在內，請描繪主動頁載 Q_2 的 i－v 特性圖（以 V
爲橫軸），並證明當 V 等於 V_{SG} 時，i 恰等於 I_{REF}。（8分）

(c)利用 Q_1 的 i_D－V_{DS} 曲線以及 Q_2 的頁載曲線，描繪此放大器的 V_o－
V_1 轉換特性圖。請根據 Q_1、Q_2 的可能操作點將轉換特性圖分成數
個區間，並標明哪個區間最適於線性放大器應用。（12分）

(d)若 $I_{REF} = 100\mu A$，$V_{DD} = 10V$，$K_n = 100\mu A / V^2$，$K_p = 50\mu A / V^2$，V_{tn}
$= |V_{tp}| = 1V$，Q_1、Q_2 與 Q_3 的 $|V_A|$ 均爲100V，請計算放大器的小
信號電壓增益 A_V，並估算轉換特性圖上各區之間的分界點座標。

（12分）

國立台灣工業技術學院八十六學年度碩士班招生考試試題
〔電子學（電機所控制組）〕

1. For the three-stage NMOS enhancement-load amplifier shown in Fig. let $V_{t1} = V_{t2} = 2V$, $k_1 = 0.5mA/V^2 = 4K_2$, and C_1, C_2, large. (V_{t1} : threshold voltage of Q_{1A}, Q_{1B}, and Q_{1C}, K_2 : conductivity parameter of Q_{2A}, Q_{2B}, and Q_{2C})

   (a) Calculate the dc voltage at the output V_s. (5%)

   (b) Find the small-signal voltage gain A_v for $r_o = \infty$. (5%)

   (c) What is the input resistance R_{in} ? (5%)

   (d) For $C_2 = 0$, what does the input resistance become ? (5%)

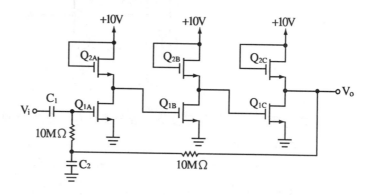

2. The circuit shown in Fig. is intended to supply current to floating loads (those for which both terminals are ungrounded) while making greatest possible use of the available power supply.

   (a) Assuming ideal op amps, find the voltage gain v_o/v_i. (10%)

   (b) Assuming that the op amps operate from $\pm 15V$ power supplies and that their output saturates at $\pm 14V$, what is the largest sine wave output (V_{rms}) that can be accommodated ? (5%)

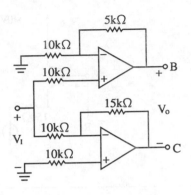

---

3. For the common – emitter amplifier shown in Fig. let $V_{CC} = 9V$, $R_1 = 27k\Omega$, $R_2 = 15k\Omega$, $R_E = 1.2k\Omega$, and $R_C = 2.2k\Omega$. The transistor has $\beta = 100$, $V_{BE} = 0.7V$, $V_A = 100V$, and the thermal voltage $V_T = 25mV$.

(a) Calculate the do bias current I_B. (5%)

(b) If the amplifier operates between a source for which $R_s = 10k\Omega$, and a load of $2k\Omega$, replace the transistor with its hybrid – π small – signal model, and find the values of g_m, r_π, r_o, and A_v. (10%)

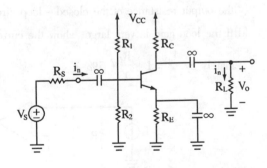

---

4. Assuming each transistor in Fig. has $\beta = 100$ and $r_e = 100\Omega$.

Find (a) the voltage gain of the amplifier. (5%)

(b) the input transistor resistance of the amplifier. (5%)

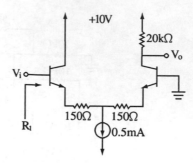

---

5. Fig. shows how shunt – series feedback can be employed to design a current amplifier unilizing an op amp. The circuit is a closed – loop circuit. The feedback analysis method, therefore, should be used here. For the case： the open – loop voltage gain of the op amp = 10000, $R_{id} = 100k\Omega$, the output resistance of the op amp = 1kΩ, $R_s = 10k\Omega$, $R_L = 10K\Omega$, r = 100, and $R_f = 1k\Omega$,

Find (a) the closed loop gain $\dfrac{I_o}{I_s}$ （ 5% ）

(b) the input resistance of the closed – loop circuit （ 5% ）

(c) the output resistance of the closed – loop circuit. （ 5% ）

(d) If the loop gain is very large, show the current gain is given approximately by $\dfrac{I_o}{I_s} = 1 + \dfrac{R_f}{r}$ （ 5% ）

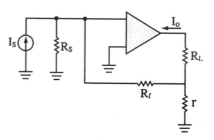

6. A circuit is shown in Fig.

Find (a) the feedback gain $\beta(s)$ (5%)

(b) the loop gain $L(s) = A(s)\beta(S)$ (5%)

(c) the frequency for zero loop – phase. (5%)

(d) the $\dfrac{R_2}{R_1}$ for oscillation. (5%)

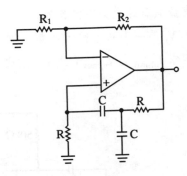

國立台灣工業技術學院八十六學年度碩士班招生考試試題
〔電子所（系統組、元件與材料組、電子電路學）〕

1.（20%）

圖電路中，若電晶體的參數為 $\beta = 100$，$V_{BE} = 0.7V$，試求：

(1)直流工作點 I_{CQ} 及 V_{CEQ}，

(2)繪出直流負載線及交流負載線

(3)若輸入 V_i 為一正弦信號，本電路可能得到的最大不失真信號為何？即求 $I_{o,\,max}$ 及 $V_{o,\,max}$（或 $I_{o,\,peak}$ 及 $V_{o,\,peak}$）

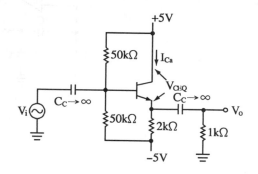

2.（20%）

圖中，MOSFET 為 Enhancement type，其相關參數為 $k_n = 1mA／V^2$，$V_{th} = 0.8V$，若 $I_{DQ} = 0.5mA$，且 $R_1 + R_2 = 200K\Omega$

試求：

(1)V_{GSQ}，(2)V_{DSQ}，(3)g_m，(4)R_1 及 R_2，及(5)$A_v = \dfrac{V_o}{V_i}$

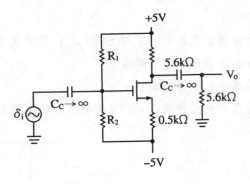

---

3. (20%)

依圖，試求（若 OP 之 r_o 可略）

(1)繪出此電路的小信號等效電路。

(2)求 $\dfrac{I_o}{V_i}$。

(3)求 R_{if}。

(4)求 R_{of}。

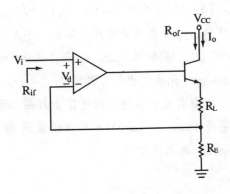

---

4. (20%)

圖之振盪器電路中，若 MOSFET 之 r_o 已考慮在 R 上，

(1)繪出小信號之等效電路。

(2)推導求出振盪頻率 ω_o。

(3)推導求出振盪條件。（沒有推導步驟不予計分）

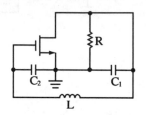

5. (20%)

有一放大器其開迴路之增益 A 及相角關係式如下：

$$A = \frac{10^5}{(1+jf/10^5)(1+jf/10^6)(1+jf/10^7)} \quad 及 \phi$$

$$= -[\tan^{-1}(f/10^5) + \tan^{-1}(f/10^6) + \tan^{-1}(f/10^7)]$$

(1)試以 Bode plot 繪出此兩式之關係，（A 以 dB 表示之）

(2)試依(1)之結果求 gain maigin, phase margin 及 phase – crossover frequency，此放大器是否穩定？

(3)第(2)項中若放大器穩定則可停止討論，若(2)之結果為不穩定，請問要得 Phase margin 45°，其回授量應為多少？其 gain – cross over frequency 應為多少？

國立台北科技大學八十八學年度研究所碩士班招生考試試題
〔電機整合研究所乙組〕

Problem 1 〔(a)：5%(b)：5%(c)：5%(d)：5%〕

Consider a zero – biased linearly graded p – n junction with a space – charge distribution $\rho(x) = qax$ and with a depletion with W (as shown in Figure). (a)Sketch the field intensity and (b) the potential as function of distance. Please also define the equations for (c) the maximum electric field, $|\varepsilon_{max}|$ and (d) the p – n junction built – in potential, V_{bi}, as a function of W.

〔 PS：$-\dfrac{\alpha^2 V}{\alpha X^2} = \dfrac{\partial q}{\partial x} = \dfrac{P(X)}{\varepsilon_S}$ 〕

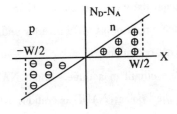

Problem 2 〔(a)：5%(b)：5%〕

Sketch (a) iR and (b) v_o for the network of Figure for the input shown.

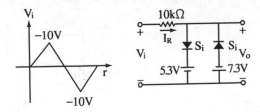

Problem 3 〔15%〕

Design the transistor inverter of Figure to operate with a saturation current of 8 mA using a transistor with a beta of 100. Use a level of I_B equal to 120% of I_{Bmax} and suitable resistor values.

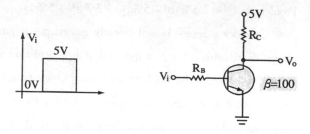

Problem 4 〔(a)：5%(b)：7%(c)：8%〕

(a)Sketch the cross section of CMOS.

(b)Sketch the circuit of a CMOS inverter and verify that this configuration satisfies the not operation.

(c)Sketch the circuit of a three – input NAND CMOS gate and verify that it satisfies the Boolean NAND operation.

Problem 5 〔(a)：4%(b)：3%(c)：8%〕

For the circuit of Figure calculate (a) the dc bias voltage, V_{E2}, and (b) emitter current, I_{E2}, and (c) the amplifer voltage gain. 〔PS： Suppose the transistor input impedance, R_1, is small〕

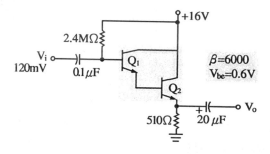

Problem 6 〔(a)：4%(b)：4%(c)：12%〕

A bandpass filter circuit is shown in Figure Calculate (a) the lower and (b) upper cutoff frequencies. (c) Please also calculate the amplifier voltage gain A_v (the ratio of V_o and V_1) . 〔PS：Suppose this is an idea bandpass filter〕

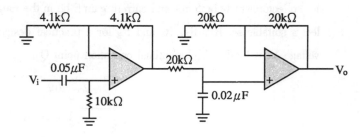

國立台北科技大學八十八學年度研究所碩士班招生考試試題
〔 電腦通訊與控制研究所乙丙組 〕

Problem 1 〔 16分 〕

The circuit design shown in Fig. is based to operate in the active mode. Assume it the power supply is $V_{CC} = 20V$, the NPN transistor is specified to let collectorment I_C be 5 mA and current gain β be in the range 40 to 200. Select a suitable set R_1, R_2, R_C and R_E for a practical design to have Emirter voltage $V_E = 1/10\ V_{CC}$ he optimal operation point Q.

Problem 2 〔 16分 〕

Consider the circuit shown in Fig. and compurte the quiescent power dissipation tach transistor. When the input signal is supplied, compute maximum average load ever, and maximum power dissipated in each transistor.

Problem 3 〔 (1)：5%(2)：5%(3)：5%(4)：5% 〕

Please give a suitable explanation for each following statement.

(1)Usually in Analog to Digital Converters（ADC）design, why do we need DC ground and AC ground？ Give an exact connection case of the AC ground and DC ground.

(2)In circuit design, usually two kinds of signals, i.e., positive or negative active signal, are given. How to decide which one for different design？

(3)From stability point, out where is unsuitable design in the following circuit shown Fig.

(4)In the electronic design for the factory, usually the high noisy signals exist in the work platforms and the high – speed signal transmission between two workstations or work platforms are required. Give several effective methods meanwhile to overcome both problems.

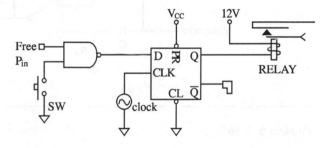

Problem 4 〔 16分 〕

Compute the oscillation frequency of the following Wien Bridge oscillator shown in Fig. and the minimum ratio of R_1 and R_2 in the circuit（expressed with R and R3）.

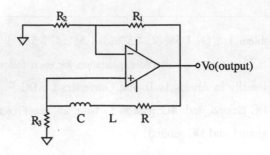

Problem 5 〔16分〕

In the following filter circuit shown in Fig. let the cutoff frequency be 1k Hz, capacitor C be $0.02 \mu F$ and the ratio of R_2/R_1 be 4. Determine the value of resistance R_2.

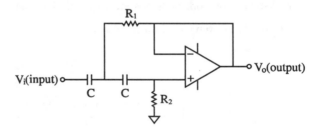

Problem 6 〔16分〕

Given the following bootstrap source follower circuit, in which the FET has mansconductance $g_m = 6mA/V$, shown in Fig. computer the voltage gain $A_v = V_o/V_i$ and input resisance R_1.

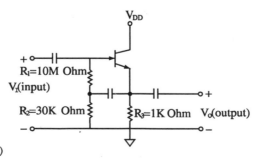

1.如圖一所示之電路 $V_1 = 1V$，$K = 0.4ma/V^1$，$V_A = 50V$，$I_o = 0.1mA$，(1)求 g_m，r_o（4分），(2)繪出 MOSFET 的低頻小信號模型等效電路（4分），(3)若不考慮 r_o，求電壓增益 $A_v = \dfrac{V_{o1}}{V_{il}}$（4分），(4)若不考慮 r_o，求電壓增益 $A_v = \dfrac{V_{o1}}{V_{il}}$（4分），(5)若將 V_{o1} 端短路接地，並考慮 r_o 之影響，求 V_{o1} 端之輸出阻抗（6分），（注意：在求(2)～(5)小題時不必將各元件及 g_m，r_o 之數值代入，只要以 g_m，r_o，RD，RG，RS 表示即可）

2.如圖二所示之電路(1)求其輸入電阻 R_{in}（ $\beta = 100$ ）（6分），(2)求其電壓增益 $A_v = \dfrac{V_{o1}}{V_{il}}$（6分）？

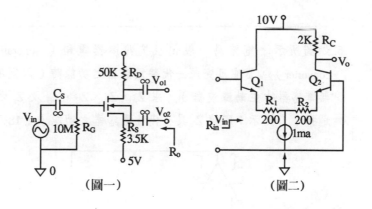

（圖一）　　　　　　　（圖二）

3.如圖三所示之電路，假設所有的電晶體都有相同的模型參數且互相匹配，試導出 $\dfrac{I_{REF}}{I_o} = ?$（15分）

4. 若有一運算放大器之直流增益爲40000V／V，且爲單極點（single pole）頻率響應，其單位增益頻寬（unity－gain bandwidth）f_1 = 2MHz，(1)求該運算放大器在1MHz時增益之大小（4分），(2)若使用該運算放大器設計成如圖四所示之運算放大器，其閉迴路增益之3db頻率爲多少（48分）？(3)若輸入4mv 的步級波，則其輸出的上升時間爲多少（5分）？

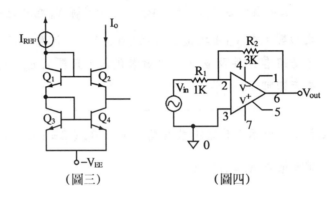

（圖三）　　　　　　　　（圖四）

5. 如圖所示之電路爲一般化阻抗轉換器電路（Generalized impedance converter），當它可完成一代替電感器之功能時（以便用來設計成一無電感器的主動濾波器），求 Z_A、Z_B、Z_C、Z_D 及 Z_t 之元件應如何選擇？（提示：即讓 Z_{in}具有代替電感器之功能）（18分）

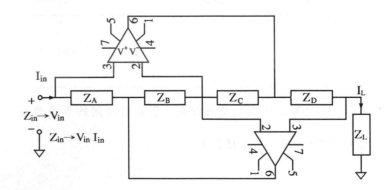

6.如圖所示之回授電路，若運算放大器之開迴路增益以 u 表示，R_{id} = ∞，(1)試問其爲何種回授型態（4分）？(2)繪出 A 電路（A circuit），並求出 A（8分）(3)繪出 β 電路，並求出 β（4分）？(4)此種回授電路對輸入阻抗及輸出阻抗之影響爲何？（4分）

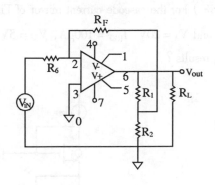

國立雲林科技大學八十八學年度研究所碩士班入學考試試題
〔電資所　電子電路〕

1.(a)（4%）Write down the main causes of input offset voltage in a MOS differential amplifier.

(b)（6%）For the cascode current mirror of Fig. with $V_t = 1V$, $K = 100\mu A/V^2$, and $V_A = 20V$. $I_{REF} = 100\mu A$, $V_{SS} = 5V$, and $V_o = +5V$, what value of I_o results?

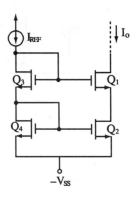

2.(a)（5%）What value of slope is contributed by each pole in the magnitude response of a transfer function? positive or negative?

(b)（5%）When a MOS Transistor is connected in the common – source amplifier configuration. which internal capacitor of the MOS transistor is effectively multiplied by Miller effect?

3.(a)（4%）For an amplifier to be stable, at what location of the s plane its poles should be?

(b)（6%）Consider a feedback amplifier for which the open – loop gain A （s） is given by

$$A(s) = \frac{1000}{(1 + s/10^4)(1 + s/10^5)^2}$$

If the feedback factor β is independent of frequency, find the frequency at which the phase shift is 180° and find the critical value of β at which oscillation will commence.

4.(a) (4%) Describe the reason why most CMOS op amps do not need a output stage ?

(b) (6%) In a particular design of the CMOS op amp of Fig. the designer wishes to investigate the effects of increasing the W/L ratio of both Q_1 and Q_2 by a factor of 4. Assuming that all other parameters are kept unchanged, what change results in the voltage gain of the input stage ? in the overall voltage gain ?

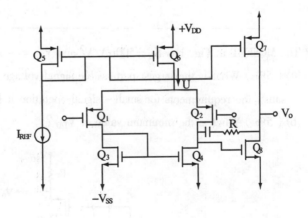

5.(a) (4%) In a switched – capacitor filter what factors determine the time constant ?

(b) (6%) A third – order low – pass filter has transmission zeros at $\omega = 2$ rad/s and $\omega = \infty$. Its natural modes at $s = -1$ and $s = -0.5 \pm j0.8$.

The dc gain is unity. Find its transter function T (s) .

6. In the intrumentation amplifier in Fig. $V_A = 4.99V$ and $V_B = 5.01V$.

  (a) (5%) Find the values of node voltage V_o, and currents I_1, I_2,

  (b) (5%) What are the values of the common – mode gain, differential – mode gain, and CMRR of the amplifier ?

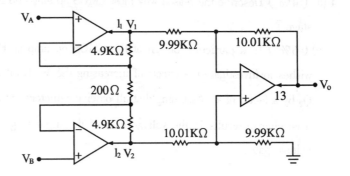

7. The MOSFET in Fig. has $K_n = 500\mu A/V^2$ and $V_{TH} = -1.5V$.

  (a) (5%) What is the largest permissible signal voltage at the drain that will satisfy the requirements for small – signal operation if $R_D = 15k\Omega$?

  (b) (5%) What is the minimum value of V_{DD} ?

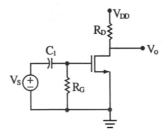

8. (a) (5%) Find the Q – points of the transistors (i.e. find I_C and V_{CE} for

each transistor) in Fig. ($\beta_F = 100$) ；

(b)（5%）Find the voltage gain of the amplifier. (assume $V_T = 25mV$)

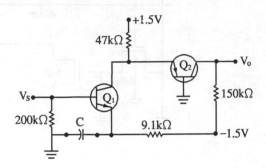

---

9. (10%) A CMOS inverter is to be designed to drive a single TTL inverter. When $V_o = V_{OL}$, the CMOS inverter must sink a current of 1.5 mA and maintain $V_{OL} = 0.6V$. When $V_o = V_{OH}$, the CMOS inverter must source a current of 60 μA and maintain $V_{OH} = 2.4V$. What are the minimum W/L ratios of the NMOS and PMOS transistor required to meet these specifications？ Assume $V_{DD} = 5V$. ($K_n = 25\mu A/V^2$, $k_p = 10\mu A/V^2$, $V_{TN} = 1V$, $V_{TP} = -1V$)

---

10. Supposes M_W and M_B in Fig. are 2/1 devices, and M_R is an 8/1 device.

(a)（5%）if the voltage stored on C_C is 1.9V, and the voltages on the read line and $\overline{BL}$ are 3V, what are the regions of operation of M_B and M_R ? ($K_n = 25 \mu A/V^2$, with $V_{TO} = 0.7V$, $\Gamma = 0.5V^{1/2}$, and $2\phi_F = 0.6V$.)

(b)（5%）What are the drain currents of M_B and M_R ?

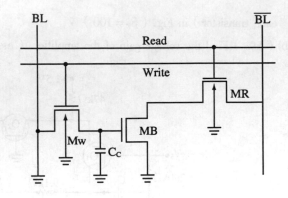

〔 電資所　微電子學 〕

1.圖中 JFET 電晶體 Q_1 與 Q_2 之特性相同 $g_m = 1mA/V$ ， $r_o = 50k\Omega$ ，求此放大器之差額增益、共模增益與 CMRR 值為何？（15%）

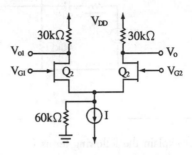

2.The following figure shows a common – gate amplifier, where $g_m = 2mA/V$ and $r_o = 100k\Omega$. Find(a)A_v （ $= V_o/V_i$ ） and(b)R_{in} and R_{out} （ 15% ）

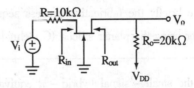

3.共射放大電路如圖所示，已知 β = 100與 V_A = 100V，試計算電流增益
   與電壓增益。

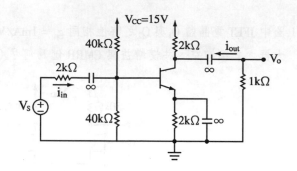

4. Define or explain the following terms：
   (a)The Early effect in pnp transistor（5%）
   (b)Mobility of electrons（5%）
   (c)Avalanche breakdown（5%）

5. Describe briefly the fabrication process sequence of an npn bipolar junction
   transistor using the planar silicon IC technology.（15%）

6. Sketch the small – signal hybrid – π equivalent circuit of a bipolar junction
   transistor and explain each element of the equivalent circuit.（20%）

國立雲林科技大學八十八學年度研究所碩士班入學考試試題
〔電機所 自動控制〕

(1)An LC ladder network is shown in Figure.

(a)Construct a signal – flow graph for this network. (10%)

(b)Determine the transfer function $\dfrac{V_o(s)}{V_i(s)}$ from the signal – flow graph in(a).

(10%)

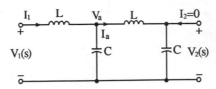

(2)For the network shown in Figure determine the state differential equation $\dot{x} =$

$Ax + Bu$ if $x = \left[\begin{array}{c} V_c \\ \dot{i}_L \end{array} \right]$ and $u = \left[\begin{array}{c} e_1 \\ e_2 \end{array} \right]$. (15%)

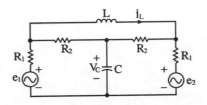

(3)A system is described by its characteristic equation $S^4 + S^3 + S^2 + S + K = 0$.
Determine the range of K for the system to be stable. (15%)

(4)Consider the unity – feedback system shown in Figure.

   (a)Find the root locus for $\alpha > 0$ (10%)

   (b)Find the α such that the system has the smallest settling time and overshoot.
     (5%)

   (c)From (b), is it a phase – lead or phase – lag network ? (5%)

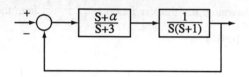

國立雲林科技大學八十七學年度研究所碩士班入學考試試題
〔 電子所　微電子學 〕

1. Determine the electron and hole concentrations in a silicon sample at room temperature containing 2.0×10^{17} phosphorus atoms/cm^3 and 8.0×10^{15} boron atoms/cm^3. (15%)

2. Describe briefly the fabrication process sequence of a silicon enhancement – mode N – channel MOSFET using the planar IC technology. (15%)

3. Sketch the circuit diagram of a CMOS inverter and explain its operation. (20%)

4. Figure 1 shows that a p – type Si semiconductor (with 10^{17}/cm^3, $\mu_p = 300$ and $\mu_n = 800$ cm^2/V – s) where the electron – hole pairs are created from one side as a result of incoming photon flux (10^{14} photons/s – cm^2 and $h_v \gg E_g$.)

Fine the total current at the surface. (10%)

5. The differential amplifier in Fig. 2 uses transistors with $\beta = 100$. Evaluate the following：(1) The input differential resistance R_{id}. (2) The overall voltage gain v_o/v_s (neglect the effect of r_o). (3) The worst – case common – mode gain if the two collector resistors are accurate to within ± % .(4) The CMRR, in dB. (5) The input common – mode resistance (assuming that the Early voltage $V_A = 100$ V and that $r_\mu = 10\beta$ r_o). (25%)

6. For an emitter follower, as shown in Fig. 3, biased at $I_C = 1$mA and having $R_s = R_E = 1K\Omega$, and using a transistor specified to have $f_T = 400$MHz, $C_\mu = 2$pF, $r_x = 100$, and $\beta_o = 100$, evaluate the midband – gain A_M and the frequency of the dominant high – frequency pole. (15%)

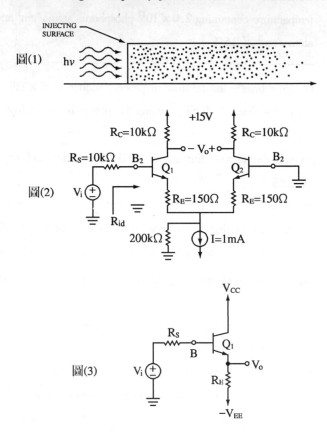

圖(1)

圖(2)

圖(3)

國立雲林科技大學八十七學年度研究所碩士班入學考試試題
〔 電機所、電子所　電子學 〕

1. Assuming that the diodes in the circuit of Figure 1 are ideal, find and sketch the transfer characteristic v_o versus v_i. (20%)

2. For the circuit in Figure 2, assuming all transistors to be identical with β infinite. (30%)

   (a) Derive an expression for the output I_o, and show that by selecting $R_1 = R_2$ and keeping the current in each junction the same, the current I_o will be I_o $= \dfrac{\alpha V_{CC}}{2R_E}$.

   (b) What must the relatioinship of R_E to R_1 and R_2 be ?

   (c) For $V_{CC} = 15V$, and assuming $\alpha \cong 1$ and $V_{BE} = 0.7V$, design the circuit to obtain an output current of 1 mA. What is the lowest voltage that can be applied to the collector of Q_3 ?

3. The differential amplifier circuit of Figure 3 utilizes a resistor connected to the negative power supply to establish the bias current I. (30%)

   (a) For $V_{B1} = V_d/2$ and $V_{B2} = -V_d/2$, where V_d is a small signal with zero average, find the magnitude of the differential gain, $|V_o/V_d|$.

   (b) For $V_{B1} = V_{B2} = V_{CM}$, find the magnitude of the common – mode gain, $|V_o/V_{CM}|$.

   (c) If $V_{B1} = 0.1\sin2\pi \times 60t + 0.005\sin2\pi \times 500t$ volts,

   $V_{B2} = 0.1\sin2\pi \times 60t - 0.005\sin2\pi \times 500t$ volts, find V_o.

4. The BJTs (bipolar – junction transistors) in the Darlington follower of Figure 4 having $\beta_o = 100$. If the follower is fed with a source having a 100 kΩ resistance and is loaded with 1 kΩ, find the input resistance and the output resistance (excluding the load) and the overall voltage gain (both open circuited and with load) . (20%)

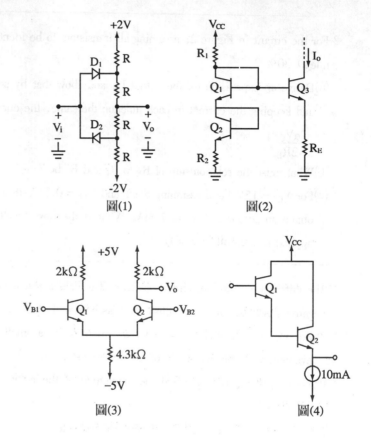

圖(1)

圖(2)

圖(3)

圖(4)

國立雲林科技學院八十六學年度研究所碩士班入學考試試題

〔 電機工程技術研究所　電子學 〕

1. Figure 1 shows a circuit for a digital – to – analog converter (DAC) . The circuit accepts a 4 bits input binary word $a_3 a_2 a_1 a_0$ where a_0, a_1, a_2, and a_3 take the values of 0 and 1, and it provides an analog output V_o proportional to the value of the digital input. Each of the bits of the input word controls the correspondingly numbered switch. For instance, if a_2 is 0 then switch s_2 connects the 20 kΩ register to ground, while if a_2 is 1 then s_2 connects the 20 kΩ register to the + 5V power supply. Show that V_o is given by

$$V_o = \frac{R_f}{16} [2^0 a_0 + 2^1 a_1 + 2^2 a_2 + 2^3 a_3] . (25\%)$$

---

2. Figure 2 shows a transconductance amplifier with an infinite input resistance, a 10kΩ output resistance, and a transconductance $G_m = 0.1\frac{A}{V}$. A 1MΩ resistor R_f is connected from the output of the amplifier back to its input. The amplifier is fed with a source v_s having a source resistance R_s. Find R_{in}, V_o/V_i, and R_{out}. (25%)

---

3. Provide a design for a voltmeter circuit similar to the one in Figure 3, which is intended to function at frequencies of 20 Hz and above. It should be calibrated for sine – wave input signals to provide an output of + 10V for an input of 1V rms.

The input resistance should be as high as possible. To extend the bandwidth of operation, keep the gain in the ac part of the circuit reasonably small. The design should be such as to reduce the size of the capacitor C required. The largest value of resistor availabe is 1 MΩ. (25%)

---

4. A logic inverter having the circuit of Figure 4 with $V^+ = 5V$ and $R_L = 1k\Omega$, and the switch having an on – resistance of 100Ω, is switched at a 10MHz rate. The load capacitance is 10pF, and the input remains high an average of 75% of the time. Calculate the static, dynamic, and total power dissipation in the gate.

What is the power dissipated in the switch？（25%）

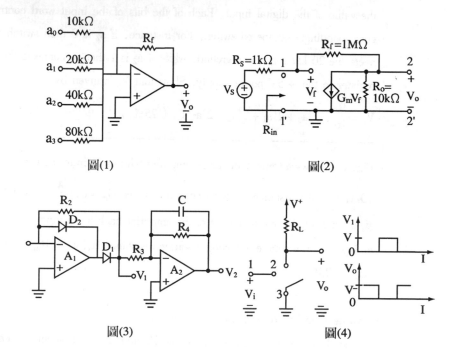

圖(1)　　　　　　　　　　　　　圖(2)

圖(3)　　　　　　　　　　　　　圖(4)

元智大學八十七學年度碩士招生試題卷
〔電機所（計算機工程組　電子學）〕

1. Consider a CMOS common – gate amplifier shown in Fig. 1 with
   $k_n (W/L)_n = 200\mu A/V^2$, $k_p (W/L)_p = 50\mu A/V^2$, $V_{in} = |V_{ip}| = 2V$ (threshold voltages) , $V_{AN} = 100V$, $|V_{AP}| = 80V$ (the Early voltages) , $I_{REF} = 100\mu A$ and the body effect factor $\chi = 0.2$.
   (a) (10%) Determine the bias voltages V_G and V_{bias} with $V_I = 0$.
   (b) (10%) Determine the input resistance and voltage gain.

---

2. Consider a three – stage amplifier as shown in Fig. 2.
   (a) (10%) Find the de bias collector currents in each of the transistors. Assume
   $|V_{BE}| = 0.7V$, $\beta = 100$ and neglect the Early effect.
   (b) (10%) Find the input resistance and the voltage gain.

---

3. (10%) Determine the exact high frequency transfer function of the common source amplifier shown in Fig. 3.

---

4. (16%) Consider the bistable multivibrator shown in Fig. 4, derive the required expressions, then plot the waveforms for $V_o(t)$, $V_-(t)$, and $V_+(t)$. What is the frequency of oscillation.

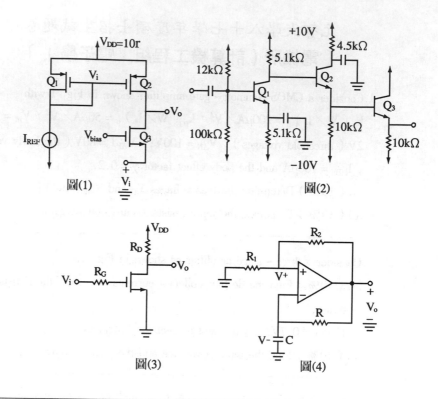

圖(1)   圖(2)

圖(3)   圖(4)

5. Fig. 5 shows an N – bit dual – slope ADC.

  (a) (8%) Plot V_1 (t) and describe carefully the operational principle of the ADC.

  (b) (6%) Derive the relationship between input (V_A) and output (digital data) for the ADC.

6. (8%) Consider the SR flip – flop shown in Fig. 6, list its truth table, then implement it by using NMOS transistors.

7. (6%) Find the logic function implemented by the circuit shown in Fig. 7.

8. (6%) Find the logic function implemented by the circuit shown in Fig. 8.

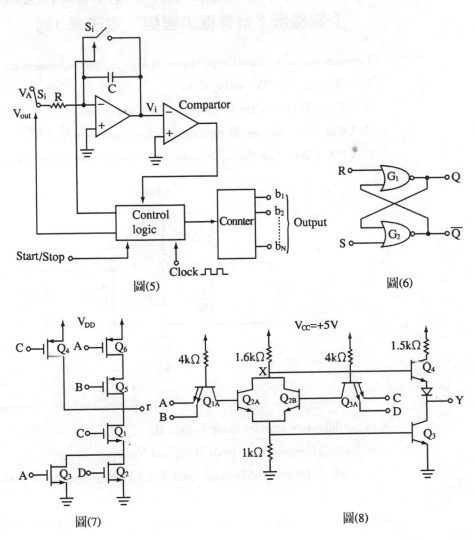

圖(5)

圖(6)

圖(7)

圖(8)

元智大學八十七學年度電機工程研究所碩士招生試題卷
〔電機所（計算機工程組　電子學）〕

1. For each transistor in the circuit shown in Fig. A, the parameters are： $\beta = 125$, $V_{BE(on)} = 0.7V$, and $r_o = \infty$.

   (a)（ 8% ）Determine the Q – points of each transistor.

   (b)（ 6% ）Find the overall smallsignal voltage gain $A_v = V_o / V_s$.

   (c)（ 6% ）Determine the input resistance R_i and the output resistance R_o.

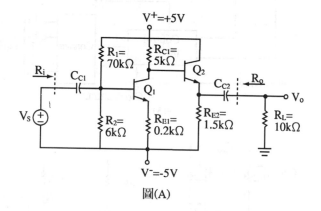

圖(A)

---

2. In the difference amplifer shown in Fig. B.

   (a)（ 6% ）Compute V_o in terms of V_{I1} and V_{I2}.

   (b)（ 6% ）Find the differential gain（ A_d ） and common – mode gain（ A_{cm} ）.

   (c)（ 3% ）Calculate the common – mode rejection ratio, CMRR（ dB ）.

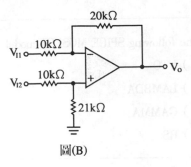

圖(B)

---

3. (15%) A three – pole feedback amplifier has a loop gain given by

$$T(f) = \frac{10000\beta}{[1+j\frac{f}{10^3}][1+j\frac{f}{10^4}][1+j\frac{f}{10^5}]}$$

Sketch Bode plots of the loop gain magnitude (dB) and phase (degree) for
(a)$\beta = 0.005$, and (b)$\beta = 0.05$. (c) Is the system stable or unstable in each
case? If the system is stable, what is the phase margin?

---

4. The charge distribution in a silicon region is plotted in the following figure.

(a) (5%) Determine the sign of the electric field at x = − 750nm and x =
250nm.

(b) (5%) Determine the numerical value of the electric field at x = −
250nm.

(c) (5%) Plot the electric filed as a function of x.

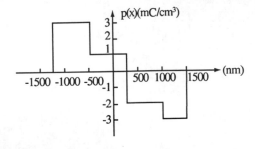

5. Explain the following SPICE MOSFET model parameters：

(a)（5%）VTO

(b)（5%）LAMBDA

(c)（5%）GAMMA

(d)（5%）RS

6. Given a CMOS inverter and its voltage transistor characteristic, answer the following question：

(a)（10%）What are the modes（off, saturation, or linear）of the NMOS and the PMOS transistors at points 1, 3, and 4 respectively. Please justify your answer.

(b)（5%）Copy the voltage transfer characteristic in your answer sheet. Identify both the high and low noise margins in the figure.

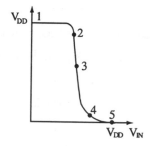

大葉大學八十七學年度碩士班研究生招生考試試題
〔電子學（電機所甲乙丁組）〕

1. Explain the following terms：（15%）

   (a)Early effect for a BJT

   (b)Channel – length modulation for a FET

   (c)Common Mode Rejection Ratio for an OP Amplifier

---

2. Design the circuit to establish a dc voltage of + 9. at the source. Let $V_t = -$ 1V and K = 0.6mA/V^2（10%）

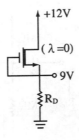

---

3. Show that the circuit shown has a low – pass transfer function. For the case R_1 = 1k ohm, R_2 = 100k ohm, and C_2 = 1nF, find the dc gain and the 3 – dB frequency.（15%）

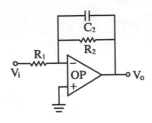

4. For the circuit, let transistor Q_1 ahve $\beta = 20$ and transistor Q_2 have $\beta = 200$, and neglect the effect of r_o. Use $V_{BE} = 0.7V$. (a)Find the dc emitter circuit of Q_1 and Q_2. Also find the do voltages V_{B1} and V_{B2}. (b)If a load resistance $R_L = $ 1k ohm is connected to the output terminal, find the voltage gain from the base to the emitter of Q_2, and find the input resistance looking into the base of Q_2. (c)If the load resistance $R_L = 1k$ ohm is still connected on the output terminal, analyze the circuit of emitter follower Q_1 to determine its input resistance, and the gain from its base to its emitter. (d)If the circuit is fed with a source having a $100 - k$ ohm resistance, find the transmission to the base of Q_1. V_{b1}/V_S. (e) Find the overall voltage gain. (30%)

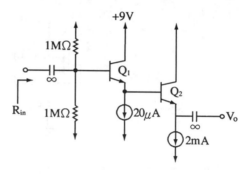

5. The circuit shown consists of a differential stage followed by an emitter follower, with series – shunt feedback supplied by the resistors R_1 and R_2. Assuming that the dc component of V_s is zero, find the do operating current of each of the three transistors and show that the dc voltage at the output is approximately zero. Then find the values of $A_f = V_o / V_d$ R'_{if} and R'_{of} Assuming that the transistors have $\beta / 100$. (30%)

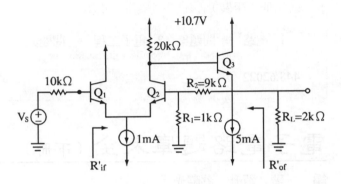

國家圖書館出版品預行編目資料

　　電子電路題庫大全／賀升，蔡曜光編著. -- 初版. -- 台北市：
　　揚智文化，2000〔民 89〕

　　　　冊；　公分

　　　ISBN　957-818-187-6（上冊：平裝）. -- ISBN
　　957-818-224-4（中冊：平裝）. – ISBN　957-818-252-X
　　（下冊：平裝）.

　　1. 電路 － 問題集　2. 電子工程 － 問題集

　　448.62022　　　　　　　　　　　　　　　89012186

電子電路題庫大全（下冊）

編　　著／賀升　蔡曜光

出 版 者／揚智文化事業股份有限公司

發 行 人／葉忠賢

執行編輯／陶明潔

登 記 證／局版北市業字第 1117 號

地　　址／台北市新生南路三段 88 號 5 樓之 6

電　　話／(02)2366-0309　2366-0313

傳　　真／(02)2366-0310

印　　刷／偉勵彩色印刷股份有限公司

法律顧問／北辰著作權事務所　蕭雄淋律師

初版一刷／2001 年 3 月

　ＩＳＢＮ／957-818-252-X

定　　價／新台幣 650 元

帳戶／揚智文化事業股份有限公司　　郵政劃撥／14534976

E–mail／tn605547@ms6.tisnet.net.tw　　網址／http://www.ycrc.com.tw